应用力学

主　编　王新华
副主编　孟　芹
参　编　李　何　彭德秀　陈　坤
　　　　张　颖　孙祺华
主　审　罗　筠　郭奉波

北京理工大学出版社
BEIJING INSTITUTE OF TECHNOLOGY PRESS

内 容 提 要

本书以职业教育国家教学标准为基本遵循，依据国家职业技能标准，内容设计充分考虑当前职业院校学生学情，紧扣专业教学标准与课程标准，以工程结构（构件）的外力→内力→应力→强度的分析计算为主线，共设置8个模块，下分33个学习任务。本书主要内容包括工程结构受力分析与简化、静定结构约束反力计算、轴向拉（压）杆强度与变形计算、连接件实用计算、圆轴扭转计算、梁弯曲内力与强度计算6个基础模块，组合变形构件强度分析、细长压杆稳定性分析2个拓展模块。

本书围绕常见生活实例与典型工程案例展开学习任务，侧重素质、知识和能力三大目标的有效融合，强化动手实践，注重知识的应用，突出能力的培养。全书结构设计与内容组织立足高职学生认知结构形成规律与职业能力成长规律，注重学习者的学习过程监控与考核评价，方便学生自主学习与效果评价。本书能满足不同层次学生的学习需求，促进学生的学习积极性，提高学生的自主学习能力，为培养学习者的职业适应能力和可持续发展能力奠定良好基础。

本书主要作为高等职业院校道路与桥梁工程技术、道路养护与管理、地下与隧道工程技术、公路工程检测技术及土木工程建筑业相关专业的力学课程教材，也可作为相关工程技术人员岗位培训教材及参考学习用书。

版权专有　侵权必究

图书在版编目（CIP）数据

应用力学 / 王新华主编. -- 北京：北京理工大学出版社，2024.2
ISBN 978-7-5763-3048-9

Ⅰ.①应… Ⅱ.①王… Ⅲ.①应用力学－高等学校－教材　Ⅳ.①O39

中国国家版本馆CIP数据核字（2023）第207437号

责任编辑： 高雪梅　　　　**文案编辑：** 高雪梅
责任校对： 周瑞红　　　　**责任印制：** 王美丽

出版发行 / 北京理工大学出版社有限责任公司
社　　址 / 北京市丰台区四合庄路6号
邮　　编 / 100070
电　　话 /（010）68914026（教材售后服务热线）
　　　　　　（010）68944437（课件资源服务热线）
网　　址 / http://www.bitpress.com.cn
版 印 次 / 2024年2月第1版第1次印刷
印　　刷 / 北京紫瑞利印刷有限公司
开　　本 / 787 mm×1092 mm　1/16
印　　张 / 18
字　　数 / 427千字
定　　价 / 89.00元

图书出现印装质量问题，请拨打售后服务热线，负责调换

前言

本书依据教育部印发的《"十四五"职业教育规划教材建设实施方案》的指导思想和原则，遵循职业教育国家教学标准，贯彻落实《国家职业教育改革实施方案》中对"三教"改革等方面的基本要求而组织编写。

为增强职业教育的适应性，突出职业教育的类型特点，深化校企"双元"育人模式，落实立德树人根本任务，本书编写依据国家职业技能标准，依据交通运输大类、土木工程建筑业相关专业人才培养目标、职业岗位能力要求，面向职业教育学生认知规律及职业成长规律，以校企"双元"编审团队为基础，其结构、内容与形式设计主要体现以下特色与创新。

一、教材编审团队由校企双方共同构成，贯彻落实了校企"双元"育人

教材编审团队由贵州交通职业技术学院、贵州交通技师学院、贵州高速公路集团有限公司、贵州省公路工程集团有限公司等四家校企单位的专业教师、教学专家、高级技术人员、技术专家等共同构成，确保了教材的职业教育类型特色。教学目标确定、任务设计、案例来源、能力测评等都是校企双方编审人员依据职业岗位能力要求及职业素养要求，共同进行深入分析研究与提炼而最终敲定。力求教材内容对接工作内容，提升学习与工作的统一性，从而贯彻落实校企"双元"育人、工学结合一体化人才培养模式。

二、教材结构设计打破了知识本位学科体系，构建了能力本位行动体系结构

立足行动导向，能力本位原则，按照模块→任务设计教材目录框架结构；教材知识逻辑结构每个模块由"学习任务→学习目的→学习引导→模块小结→模块检测"展开编排，每个任务由"任务目标→任务描述→任务思考→任务分析→相关知识→任务实施→巩固拓展→巩固练习→能力训练→测评与改进→总结与反思"共11个教学环节形成闭环，环环相扣组织教学内容。注重学习者的学习过程监控与学习考核评价，方便师生教与学，方便学生自主学习，提升了学生学习积极性及自主学习能力。

三、教材内容选取与编排注重做学合一、德技双育，注重落实课程思政

立足以学生为中心、教师为主导，以任务为驱动，按照必需、够用的原则精选教材内容，包括力学传统知识、最新研究成果、常见生活实例、经典工程案例、典型测试题目、经典小故事等。教材内容对接生活与工程实际，生动有趣，遵循知识学习由简单到复杂，技能训练由单一到综合的学习逻辑规律与能力形成规律编排教材内容。内容的编排与组织能实现学生"做中学、学中做"，强调学生手脑并用，重点突出、图文并茂、深入浅出，融入了文化自信、科学严谨、吃苦耐劳、勇于创新、团队协作、安全规范等课程思政内容；围绕德技双育，有效实现学生理论与实践融通、知识与能力内化、学习与工作贯通。

四、教材形式为"纸质教材+信息化教学资源"融合的新形态融媒体教材

为适应当前及未来教育数字化发展趋势，突出教材的灵活性与实用性，教材形式采用纸数融合新形态，除了纸质教材，还开发了多元立体化的数字教学资源。包括智慧职教平台上本课程教学团队开发的"应用力学"线上课程教学资源库、以二维码形式嵌入纸质教材的力学小故事、相关知识点、习题讲解等视频及微课资源。纸数融合的新形态融媒体教材能满足不同区域、不同时空、不同层次学习者的个性化学习需求，便于教材更新，保证了教材的先进性。

本书是贵州省教育科学规划课题"基于能力本位的高职活页式教材开发及应用研究"的研究成果，能力本位行动体系设计思路贯穿全书始终。本书由贵州交通职业技术学院王新华担任主编并统稿，贵州交通职业技术学院孟芹担任副主编，贵州交通职业技术学院李何、彭德秀、陈坤、张颖和贵州高速公路集团有限公司孙祺华参与编写。全书内容共包括8个模块33个学习任务，具体编写分工如下：绪论、模块3、模块6、模块7、附录由王新华编写；模块1由王新华、陈坤、张颖编写；模块2由李何编写；模块4由彭德秀编写；模块5、模块8由孟芹、孙祺华编写。教材的微课资源录制分工如下：模块1的任务1、任务2、任务3、任务4及模块6、模块7的微课由陈坤录制完成；模块1的任务5、任务6及模块2、模块3、模块5的微课由张颖录制完成；模块4、模块8的微课由孟芹录制完成。全书由贵州交通技师学院罗筠、贵州省公路工程集团有限公司郭奉波主审。

此外，在调研的过程中，很多行业企业专家和工程技术人员、教师、学生提出了很多宝贵意见和建议；本书编写过程中参考了很多资料，如相关教材、专著、技术标准、试验报告等，在此向为本书编写工作给予支持和帮助的所有单位和个人深表感谢。

由于编者学术水平和教育实践经验有限，书中难免存在错误和疏漏之处，诚恳读者批评指正，提出宝贵意见，以便后续修改和完善。

编　者

数字化资源索引

《应用力学》课程资源库平台及网址：智慧职教职业教育专业教学资源库https://zyk.icve.com.cn/courseDetailed?id=8sraafotmktml0xly3pcwa&openCourse=joxxawmtzpnpa8m72rkjg

二维码微课及视频索引

序号	模块	任务	资源类型	资源名称	页码	备注
1	模块1 工程结构受力分析与简化	任务1 认识力与荷载	视频	什么是力	8	来自爱学堂
2		任务1 认识力与荷载	视频	刚体	10	来自秒懂百科
3		任务1 认识力与荷载	微课	巩固练习	11	分析及解题过程
4		任务2 认识力矩和力偶	微课	巩固练习（第1题）	17	分析及解题过程
5		任务2 认识力矩和力偶	微课	巩固练习（第2题）	17	分析及解题过程
6		任务3 分析约束及约束反力	微课	巩固练习	24	分析及解题过程
7		任务3 分析约束及约束反力	视频	从力学角度分析悬索桥5个主要部分受力	25	来自科教CCTV10
8		任务4 绘制工程结构受力图	视频	桁架结构	27	来自秒懂百科
9		任务4 绘制工程结构受力图	视频	二力平衡	28	来自爱学堂
10		任务4 绘制工程结构受力图	微课	巩固练习1	30	分析及解题过程
11		任务4 绘制工程结构受力图	视频	力的作用是相互的	30	来自爱学堂
12		任务4 绘制工程结构受力图	微课	巩固练习2	32	分析及解题过程
13		任务5 分析平面汇交力系的简化与平衡	微课	巩固练习	40	分析及解题过程
14		任务6 分析平面任意力系的简化与平衡	微课	巩固练习	47	分析及解题过程
15		—	微课	"弃文从力"的"中国近代力学之父"钱伟长	54	小故事
16		—	微课	安平桥的故事	56	小故事
17	模块2 静定结构约束反力计算	任务1 计算简单静定梁支座反力	微课	巩固练习	63	分析及解题过程
18		任务2 计算三铰刚架反力	微课	巩固练习	70	分析及解题过程
19		任务3 计算桁架结构反力和内力	微课	巩固练习	77	分析及解题过程

1

二维码微课及视频索引

序号	模块	任务	资源类型	资源名称	页码	备注
20	模块3 轴向拉（压）杆强度与变形计算	—	微课	国家体育场（鸟巢）	82	小故事
21		任务1 认识杆件轴向拉伸与压缩现象	微课	巩固练习	85	分析及解题过程
22		任务2 计算轴向拉（压）杆内力	微课	巩固练习	90	分析及解题过程
23		任务3 绘制轴向拉（压）杆轴力图	微课	巩固练习	94	分析及解题过程
24		任务4 计算轴向拉（压）杆正应力	微课	巩固练习	99	分析及解题过程
25		任务5 计算轴向拉（压）杆强度	微课	巩固练习	105	分析及解题过程
26		任务6 计算轴向拉（压）杆变形	微课	巩固练习	111	分析及解题过程
27		任务7 分析材料拉伸与压缩力学试验	微课	巩固练习	118	分析及解题过程
28	模块4 连接件实用计算	—	微课	各式各样的剪刀	123	小故事
29		任务1 认识连接件的受力情况和破坏现象	微课	巩固练习拓展	127	分析及解题过程
30		任务2 计算连接件的剪切强度	微课	巩固练习拓展	133	分析及解题过程
31		任务3 计算连接件的挤压强度	微课	巩固练习拓展	140	分析及解题过程
32	模块5 圆轴扭转计算	—	微课	科学家研究扭转问题的历程	145	小故事
33		任务1 认识扭转与扭矩	微课	巩固练习	153	分析及解题过程
34		任务2 计算圆轴扭转的应力和变形	微课	巩固练习	161	分析及解题过程

二维码微课及视频索引

序号	模块	任务	资源类型	资源名称	页码	备注
35	模块6 梁弯曲内力与强度计算	—	微课	纪录片《越山河》中国桥梁人的故事	167	小故事
36		任务1 认识梁弯曲变形现象	微课	巩固练习	171	分析及解题过程
37		任务2 计算平面弯曲梁内力	微课	巩固练习	177	分析及解题过程
38		任务3 绘制平面弯曲梁内力图	微课	巩固练习1	182	分析及解题过程
39		任务3 绘制平面弯曲梁内力图	微课	巩固练习2	186	分析及解题过程
40		任务4 计算平面弯曲梁正应力及强度	微课	巩固练习1	193	分析及解题过程
41		任务4 计算平面弯曲梁正应力及强度	微课	巩固练习2	194	分析及解题过程
42		任务5 计算平面弯曲梁切应力及强度	微课	巩固练习	203	分析及解题过程
43		任务6 分析提高平面弯曲梁强度措施	微课	巩固练习	209	分析及解题过程
44	模块7 组合变形构件强度分析	—	微课	中国古建筑经典构件——牛腿	214	小故事
45		任务1 认识构件组合变形现象	微课	巩固练习	217	分析及解题过程
46		任务2 分析斜弯曲梁强度计算	微课	巩固练习	223	分析及解题过程
47		任务3 分析偏心压缩（拉伸）杆件强度计算	微课	巩固练习	230	分析及解题过程
48	模块8 细长压杆稳定性分析	—	微课	撑杆跳高中的撑杆进化	235	小故事
49		任务2 计算压杆稳定的临界力	微课	巩固练习拓展	248	分析及解题过程
50		任务3 分析压杆的稳定性	微课	巩固练习拓展	256	分析及解题过程

目 录 CONTENTS

绪论 ·· 1

模块1　工程结构受力分析与简化 ·· 6
　　任务1　认识力与荷载 ·· 7
　　任务2　认识力矩和力偶 ··· 13
　　任务3　分析约束及约束反力 ·· 20
　　任务4　绘制工程结构受力图 ·· 27
　　任务5　分析平面汇交力系的简化与平衡 ··· 34
　　任务6　分析平面任意力系的简化与平衡 ··· 42

模块2　静定结构约束反力计算 ·· 56
　　任务1　计算简单静定梁支座反力 ··· 56
　　任务2　计算三铰刚架反力 ··· 65
　　任务3　计算桁架结构反力和内力 ··· 72

模块3　轴向拉（压）杆强度与变形计算 ··· 82
　　任务1　认识杆件轴向拉伸与压缩现象 ··· 83
　　任务2　计算轴向拉（压）杆内力 ··· 87
　　任务3　绘制轴向拉（压）杆轴力图 ·· 92
　　任务4　计算轴向拉（压）杆正应力 ·· 96
　　任务5　计算轴向拉（压）杆强度 ··· 101
　　任务6　计算轴向拉（压）杆变形 ··· 107
　　任务7　分析材料拉伸与压缩力学试验 ··· 113

1

模块4　连接件实用计算 123
任务1　认识连接件的受力情况和破坏现象 124
任务2　计算连接件的剪切强度 130
任务3　计算连接件的挤压强度 136

模块5　圆轴扭转计算 145
任务1　认识扭转与扭矩 146
任务2　计算圆轴扭转的应力和变形 155

模块6　梁弯曲内力与强度计算 167
任务1　认识梁弯曲变形现象 168
任务2　计算平面弯曲梁内力 173
任务3　绘制平面弯曲梁内力图 179
任务4　计算平面弯曲梁正应力及强度 188
任务5　计算平面弯曲梁切应力及强度 197
任务6　分析提高平面弯曲梁强度措施 205

模块7　组合变形构件强度分析 214
任务1　认识构件组合变形现象 215
任务2　分析斜弯曲梁强度计算 219
任务3　分析偏心压缩（拉伸）杆件强度计算 225

模块8　细长压杆稳定性分析 235
任务1　认识压杆失稳现象 236
任务2　计算压杆稳定的临界力 242
任务3　分析压杆的稳定性 250

附录 278

参考文献 278

绪　论

知识阅读

图 0-1 所示的赵州桥又称安济桥，坐落在河北省石家庄市赵县，该桥于隋朝年间（公元 595—605 年）建成，距今已有 1 400 多年的历史，由著名匠师李春设计建造。桥梁横跨洨河，跨径为 37.02 m，全长为 64.4 m，在漫长的岁月中，经历无数次洪水冲击、风吹雨打、冰雪风霜的侵蚀和 8 次地震的考验，依然安然无恙，巍然挺立在洨河之上。赵州桥是当今世界上保存最完整的古代单孔敞肩石拱桥，是中国古代劳动人民智慧的结晶。

图 0-2 所示的大小井特大桥，坐落在贵州省罗甸县，该桥于 2016 年开工建设，2018 年建成。桥梁横跨大井河，主跨为 450 m，全长为 1 500 m，是目前世界上山区最大跨径的上承式钢管混凝土拱桥。

图 0-3 所示的平塘特大桥，坐落在贵州省平塘县牙舟镇与通州镇之间，该桥于 2016 年开工建设，2019 年建成。桥梁横跨槽渡河峡谷，全宽为 30.2 m，全长为 2 135 m。大桥主塔高为 332 m，相当于 110 层楼高，是目前世界最高混凝土桥塔。

图 0-1　赵州桥　　　　图 0-2　大小井特大桥　　　　图 0-3　平塘特大桥

思考

思考 1：桥梁各部分结构是如何承受荷载和传递荷载的？

思考 2：桥梁每个构件的尺寸大小、材料选用、受力情况如何分析与计算？

思考 3：如何保障桥梁能长时间安全使用？

要解决这些问题，我们需要学习相关的力学知识，获得对应能力，具备力学基本素养。

0.1　应用力学的学习意义

应用力学是研究工程结构的力学计算理论和方法的一门科学，是沟通自然科学基础理论与工程实践的桥梁，是学习工程结构（如桥梁工程）、工程施工技术、地基与基础等课程的基础，是解决结构设计与现场施工问题的入门课程。

只有掌握了应用力学的必备知识、获得了应用力学的综合能力、具备了应用力学的基本素质，结构设计人员才能正确地对结构进行受力分析和力学计算，保证被设计的结构既安全可靠又经济合理；施工技术、施工管理、施工养护、施工检测等人员才能了解结构和构件的受力情况，各种力的传递途径及结构和构件在这些力的作用下会发生怎样的破坏，结构和构件的危险截面、危险点在哪里等，这样才能更好地理解图纸的设计意图及要求，科学地组织施工，制订出合理的、具有安全和质量保证的策略与措施。同时，在施工过程中，往往要搭设一些临时设施，对这些临时设施，也要进行结构设计与施工，通常施工技术人员自己就是设计者，有扎实的应用力学相关知识，就能经济合理地完成任务；否则，不但不能做到经济合理，还可能会酿成安全事故。

0.2 应用力学的研究对象

工程结构物在施工过程和建成后的使用过程中，都要受到各种各样的力的作用。例如，工程结构物各部分的自重、人和设备的重力、土的压力、风荷载、地震荷载等。工程上习惯将这类主动作用在工程结构物上的外力称为**荷载**。在工程结构物中承受和传递荷载而起骨架作用的部分称为**结构**，组成结构的部件称为**构件**。如结构可以是最简单的一根梁或一根柱，也可以是板、梁、柱和基础组成的整体。**结构和构件就是应用力学的研究对象**。

如图 0-4 所示，梁桥主要由桥面铺装、箱梁、盖梁、墩柱、基础等构件组成，结合图 0-5 所示的桥梁结构示意理解，这些构件都起着承受和传递荷载的作用。如桥面铺装主要承受汽车荷载并传递给箱梁，箱梁将桥面铺装传递的荷载，包括桥面铺装自重一起传递给盖梁，盖梁传递给墩柱，墩柱传递给基础，基础将受到的各种荷载最后传递给地基。

图 0-4 梁桥

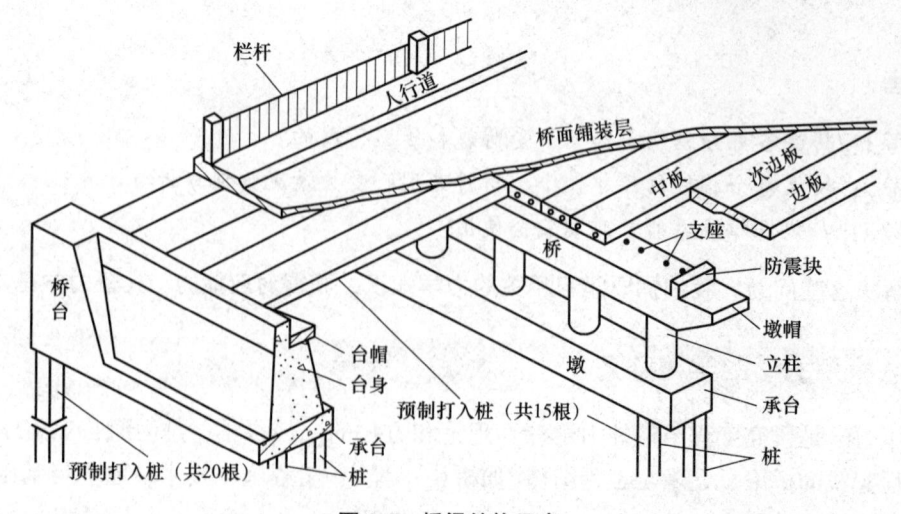

图 0-5 桥梁结构示意

【注意】 工程中要求结构在承受和传递荷载时，必须安全、正常地工作。

0.3 应用力学的任务

任何一座工程结构物都是由很多用某种材料制成的构件按照一定的规律组合而成的。当结构物工作时，构件就受到外力的作用，在外力的作用下，构件的尺寸和形状都会发生变化。构件在外力增大到一定数值时会发生过大变形或开裂破坏，这都会影响结构物的正常工作。因此，**应用力学的任务总体来说就是通过分析工程结构的受力与简化，研究力与构件变形及破坏之间的关系，验证构件在工作过程中是否安全，在保证构件既安全可靠又经济合理的工作原则下，合理选择构件的材料、计算构件能承受的最大荷载、设计构件的截面形状和尺寸。**

具体来讲，应用力学的任务主要有以下4个方面。

1. 研究构件的受力分析与简化计算

实际工程中的构件受力相对复杂，因此，为了简化计算及高效解决问题，我们一般会根据具体情况，采用合理的力学模型，依据受力分析的基本方法与计算方法，对构件进行受力分析，并对其所受力系进行简化与计算，从而明确工程结构所受荷载、计算处平衡状态下工程结构的约束反力、内力和应力。此任务是应用力学研究的基础，也是进一步研究结构安全性能的前提。

2. 研究构件的强度、刚度和稳定性

(1)要有足够的强度。强度是指构件抵抗破坏的能力。 应用力学中的破坏是指构件断裂或产生了过大的塑性变形。为保证构件在规定的使用条件下不发生破坏，就必须要求构件具有足够的强度。图0-6所示的桥梁断塌与图0-7所示的路面开裂，强度不足是其破坏的主要因素。

图0-6 桥梁断塌 　　　　图0-7 路面开裂

(2)要有足够的刚度。刚度是指构件抵抗变形的能力。 构件虽然具有足够的强度，但是如果变形过大，也会影响构件的正常工作。例如，如果高速公路的路基或路面变形过大，将会影响车辆的正常行驶，甚至引起公路的整体破坏。因此，构件在荷载作用下的弹性变形不能超过相关行业规范、标准要求的限制范围，即要求构件具有足够的刚度。图0-8所示的路面波浪病害与图0-9所示的钢结构变形垮塌，刚度不足是其不能正常使用的主要因素。

图 0-8 路面波浪病害　　　　　　　　图 0-9 钢结构变形垮塌

(3) 要有足够的稳定性。稳定性是指构件维持其原有平衡状态的能力。工程中，有些构件在荷载作用下可能出现不能保持它原有平衡状态的现象。如细长压杆，压力逐渐增大而达到一定数值时，压杆就会突然从原来的直线形状变为曲线形状，这时压杆便丧失了正常工作的能力。这种构件的破坏不是因为强度不足造成的，而是因为压杆稳定性不足造成的。因此，工程中的构件除必须具有足够的强度和刚度外，还应有足够的稳定性。图 0-10 所示的脚手架失稳倒塌与图 0-11 所示的桥梁匝道失稳倾覆，稳定性不足是其倒塌、倾覆的主要因素。

图 0-10 脚手架失稳倒塌　　　　　　图 0-11 桥梁匝道失稳倾覆

【提示】　构件的强度、刚度和稳定性问题是工程力学研究的主要任务。

3. 合理解决构件安全与经济之间的矛盾

当构件满足了强度、刚度及稳定性的要求时，称为满足了安全要求。一般来说，只要为构件选用较好的材料和较大的几何尺寸，就可以保证安全。但在一定的荷载作用下，过大的结构尺寸或质量的材料，不但会使结构变得庞大笨重，而且浪费了资金和材料，所以在设计构件时，既要保证构件有足够的承载能力，还要尽可能地降低成本、节约材料。因此，为构件恰当地选用合适的材料、设计合理的截面形状和尺寸是应用力学的另一主要任务。

4. 研究材料的力学性质

构件都是由一定的材料制成的，而用不同材料制成的构件，其抵抗变形和破坏的能力是不同的。这说明强度、刚度和稳定性与构件所用的材料有关。因此，为了合理地使用材料，就必须研究材料的力学性质。在应用力学中，材料的力学性质是通过试验来研究的。通过对不同种类的材料进行力学试验，可获得各种材料在外力作用下所表现出的各种不同的性质，对材料的力学性质有一定了解，为正确使用材料和对构件进行设计提供重要的理论依据，这是应用力学的又一任务。

0.4 应用力学的学习方法

力学经过数百年的发展,已经形成了一套完整的理论体系,在各个方面都比较完善,对很多现代学科的发展、现代科技的进步等各方面都产生了很大的影响。本课程学习的主要目的是解决工程实际问题,更好地服务生产与生活。因此,在学习时应注意以下几点。

1. 遵循正确认识事物的规律

正确认识事物的一般规律为"理论—实践—理论":只有牢固地掌握了必要的力学理论知识,才能更好地解决工程建设中的力学问题。通过实际工程的力学问题的解决,能证实力学理论的正确性或发现其中的不足,为进一步修正力学理论或创新力学理论提供依据,从而更好地指导下一步的工程实践。

2. 重视必要的理论研究和学习

书中相关的原理和公式,是经过前人反复研究并证明是正确合理的,要全面继承和发扬。在学习中要善于思考这些理论知识的作用,可以解决工程中的哪些实际问题。

3. 注重试验的研究和操作

试验必须安全、规范操作,通过试验数据作为理论分析、简化计算的依据,从而验证理论的正确性。

4. 完成针对性强且数量足够的练习题

做练习题是学习过程中最有效、最经济的实践。只有通过足够数量的习题训练,才能体会和领悟到应用力学的本质,为以后各种专业课的学习打下坚实基础。

模块 1　工程结构受力分析与简化

学习任务

解决实际工程问题需要对工程结构进行受力分析，并对其所受力系进行简化。因此，需要认识和理解工程结构中的荷载、力矩、力偶、约束及约束反力等，能绘制工程结构的受力图，依据受力图对工程结构所受力系进行简化，掌握基本的力系简化方法，从而解决简单工程结构的受力问题与平衡问题。因此，本模块依据知识学习由简单到复杂，技能训练由单一到综合的逻辑与能力形成规律分解为以下 6 个任务。

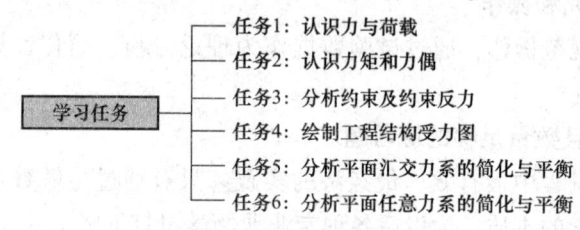

学习任务
- 任务1：认识力与荷载
- 任务2：认识力矩和力偶
- 任务3：分析约束及约束反力
- 任务4：绘制工程结构受力图
- 任务5：分析平面汇交力系的简化与平衡
- 任务6：分析平面任意力系的简化与平衡

学习目的

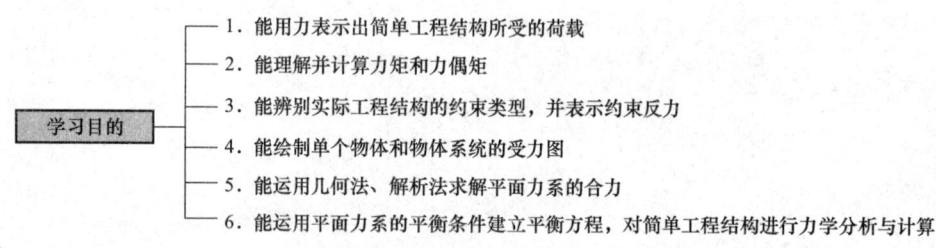

学习目的
1. 能用力表示出简单工程结构所受的荷载
2. 能理解并计算力矩和力偶矩
3. 能辨别实际工程结构的约束类型，并表示约束反力
4. 能绘制单个物体和物体系统的受力图
5. 能运用几何法、解析法求解平面力系的合力
6. 能运用平面力系的平衡条件建立平衡方程，对简单工程结构进行力学分析与计算

学习引导

为培养学生通过认识力、理解力，掌握工程结构受力与传力的基本规律及力系简化与平衡的基本理论，从而获得解决简单工程结构受力分析与简单计算的能力。本模块通过如下思维导图进行学习引导。

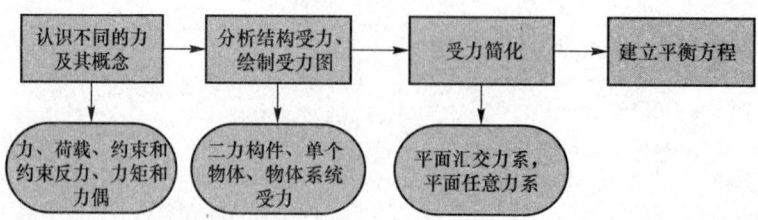

认识不同的力及其概念 → 分析结构受力、绘制受力图 → 受力简化 → 建立平衡方程

- 力、荷载、约束和约束反力、力矩和力偶
- 二力构件、单个物体、物体系统受力
- 平面汇交力系，平面任意力系

任务 1　认识力与荷载

任务目标

素质目标

1. 养成积极观察生活及工程结构的力学现象，从而思考其本质的习惯。
2. 培养分析力学问题的思维能力和逻辑能力。

知识目标

1. 掌握力的概念及性质。
2. 理解荷载的含义。
3. 理解刚体和变形固体的含义。

能力目标

1. 能表示力的三要素。
2. 能判定荷载类型。
3. 能用力表示出简单工程结构所受的荷载。

任务描述

中国传统文化博大精深，诗词歌赋是中国传统文化的精髓。其中《乐府诗集》是继《诗经·风》之后的一部总括中国古代乐府歌辞总集，由北宋郭茂倩所编，里面有一首《敕勒歌》："敕勒川，阴山下。天似穹庐，笼盖四野。天苍苍，野茫茫，风吹草低见牛羊。"这首民歌描绘了南北朝时期阴山脚下水草丰盛，牛羊肥壮的草原美景，如图1-1-1所示。

图1-1-1　风吹草低见牛羊

任务思考

思考1：为什么会风吹草低见牛羊呢？
思考2："风吹草低见牛羊"这种现象和力有关吗？

任务分析

第一步：观察风吹草低现牛羊的现象。
第二步：分析产生现象的原因。

7

相关知识

1. 力

力是物体之间的相互机械作用。这种作用对物体产生两种效应，一种是引起物体**机械运动状态的变化**，另一种是使**物体产生变形**。力不能脱离物体单独存在，主动方称为**施力物体**，被动方称为**受力物体**。如图 1-1-2 中的行李箱，在人力的拉动下，行李箱的状态由静止状态变为运动状态，施力物体是人，受力物体是行李箱。如图 1-1-3 所示，3D 打印的镂空圆球在握力的作用下被捏扁，施力物体是手，受力物体是镂空圆球。

视频：什么是力

图 1-1-2 拖动的行李箱　　　　图 1-1-3 被捏扁的 3D 打印镂空圆球

实践表明，力对物体的作用效果取决于力的大小、方向和作用点三个要素，简称力的三要素。力的三要素含义、力的表示及示例见表 1-1-1。

表 1-1-1 力的三要素含义、力的表示及示例

	大小	方向	作用点
力的三要素	表示物体之间机械作用的强度。在国际单位制中，力的单位是牛顿(N)或千牛顿(kN)	表示物体的机械作用具有方向性。力的方向包括力的作用线在空间的方位和力沿作用线的指向	是物体间机械作用位置的抽象化。其作用点在物体相互接触处
力的表示	力是一个既有大小又有方向的量，即力是矢量，通常用一个带箭头的线段表示力的三要素。线段的长度(按选定的比例)表示力的大小，线段的方位和箭头表示力的方向，带箭头线段的起点或终点表示力的作用点。通过力的作用点并沿着力的方位的直线，称为力的作用线。力的命名一般用大写字母 F、P、R 等表示		
示例	如图 1-1-4 所示，钉钉子到木桩上，但每次钉子嵌入木桩的效应不尽相同。因为每次挥动铁锤的力度(力的大小)、角度(力的方向)、铁锤敲击钉子的位置(力的作用点)，三个要素都不完全相同。力的表示方法如图 1-1-5 所示 图 1-1-4 钉钉子　　　　图 1-1-5 力的三要素示意图		
结论	力的三要素中有任何一个改变时，力对物体的作用效应也将改变		

2. 荷载

主动作用于结构的外力在工程结构上统称为**荷载**。在工程实际中，构件受到的载荷是多种多样的。根据作用在构件上的范围，荷载可分为**集中荷载**与**分布荷载**。

(1) 集中载荷。集中荷载又称集中力。若载荷作用在构件上的面积远小于构件的表面积，可把载荷看作是集中地作用在一"点"上，这种载荷称为集中载荷。例如吊车缆索对梁的拉力(图1-1-6)，屋架传递给柱子的压力(图1-1-7)。

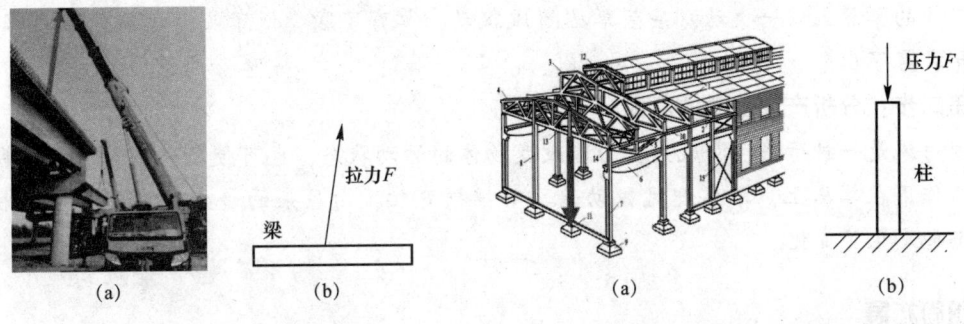

图 1-1-6　受拉力作用的梁

(a)起吊的梁；(b)梁受拉示意图

图 1-1-7　受压力作用的柱

(a)屋架结构；(b)柱受压示意图

(2) 分布载荷。分布荷载又称分布力。若载荷作用在构件上的面积比较大，不能近似地看成作用在一个点上，这种载荷称为分布载荷。若分布载荷连续作用于物体的一条线上，则称为**线载荷**；若分布载荷连续作用在物体表面的较大面积上，则称为**面载荷**，如作用在水坝的水压力(图1-1-8)，作用在高楼上的风荷载(图1-1-9)。若分布载荷连续作用于物体

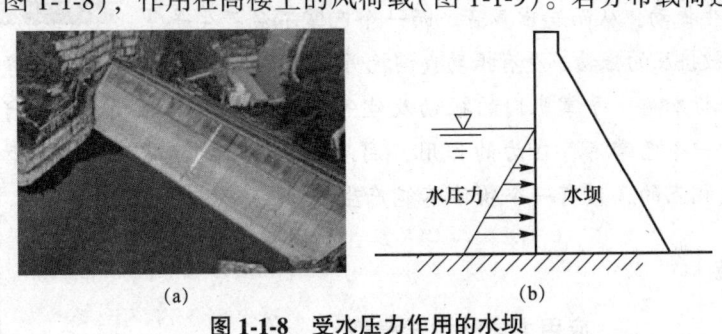

图 1-1-8　受水压力作用的水坝

(a)水坝；(b)水压力示意图

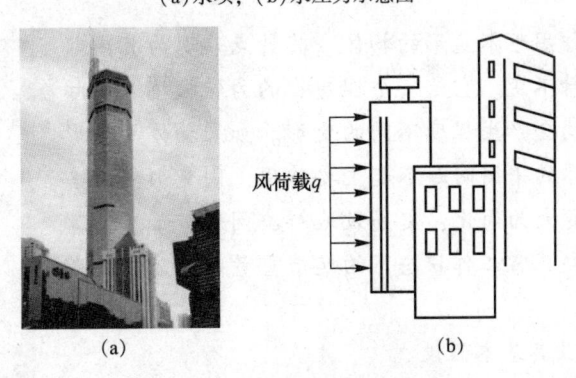

图 1-1-9　受风荷载作用的高楼

(a)高楼；(b)风荷载示意图

的体积上，则称为**体载荷**，如物体的重力。分布荷载的大小一般用荷载集度 q 表示，其单位是 N/m、N/m^2、N/m^3 或 kN/m、kN/m^2、kN/m^3。如果 q 为常量，则该分布荷载称为**均布荷载**，反之就是**非均布荷载**。

任务实施

第一步：观察风吹草低现牛羊的现象

广阔的草原上风一吹动，茫茫草丛随风飘动，草弯了腰、低了头，之前隐藏在草丛中的牛羊就露了出来。

第二步：分析产生现象的原因

因为风是一种荷载，即风力，力能改变物体的运动状态，也可使物体发生变形。所以，当风力作用在草丛上，草丛迎风飘动、草茎摇摆弯腰，由原来的静止状态变为运动状态，其形态也发生了变化。

巩固拓展

【案例描述】

为什么说一个巴掌拍不响？两个巴掌就能拍响，如图 1-1-10 所示？

【分析及实施】

第一步：分析现象。我们用两只手拍掌的，手掌的肌肉会振动从而发出声音，同时，手掌凹凸不平，拍掌时手掌凹陷部分有空气被向外挤压而产生振动，从而发出声音。而一个巴掌不会产生手掌肌肉振动及空气被挤压的振动。没有振动我们就听不见声音。

图 1-1-10 拍掌

第二步：分析本质。手掌肌肉的振动及空气被挤压产生的振动，是由于两只手相互施加力而引起的，一个巴掌不存在力的作用，因此拍不响，这说明了力是物体与物体间的作用，力的作用是相互的，只有一个物体不能产生力。

知识加油站

应用力学的力学模型

1. 刚体

刚体是指在力的作用下不变形的物体。其特点表现为其内部任意两点的距离都保持不变。它是一个理想化的力学模型。实际物体在力的作用下，均会产生程度不同的变形。如果物体的变形十分微小，对研究物体的平衡问题不起主要作用，则变形可以略去不计，这样可使问题大为简化，更高效地解决问题。如在计算塔式起重机(图 1-1-11)正常工作状态下的起吊重量时，应将塔式起重机视为刚体。

视频：刚体

2. 理想变形固体及其基本假设

在一些力学问题中，物体的变形因素不可忽略，如果不予考虑就无法得到问题的正确解答。如在分析塔式起重机梁的强度

图 1-1-11 塔式起重机

10

时，应视其为理想变形固体。所谓**理想变形固体，是将一般变形固体的材料性质加以理想化**，并作出以下假设：

(1)连续性假设。认为物体的材料结构是密实的，物体内材料是毫无空隙地连续分布。

(2)均匀性假设。认为材料的力学性质是均匀的，从物体上任取或大或小的一部分，材料的力学性质均相同。

(3)各向同性假设。认为材料的力学性质是各向同性的，材料沿不同的方向具有相同的力学性质。

巩固练习

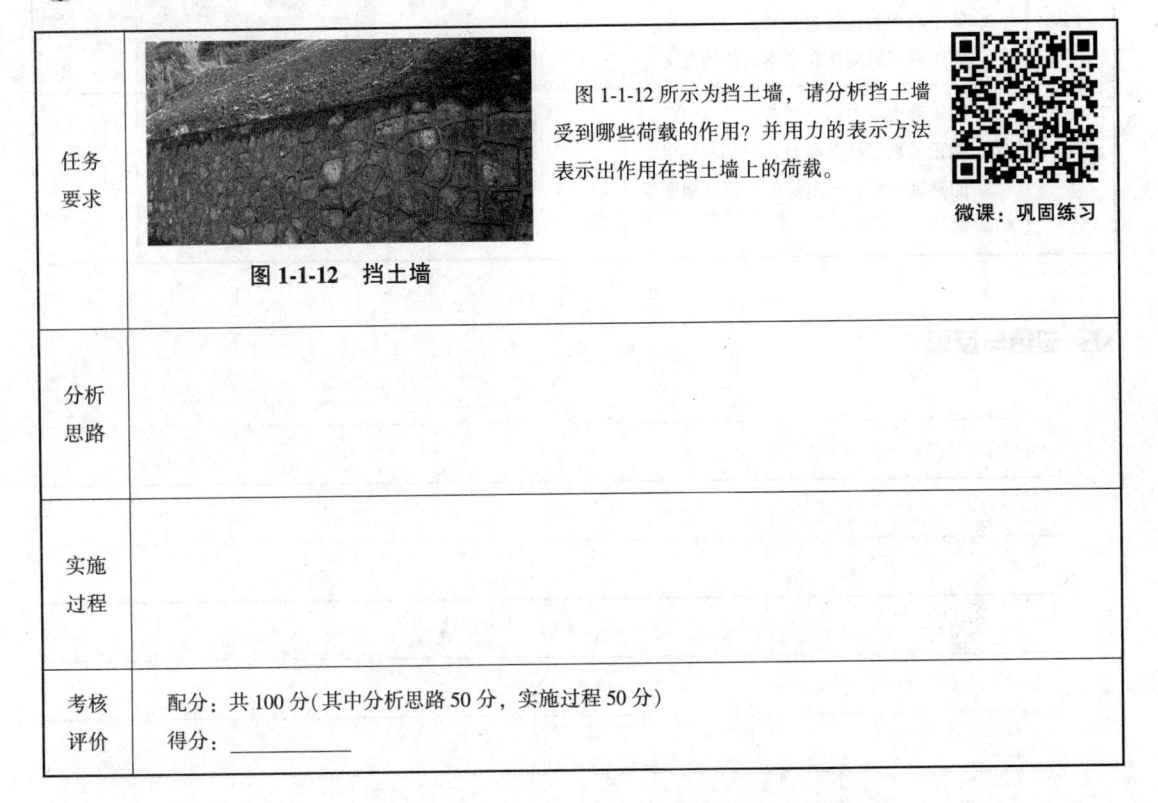

任务要求	图 1-1-12 挡土墙 图 1-1-12 所示为挡土墙，请分析挡土墙受到哪些荷载的作用？并用力的表示方法表示出作用在挡土墙上的荷载。 微课：巩固练习
分析思路	
实施过程	
考核评价	配分：共 100 分（其中分析思路 50 分，实施过程 50 分） 得分：_____

能力训练

能力任务	1. 查阅资料，说说除了集中荷载和分布荷载外，荷载还有哪些分类？		2. 举例说明至少 2 个生活或工程中的力学现象。	
能力展示				
能力评价	配分：50 分	得分：	配分：50 分	得分：
	总分：100 分		得分：_____	

测评与改进

评价项目	评分标准	配分	主体评价/分				诊断改进
			自评	互评	教师评	综合评	
素质	1. 初步具备通过观察生活及工程结构的力学现象，思考其本质的习惯。 2. 初步具备分析力学问题的思维能力和逻辑能力	30					
知识	1. 能正确掌握力的概念及性质。 2. 能正确理解荷载的含义。 3. 能正确理解刚体和变形固体的含义	40					
能力	1. 能正确表示力的三要素。 2. 能正确判定荷载类型。 3. 能熟练用力表示出简单工程结构所受的荷载	30					

总结与反思

任务2 认识力矩和力偶

任务目标

素质目标
1. 善于观察生活、勤于思考,并寻找规律。
2. 具备运用力学思维分析生活及工程结构中的简单问题的能力。

知识目标
1. 理解力矩和力偶的概念。
2. 掌握力矩和力偶矩的计算公式。
3. 理解力偶的性质。

能力目标
1. 能计算力矩和力偶矩。
2. 能分析力、力矩和力偶三者的不同特点。

任务描述

古希腊伟大的数学家、物理学家阿基米德说:"给我一根杠杆,我就能撬动地球"。如图 1-2-1 所示,大家说说可以吗?这里面蕴含了什么力学知识呢?

图 1-2-1 杠杆撬地球

任务思考

思考1:人对杠杆的一端施加力,杠杆的两端会发生什么变化?
思考2:如果阿基米德能撬动地球,分析其力学原因。

任务分析

第一步:依据生活经验,分析杠杆两端发生的变化。
第二步:依据力学知识,分析地球是否能被撬动。

相关知识

生活中,手对门施加力,能把门推开,这表明力对刚体的作用效应,不仅能使刚体移动,还能使刚体转动,这种转动效应的大小可用力对点的矩来度量,称为**力矩**。

1. 力矩的计算

如图 1-2-2 所示的扳手拧螺母，我们发现力 F 对螺母绕 O 点的转动效应即力矩，不仅与力 F 的大小有关，还与转动中心 O 到力 F 作用线的垂直距离 h 有关。因此，力矩的计算用 F 与 h 的乘积及其转向来度量，以符号 $M_O(F)$ 表示。即

$$M_O(F) = \pm Fh \tag{1-2-1}$$

式中，点 O 称为矩心；h 称为力臂；正负号表示力矩在其作用面上的转向，一般规定力矩逆时针转动为正，顺时针转动为负。

力 F 对 O 点之矩，其值还可用以力 F 为底边，以矩心 O 为顶点所构成的三角形面积的两倍来表示，如图 1-2-3 所示。故力矩的表达式又可写成：

$$M_O(F) = \pm 2S_{\triangle OAB} \tag{1-2-2}$$

按照国际单位制，力矩的单位是牛顿·米（N·m）或千牛顿·米（kN·m）。

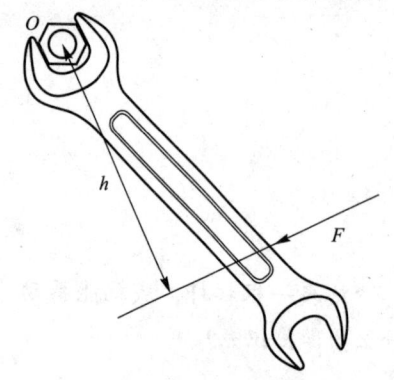

图 1-2-2　扳手拧螺母

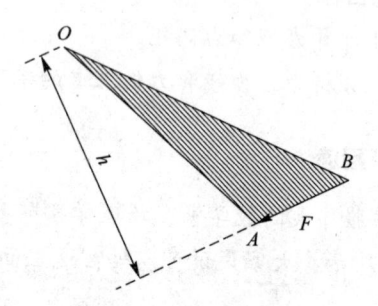

图 1-2-3　力矩计算示意图

2. 力矩为零的条件

（1）力等于零；

（2）力臂为零，即力的作用线通过矩心。

【注意】力矩的计算需要指明矩心，矩心可以取在物体上，也可取在物体外。

任务实施

第一步：依据生活经验，分析杠杆两端发生的变化

小朋友玩跷跷板时，对跷跷板两端施加力，跷跷板就会绕着中间的支点上下转动。因此，如果阿基米德用杠杆撬动地球时，只要对杠杆一端施加的力足够大，理论上杠杆另一端放置的地球就能绕着支点转动。

第二步：依据力学知识，分析地球是否能被撬动

阿基米德用夸张的手法想象用一根杠杆撬动地球，这里面其实蕴含了杠杆原理及力矩的力学知识。其杠杆原理可以看作杠杆两端在压力的作用下绕其支点分别产生了一个力矩，这两个力矩的转向相反。如果一端的力矩 Fd_1 大于另一端的力矩 Gd_2，杠杆就发生了转动，地球也就被撬动了，如图 1-2-4 所示；如果两端的力矩大小相等，杠杆就是平衡的。

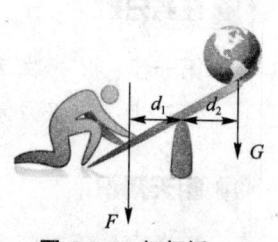

图 1-2-4　杠杆撬地球受力示意图

巩固拓展

1. 均布荷载作用下计算力矩

集中力可以使刚体转动，分布力也可以使刚体产生转动效应，以均布荷载为例。

在计算均布荷载时，通常将其等效成一个集中荷载，该集中荷载的大小等于均布荷载集度 q 乘以作用范围，作用点为均布荷载作用范围的中点，作用方向与原均布荷载作用方向相同。

【案例描述1】

图1-2-5所示为被分吹动的窗户，在风荷载的作用下，窗户绕轴线 O 发生转动。如果将风视作荷载集度为 q 的均布荷载，同时将该生活场景简化成平面问题，其受力图如图1-2-6所示，试计算风吹窗户时产生的力矩。

【分析及实施】

第一步：把均布荷载等效为集中力。在计算风荷载 q 对 O 点之距时，先将风荷载等效成集中荷载 F，其大小为 ql，作用点为风荷载作用的中点，方向与风荷载相同，如图1-2-7所示。

第二步：计算力矩。依据力矩计算公式，风吹窗户时产生的力矩，即风荷载对 O 点之矩：

$$M_O(q) = -ql \times l/2 = -ql^2/2$$

图1-2-5 被风吹动的窗户 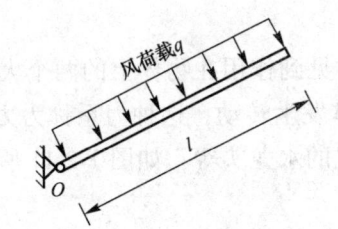　　图1-2-6 计算简图 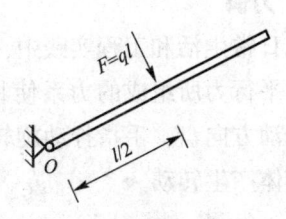　　图1-2-7 风荷载等效成集中荷载

2. 合力矩定理

合力对平面上任一点之矩，等于所有分力对同一点力矩的代数和。

小贴士：合力矩定理可以用来简化力矩的计算。有些实际问题中力臂不易求出，可以将此力分解为相互垂直的分力，找出两分力对矩心的力臂，求出两分力对矩心的力矩的代数和，即为此力对矩心的力矩。

【案例描述2】

如图1-2-8所示，ABC 为刚体，计算力 F 对 A 点之矩。

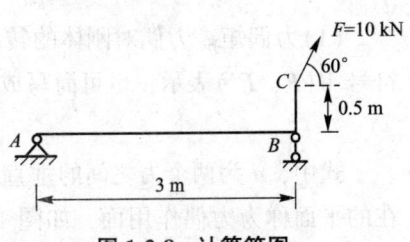

【分析及实施】

方法一：直接计算。

第一步：确定力的大小和力臂的长度。已知力矩的转向力的大小为10 kN；力臂为图1-2-9中 d 所示长度，力 F 绕 A 点逆时针转动。

图1-2-8 计算简图

$$L_{AD} = L_{AB} - L_{BD} = L_{AB} - L_{BC}/\tan 60°$$
$$d = L_{AD} \times \sin 60° \approx 2.348 \text{(m)}$$

第二步：计算力对点之矩。

$$M_A(\boldsymbol{F}) = Fd \approx 10 \times 2.348 = 23.48 (\text{kN} \cdot \text{m})$$

方法二：运用合力矩定理计算。

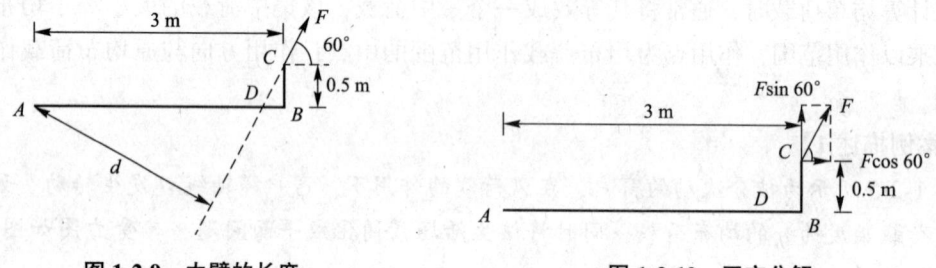

第一步：正交分解 $\boldsymbol{F}$。如图 1-2-10 所示，将 $\boldsymbol{F}$ 正交分解为 $F\sin60°$ 和 $F\cos60°$。

图 1-2-9　力臂的长度

图 1-2-10　正交分解

第二步：确定两个分力力臂的长度。

分力 $F\sin60°$ 对应力臂 AB 的长度为 3 m，分力 $F\cos60°$ 对应力臂 BC 的长度为 0.5 m。

第三步：求力矩之和。

$$\begin{aligned}M_A(\boldsymbol{F}) &= M_A(F\sin60°) + M_A(F\cos60°) = F\sin60° \times 3 - F\cos60° \times 0.5 \\ &= 10\sin60° \times 3 - 10\cos60° \times 0.5 \approx 23.48(\text{kN} \cdot \text{m})\end{aligned}$$

3. 力偶

在日常生活和工程实践中，常见到作用在物体上的两个大小相等、方向相反且不共线的一对平行力所组成的力系使物体发生转动，这种力系称为**力偶**，记作 $(\boldsymbol{F}, \boldsymbol{F}')$。如司机双手转动方向盘，手指拧动旋转式的水龙头等，如图 1-2-11 所示。力偶对刚体的外效应只能使刚体产生转动。

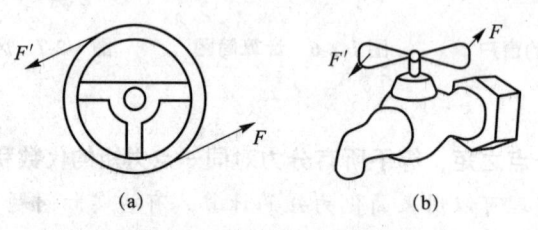

图 1-2-11　生活中常见的力偶
(a)转动方向盘；(b)拧动水龙头

(1) 力偶矩。力偶对刚体的转动效应用**力偶矩**表示。在同平面内，力偶矩是代数量。以符号 $M(\boldsymbol{F}, \boldsymbol{F}')$ 表示，也可简写成 M 即

$$M = \pm Fd \tag{1-2-3}$$

式中，d 为两个力之间的垂直距离，称为力偶臂，力偶所在的平面称为力偶作用面，如图 1-2-12 所示。式中的正负号一般以逆时针转向为正，顺时针转向为负。力偶矩的单位为 N·m 或 kN·m。

(2) 力偶的三要素。实践证明，力偶对物体的作用效果，由以下三个因素决定：①力偶矩的大小；②力偶的转向；

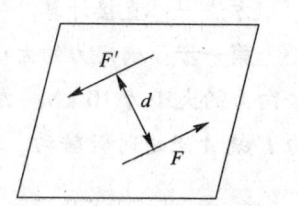

图 1-2-12　力偶计算示意图

③力偶作用面的方位。这三个因素称为力偶的三要素。

(3)力偶的性质。

性质一：力偶既没有合力，也不能用一个力平衡。

性质二：力偶对其作用面内任意一点的矩恒等于该力偶的力偶矩，与矩心的位置无关。

证明：设有一力偶(F，F')作用在刚体上某平面内，其力偶矩 $M = Fd$，如图 1-2-13 所示。在此平面上任取一点 O，至力 F 的垂直距离为 x，则

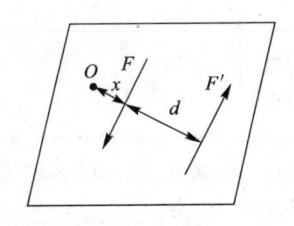

图 1-2-13 任取一点计算力偶矩

力偶是由两个力组成的特殊力系，力偶对刚体只能产生转动效应，而力既能对刚体产生移动效应，也能对刚体产生转动效应。

$$M_O(F, F') = F'(x+d) - Fx = Fd = M$$

由此可见，力偶矩与矩心无关，因而与力矩不同，计算力偶矩时不需要指明矩心，可简记为 M。

性质三：在同一平面内，只要保持力偶矩的大小和转向不变，则可改变力的大小和位置，而力偶对刚体的作用效应不变。

如图 1-2-14 所示，拧紧瓶盖时，将力偶施加在 A、B 位置或 C、D 位置，作用效果相同。又如图 1-2-15 所示，使用攻丝工具时，若将力增加 1 倍，而力偶臂减少 1/2，其效果仍相同。

图 1-2-14 拧瓶盖

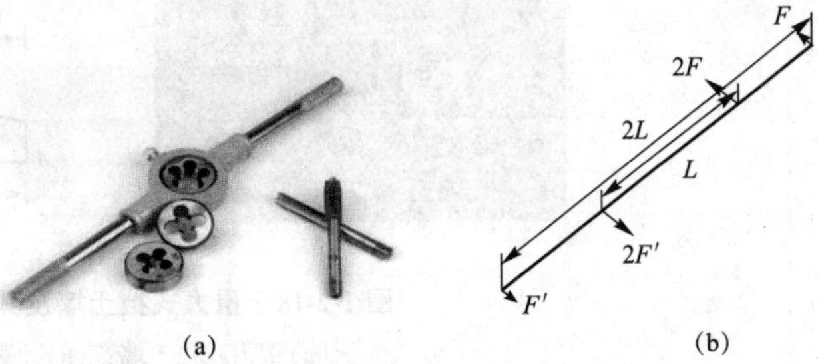

图 1-2-15 攻丝工具

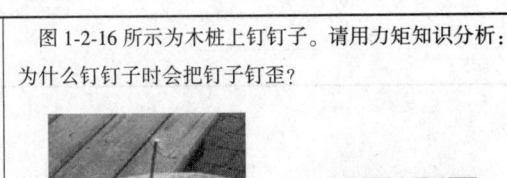

巩固练习

任务描述	图 1-2-16 所示为木桩上钉钉子。请用力矩知识分析：为什么钉钉子时会把钉子钉歪？  图 1-2-16 木桩上钉钉子 微课：巩固练习（第 1 题）	计算图 1-2-17 所示结构中力 F 对 A 点之矩。 图 1-2-17 结构示意图 微课：巩固练习（第 2 题）

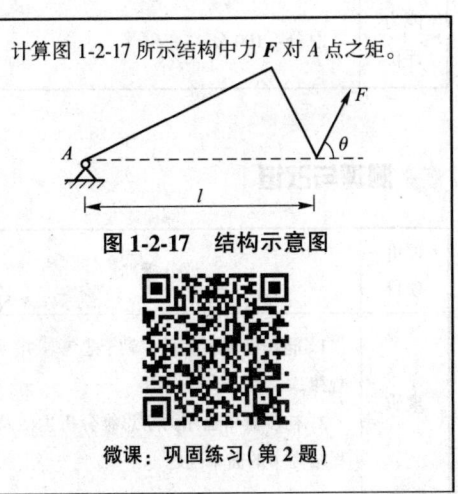

续表

分析思路	
实施过程	
考核评价	配分：共100分(其中分析思路50分，实施过程50分) 得分：_____

能力训练

能力任务	如图1-2-18(a)所示为重力式挡土墙，已知挡土墙重力 $G_1 = 75$ kN，铅垂土压力 $G_2 = 120$ kN，水平土压力 $P = 90$ kN，计算简图如图1-2-18(b)所示，试求这三个力对前趾点 A 的矩，并指出哪些力矩使墙饶 A 点有倾倒的趋势？哪些力矩使墙趋于稳定？ (a) (b) 图1-2-18 重力式挡土墙及其计算简图 (a)重力式挡土墙；(b)计算简图
能力展示	
能力评价	总分：100分　　　　　　　　　　　　　　得分：_____

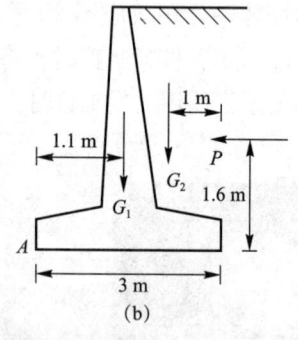

测评与改进

评价项目	评分标准	配分	自评	互评	教师评	综合评	诊断改进
素质	1. 能积极观察生活、勤于思考，并寻找规律。 2. 初步具备运用力学思维分析生活及工程结构中的简单问题	30					

续表

评价项目	评分标准	配分	主体评价/分				诊断改进
			自评	互评	教师评	综合评	
知识	1. 能完全理解力矩和力偶的概念。 2. 能熟练掌握力矩和力偶矩的计算公式。 3. 能正确理解力偶的性质	40					
能力	1. 能运用公式计算力矩和力偶距。 2. 能正确分析力、力矩和力偶三者的不同特点	30					

总结与反思

任务3　分析约束及约束反力

任务目标

素质目标
1. 培养基本的工程素养和职业素养。
2. 培养善于运用力学知识分析问题和解决问题的能力。

知识目标
1. 掌握约束的概念及类型。
2. 理解约束反力表示方法。

能力目标
1. 能辨别实际工程结构的约束类型。
2. 能表示实际工程结构的约束反力。

任务描述

2018年7月，涪江绵阳段发生特大洪水，为了确保宝成铁路涪江大桥的安全，中国铁路成都局采用"重车压梁"的方式，调集了两列货运列车，装载8 000 t重物驶上涪江大桥以应对洪峰，如图1-3-1所示，压梁重载列车停留在桥上直到水位下降至封锁警戒值以下。通过"重车压梁"的方式确保了涪江大桥安全抵抗洪峰过境。

请同学们观察图1-3-1中重载列车作用下的涪江大桥。

图1-3-1　火车镇桥

任务思考

思考1：为什么"重车压梁"的方式，能确保涪江大桥安全抵抗洪峰过境？
思考2：从涪江大桥的受力情况，分析其具体原因。

任务分析

第一步：依据大桥结构特点分析洪水对大桥的危险性。
第二步：以大桥的主要结构为研究对象，分析其受力情况。

相关知识

1. 约束与约束反力

通常将限制物体运动的其他物体称为**约束**。如大桥的梁与桥墩、桥墩与基础，梁受到桥墩的限制，所以桥墩是梁的约束；桥墩受到基础的限制，所以基础是桥墩的约束。约束对于被约束物体的运动起限制作用的力，称为**约束反力**，简称**反力**。

【注意】约束反力的方向总是与约束所能限制的运动方向相反。

2. 约束类型及其反力

实际工程中，物体间的连接方式很复杂，为分析和解决实际的力学问题，通常将物体间各种复杂的连接方式抽象化为几种典型的约束模型。

（1）柔体约束。胶带、绳索、传动带、链条等阻碍了物体的运动时，就称为**柔体约束**。这类约束的特点是只能承受拉力，不能承受压力，只能限制物体沿着柔性体伸长的方向运动。所以柔体约束的**约束反力作用在连接点，方向沿柔索，指向背离物体。**

如图 1-3-2(a)所示，起重机用钢绳起吊大型机械主轴。如分析机械主轴受到的约束反力：两根次吊索对机械主轴的约束反力分别通过连接点 B、C，沿着次吊索的轴线，指向背离机械主轴，即 F_1 和 F_2；如分析吊钩受到的约束反力：主吊索及两根次吊索对吊钩的约束反力都通过它们与吊钩的连接点 A，沿着各吊索的轴线，指向背离吊钩，即 F'_1 和 F'_2，如图 1-3-2(b)所示。

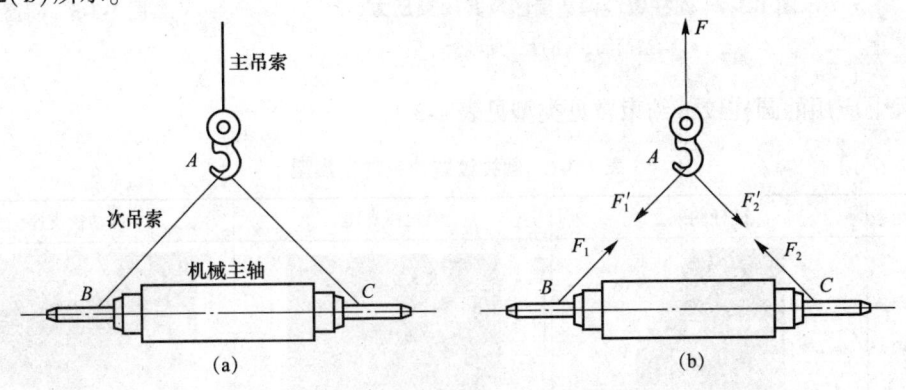

图 1-3-2 起重机起吊大型机械主轴
(a)构造简图；(b)反力示意

（2）光滑面约束。当物体在接触处的摩擦力很小，可忽略不计时，物体之间的约束就是**光滑面约束**。这类约束只能限制物体沿着接触面的公法线指向接触面的运动。所以光滑面约束的**约束反力作用在接触点，方向沿公法线方向指向被约束物体，通常为压力。**如图 1-3-3(a)所示齿轮，齿轮 A 在接触点 O 处受到的约束反力 F，通过 O 点，沿着公法线方向指向齿轮 A，如图 1-3-3(b)所示。

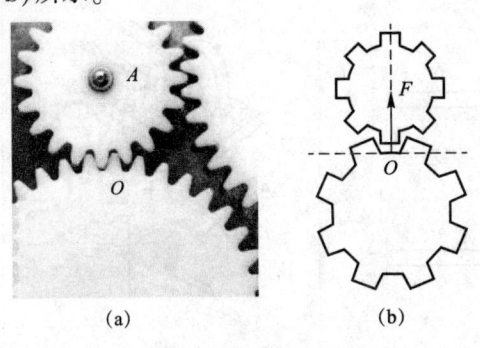

图 1-3-3 齿轮
(a)实物图；(b)受力示意图

(3)圆柱铰链约束。**圆柱铰链约束**是由一个光滑圆柱形销钉插入两个带有圆孔的物体中构成。其构造简图如图 1-3-4(a)所示。圆柱铰链约束简称铰链。铰链的特点是不能限制物体绕销钉的相对转动,只能限制物体在垂直于销钉轴线的平面内沿任意方向的相对移动。所以,**铰链的约束反力在垂直于销钉轴线的平面内,通过销钉中心,方向未定。其约束反力通常用两个相互垂直的分力来表示**,如图 1-3-4(b)所示。铰链是工程结构和机械中通常用来连接构件或零部件的一种结构形式,如安装门窗用的合页(图 1-3-5)就是铰链。

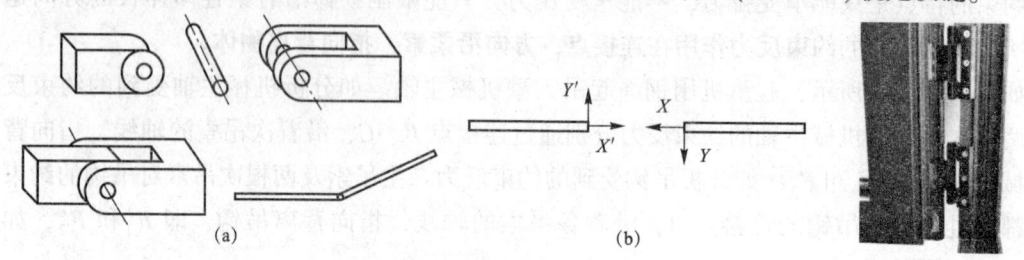

图 1-3-4 圆柱铰链构造简图及其约束反力
(a)构造简图;(b)反力示意

图 1-3-5 门窗合页

工程上应用的圆柱铰链约束常见类型见表 1-3-1。

表 1-3-1 圆柱铰链约束常见类型

类型	链杆约束	固定铰支座	可动铰支座
实例			
构造特点	两端用销钉与物体连接且中间不受力(自重忽略不计)的直杆称为链杆约束	用圆柱铰链连接的两个构件中,其中一个固定不动,就构成固定铰支座	固定铰支座下面装置几个辊轴,就构成可动铰支座,也称为活动铰支座
反力特点	只能限制物体沿着链杆中心线的相对移动,其约束反力指向未定	约束反力与圆柱铰链相同	只能限制物体在垂直于支承面方向的运动。约束反力通过销钉中心,垂直于支承面,指向不定
约束构造及反力示意图			

(4) 固定端约束。如图 1-3-6 所示，立于路边的电线杆，它们的一端嵌固在地基内，地基对它们的约束限制了其沿任何方向的移动和转动，这种约束称为**固定端约束**。固定端约束的构造简图及其反力表示如图 1-3-7 所示，其中，**两个正交约束分力 F_x 和 F_y 表示限制构件移动的约束作用，一个约束反力偶 M 表示限制构件转动的约束作用。**

图 1-3-6 电线杆

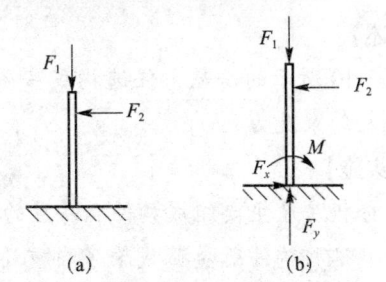

图 1-3-7 电线杆固定端约束及其反力示意
(a) 构造简图；(b) 反力示意

任务实施

第一步：依据大桥结构特点分析洪水对大桥的危险性

宝成铁路涪江大桥是一座简支梁钢桁架结构桥梁，自重较轻，对抗洪水的能力有限。如果洪水继续上涨，越来越大的洪水冲击力不断冲击大桥桥墩和钢梁，在梁与桥墩的连接处，以及桥墩与基础的连接处整体性就越来越脆弱，大桥就可能被洪水冲走。

第二步：以大桥的主要结构为研究对象，分析其受力情况

大桥的主要结构是钢桁架结构简支梁和桥墩。

(1) 分析梁的受力情况。梁所受荷载主要有自重、重载列车竖直向下的压力，以及梁两端与桥墩连接处的约束反力。因为是简支梁，所以两端的约束类型分别为一端固定铰支座、一端可动铰支座。其受力简图如图 1-3-8 所示。在重载列车的压力下，梁两端受到的竖直向上的约束反力 F_y 和 F 变大，这时梁与桥墩连接处的摩擦力随之变大，就能更有效抵御洪水对梁与桥墩连接处的冲击力，由此增加了梁的安全性。

(2) 分析桥墩的受力情况。桥墩所受荷载主要有自重、洪水冲击力，所受的约束反力来自桥墩与梁端部的铰链约束，以及桥墩与基础的固定端约束。其受力简图如图 1-3-9 所示。因为 F'_y 与 F_y 是一对相互作用的力，大小是相等的。因此，在重载列车的压力下，随着 F'_y 的增加，R_y 也随之增加，增加了桥墩与基础之间的摩擦力，就能更有效抵御洪水对桥墩与基础连接处的冲击力，由此增加了桥墩的安全性。

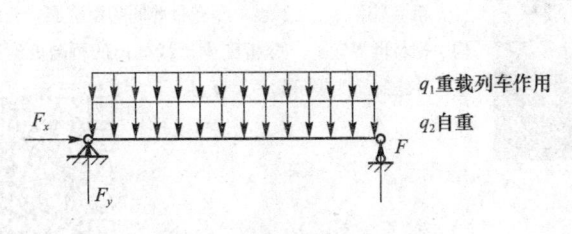

图 1-3-8 梁结构受力简图

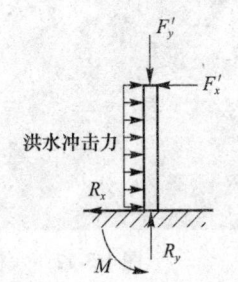

图 1-3-9 桥墩受力简图

因此，在重载列车的增重下，增加了大桥的整体稳定性，能更有效抵抗洪水的冲击作用。所以，"重车压梁"的方式，能确保宝成铁路涪江大桥安全抵抗洪峰过境。

巩固拓展

【案例描述】

观察图1-3-10所示的房屋，任选构成房屋的构件，分析其所受的荷载与约束，并绘制简图表示荷载及约束反力。

【分析及实施】

第一步：分析房屋主要组成构件。房屋的主要组成构件有柱、梁、楼板、房顶、门窗、墙壁、阳台等。这些构件所受荷载除了自重还有其他荷载，如外墙面承受风荷载作用，门与门框连接处为固定铰支座，柱与梁连接处根据施工工艺可能是固定端约束或铰链连接。

第二步：以阳台挑梁为例分析其所受荷载与约束类型。房屋阳台挑梁所受的荷载主要为自重，属于分布荷载，还有阳台自由端处种植的绿植，可看成是一个集中荷载。在挑梁与墙壁的连接处，其约束特点是既不能移动，也不能转动，因此，约束类型为固定端约束。

第三步：绘制阳台挑梁所受荷载及约束反力。阳台挑梁的受力简图如图1-3-11所示。

图1-3-10 房屋 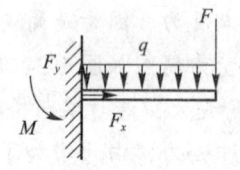   图1-3-11 阳台挑梁受力简图

巩固练习

描述	图1-3-12所示为纳晴高速的六枝大桥，全长2 023.5 m，墩高196 m，单跨跨径320 m。其中主桥墩高度、单跨跨径、箱梁宽度、全桥长度4项在目前同类型空腹式连续刚构中排名世界第一。分析图中虚线标出的桥跨的约束类型，并绘制简图表示其约束反力。
图1-3-12 六枝大桥	微课：巩固练习

续表

分析思路	
实施过程	
考核评价	配分：共100分（其中分析思路50分，实施过程50分） 得分：_____

能力训练

能力任务	坝陵河大桥（图1-3-13）在沪昆高速公路镇宁至胜境关段上，是世界首座山区峡谷千米级跨径钢桁加劲梁悬索桥，获中国建设工程鲁班奖特等奖。世界桥梁看中国，中国桥梁看贵州。"桥旅融合"是坝陵河大桥的发展定位，如今的坝陵河大桥是世界极限运动基地。请分析坝陵河大桥相关构件（如主缆、主塔、锚碇、吊索、加劲梁）所受的主要荷载与约束，并绘制简图表示其荷载与约束反力。 图1-3-13 坝陵河大桥　　　　　　　视频：从力学角度分析悬索桥5个主要部分受力
能力展示	
能力评价	总分：100分　　　　　　　得分：_____

测评与改进

评价项目	评分标准	配分	主体评价/分				诊断改进
			自评	互评	教师评	综合评	
素质	1. 具备基本的工程素养和职业素养。 2. 初步具备运用力学知识分析问题和解决问题的能力	30					

25

续表

评价项目	评分标准	配分	主体评价/分				诊断改进
			自评	互评	教师评	综合评	
知识	1. 能完全掌握约束的概念及类型。 2. 能完全理解约束反力表示方法	40					
能力	1. 能正确辨别实际工程结构的约束类型。 2. 能正确表示实际工程结构的约束反力	30					

总结与反思

任务 4　绘制工程结构受力图

任务目标

素质目标

1. 培养基本的工程素养和职业素养。
2. 培养善于运用力学知识分析问题和解决问题的能力。

知识目标

1. 理解二力构件、二力杆的含义。
2. 理解二力平衡公理和作用与反作用公理。
3. 掌握受力图绘制的步骤。

能力目标

1. 能分析单个物体和物体系统的受力。
2. 能绘制单个物体和物体系统的受力图。

任务描述

在乌蒙山脉深处，一座大桥跨越了号称"世界大峡谷"的北盘江峡谷，将云贵两省紧紧连接在一起。这就是有着"世界第一高桥"之称的杭瑞高速北盘江大桥，如图 1-4-1(a)所示。大桥桥面距谷底垂直高度 565.4 m，居世界第一。设计团队设计这座高墩大跨径桥的时候，没有可借鉴的经验，但他们展现了非凡的智慧和创新精神，经过多次勘察现场，统筹考虑塔基安全、施工方便等要求，最终确定桥型为主跨径 720 m 的钢桁架梁斜拉桥，如图 1-4-1(b)所示。

(a)　　　　　　　　　　　(b)　　　　　　　　视频：桁架结构

图 1-4-1　北盘江大桥

(a)大桥整体效果图；(b)大桥的钢桁架梁

任务思考

请同学们观察图 1-4-1(b)所示的北盘江大桥中的桁架结构。

思考 1：分析桥梁刚桁架梁结构中杆件的受力特点。

思考 2：如何绘制杆件的受力图？

任务分析

第一步：分析桁架结构特点，简化工程结构。
第二步：明确研究对象，进行受力分析。
第三步：绘制杆件受力图。

相关知识

1. 二力平衡公理

刚体在两个力作用下保持平衡的充要条件是：这两力大小相等，方向相反，作用线在同一直线上。因为这两个力的合力为零，所以这两个力是一对平衡力。

2. 二力构件

对于只受两个力作用而处于平衡的刚体，称为**二力构件**。由二力平衡公理可知：二力构件不论其形状如何，所受两个力的大小相等，方向相反，作用线必沿二力作用点的连线，如图1-4-2所示。若二力构件是一根直杆，此杆称为**二力杆**。桥梁检修时，设置在梁与地基之间的支撑杆（不计自重）就是二力杆，如图1-4-3(a)所示。二力杆所受两力作用线必与杆的轴线重合，如图1-4-3(b)所示。

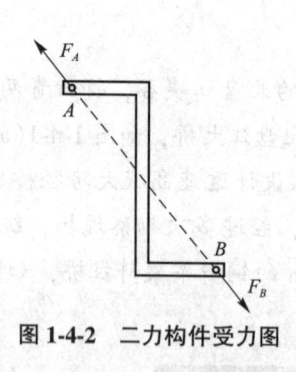

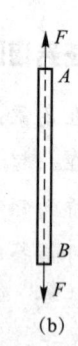

图1-4-2 二力构件受力图

图1-4-3 二力杆
（a）桥梁检修时的支撑杆；（b）二力杆受力图

3. 结构受力图

解决结构力学问题时，为了便于分析与研讨，需要对结构进行受力分析，然后绘制结构受力图。受力图是解决力学问题的关键，是力学计算的依据。**绘制受力图的步骤**如下：

(1) 选取研究对象。
(2) 画出研究对象的简图。
(3) 分析研究对象所受荷载，画出其所受的主动力。
(4) 分析研究对象与其他物体连接处的约束，画出其所受的约束反力。

小贴士：绘制结构受力图时，可先辨别结构中是否有二力构件，如有，可先画出二力构件的受力图，这样更能确保初学者绘图的准确性。

任务实施

第一步：分析桁架结构特点，简化工程结构

图1-4-1所示北盘江大桥的钢桁架梁是典型的桁架结构，由上弦杆、下弦杆、腹杆组

成，这些杆件在两端相互连接，不计杆件自重，简化计算时，杆件只在两端受拉力或压力，都看作是二力杆。

第二步：明确研究对象，进行受力分析

要绘制桁架结构中杆件的受力图，研究对象就是这些二力杆件。

第三步：绘制桁架结构杆件受力图

以其中任一杆件为例，依据二力杆受力特点或是绘制受力图步骤，杆件受力图如图1-4-4所示。两个力 F 的大小相等，方向相反，作用线与杆件轴线重合。

图 1-4-4 桁架结构杆件受力图

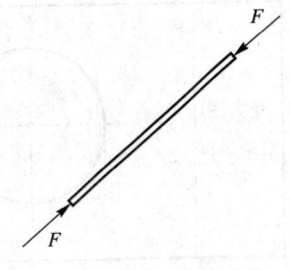

巩固拓展

1. 单个物体的受力分析

依据受力图的绘制步骤，画单个物体受力图时，研究对象就是此物体；然后根据实际情况，表示出研究对象所受主动力；再观察研究对象与哪些物体有直接联系，这些与研究对象直接联系的物体就是研究对象的约束，依据约束特点，分辨出约束类型，在连接处表示出约束反力。这样就可画出单个物体的受力图。

【案例描述 1】

图1-4-5所示为手扶式压路机，其压路碾子自重为 G，受到拉力 F 作用以碾压草坪，碾压过程中受到一石块阻碍，如图1-4-6所示。请绘制此时碾子的受力图。

图 1-4-5 手扶式压路机

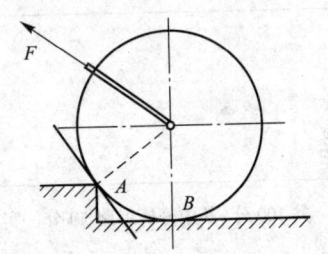

图 1-4-6 被拉动的碾子

【分析及实施】

碾子受力图绘制过程见表1-4-1所示。

表 1-4-1 碾子受力图绘制过程

步骤	步骤一：确定研究对象、绘制研究对象的简图	步骤二：绘制主动力	步骤三：绘制约束反力
分析过程	研究对象为碾子	主动力为重力 G 和拉力 F	约束为碾子与石块的接触处 A 点及碾子与草坪的接触处 B 点，约束类型为光滑面约束。因此，约束反力为石块的阻力 F_{NA} 和地面的支持力 F_{NB}

续表

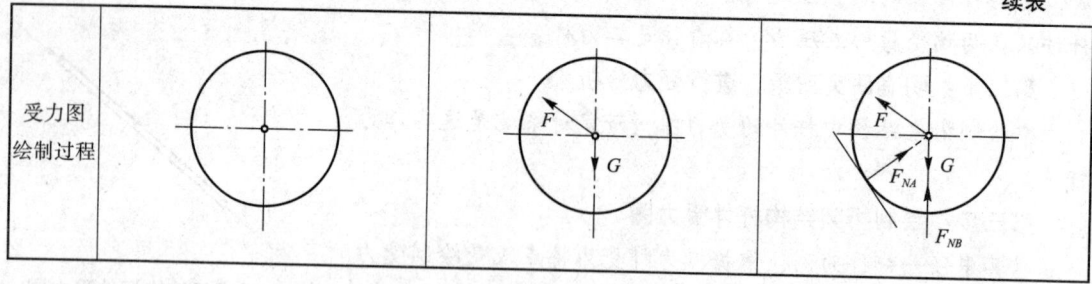

受力图绘制过程	(空白圆)	(圆上标注F、G)	(圆上标注F、G、F_{NA}、F_{NB})

巩固练习1

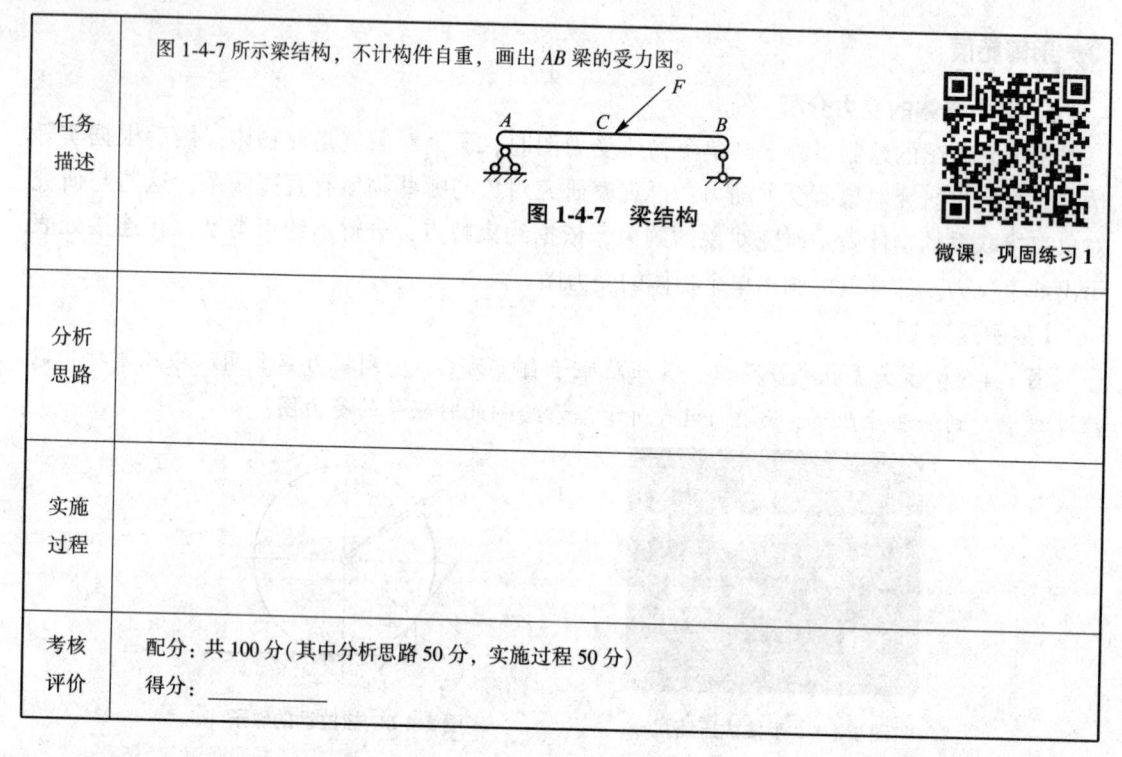

任务描述	图1-4-7所示梁结构，不计构件自重，画出AB梁的受力图。 图1-4-7 梁结构 微课：巩固练习1
分析思路	
实施过程	
考核评价	配分：共100分(其中分析思路50分，实施过程50分) 得分：_____

2. 物体系统的受力分析

在绘制物体系统受力图时，选取研究对象要区分是系统的部分还是系统的整体。绘制主动力时，只绘制研究对象上的主动力。绘制约束反力时，如研究对象为不同的部分，则它们之间在同一连接处的约束反力属于作用力与反作用力的关系，要依据作用与反作用公理绘制；如研究对象为系统整体，各部分之间连接处的约束反力就相互抵消了，不用画出来。

视频：力的作用是相互的

作用与反作用公理：两物体间的作用力和反作用力总是同时存在，它们大小相等，方向相反，沿同一直线分别作用在两个物体上。

这个公理概括了自然界物体间相互作用的关系。它表明作用力与反作用力总是成对出现。如草地上处于静止状态的足球，如图1-4-8所示。以足球为研究对象，草地对足球有一个竖直向上的支持力N；以草地为研究对象，在同一接触处，足球对草地有一个竖直向下

30

的压力 N'。力 N 和 N' 就是一对作用力与反作用力，它们大小相等，方向相反，沿同一直线分别作用在足球和草地上，如图 1-4-9 所示。

图 1-4-8　静止状态的足球

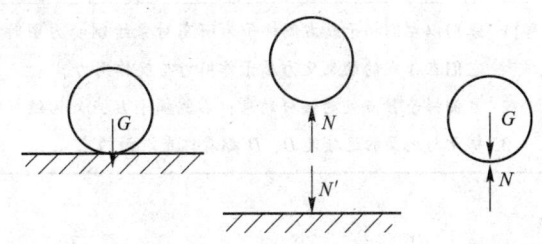

图 1-4-9　静止足球的受力简图

如果画足球的受力图，那么足球受到的主动力为重力 G，约束反力为 N。因为 G 和 N 同时作用在足球上使其保持平衡状态，所以 G 和 N 是一对平衡力。

【注意】由于作用力和反作用力分别作用在两个不同的物体上，这两个力并不能构成平衡力。因此，必须把作用与反作用公理与二力平衡公理严格区别开来。

【案例描述 2】

梯子是日常生活中常使用的工具。如图 1-4-10 所示为双侧梯子，假设左侧梯子 C 处站立一人，对梯子的作用力为 F_C。请绘制左侧梯子、右侧梯子和双侧梯子整体的受力图。

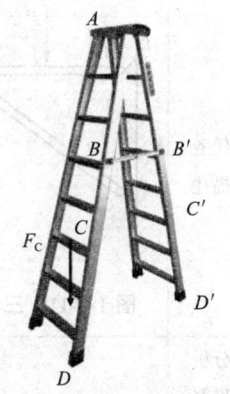

图 1-4-10　双侧梯子

【分析及实施】左侧梯子、右侧梯子和双侧梯子整体的受力图绘制过程见表 1-4-2。

表 1-4-2　左侧梯子、右侧梯子和双侧梯子整体受力图绘制过程

绘制步骤	左侧梯子受力图	右侧梯子受力图	双侧梯子整体受力图
步骤一：确定研究对象，绘制研究对象的简图			
步骤二：绘制主动力			
步骤三：绘制约束反力			

31

续表

绘制步骤	左侧梯子受力图	右侧梯子受力图	双侧梯子整体受力图
【注意】1. 分别以左侧梯子或右侧梯子为研究对象绘制受力图时，在它们相互连接处 A 点，约束类型是圆柱铰链，它们在 A 点的约束反力属于作用力与反作用力。 2. 左侧梯子 B 点处为链杆约束；右侧梯子 B' 点处为链杆约束。 3. 梯子与地面的连接处 D、D' 都看作光滑面约束			

巩固练习 2

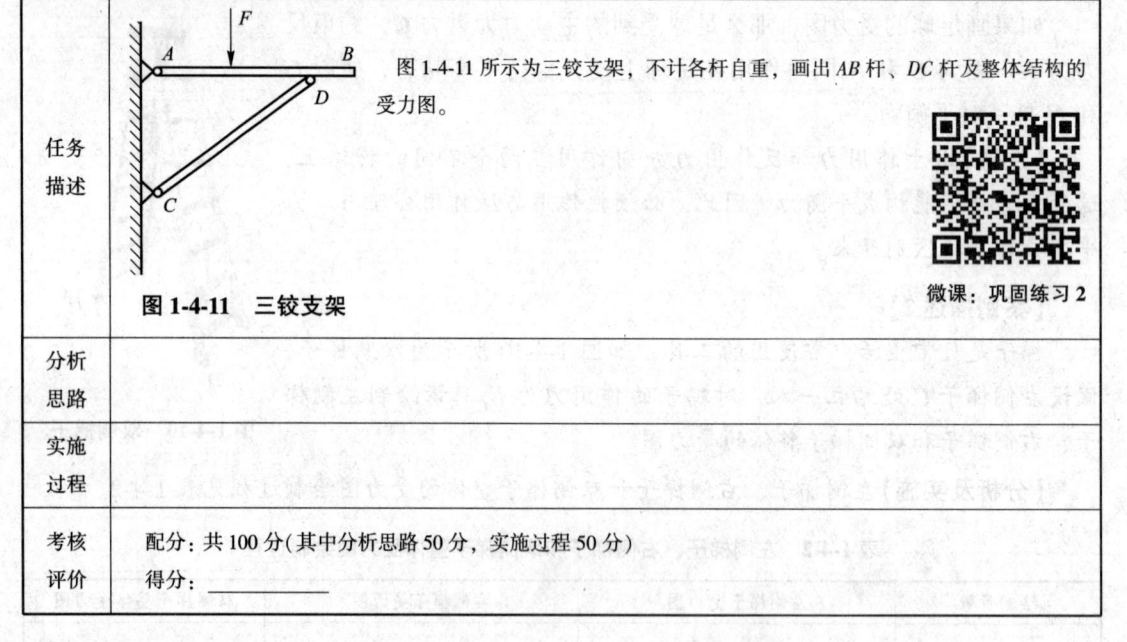

任务描述	图 1-4-11 所示为三铰支架，不计各杆自重，画出 AB 杆、DC 杆及整体结构的受力图。 图 1-4-11　三铰支架	微课：巩固练习 2
分析思路		
实施过程		
考核评价	配分：共 100 分（其中分析思路 50 分，实施过程 50 分） 得分：_____	

能力训练

能力任务	在图 1-4-12 所示的平面系统中，均质球 A 的质量为 P_1，物块 B 的质量为 P_2，借其本身质量与滑轮 C 和柔绳维持在仰角是 θ 的光滑斜面上。试分析物块 B 及均质球 A 的受力情况，并分别画出平衡时它们的受力图。 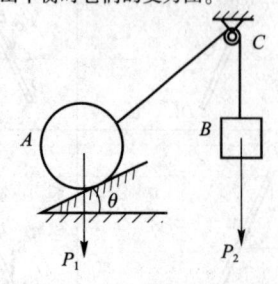 图 1-4-12　平面系统示意图	图 1-4-13 所示为三铰刚架，请绘制其左半部分 ADC、右半部分 BEC 及三铰刚架整体的受力图，不计自重。 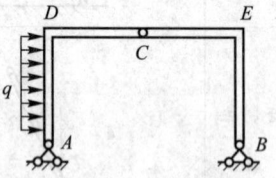 图 1-4-13　三铰刚架

续表

能力展示	
能力评价	总分：100分　　　　　　　　　　　　　　　得分：_____

📝 测评与改进

评价项目	评分标准	配分	主体评价/分				诊断改进
			自评	互评	教师评	综合评	
素质	1. 具备基本的工程素养和职业素养。 2. 初步具备运用力学知识分析问题和解决问题的能力	30					
知识	1. 能完全理解二力构件、二力杆的含义。 2. 能完全理解二力平衡公理和作用与反作用公理。 3. 能熟练掌握受力图绘制的步骤	40					
能力	1. 能正确分析单个物体和物体系统的受力。 2. 能正确绘制单个物体和物体系统的受力图	30					

📝 总结与反思

_____

_____

_____

_____

_____

_____

33

任务 5　分析平面汇交力系的简化与平衡

任务目标

素质目标

1. 培养运用力学理论知识解决实际问题的能力。
2. 培养通过沟通与协作完成小任务的能力。

知识目标

1. 理解平面汇交力系的概念。
2. 掌握平面汇交力系合成的几何法和解析法。
3. 理解平面汇交力系的平衡条件及平衡方程。

能力目标

1. 能运用解析法与几何法简化平面汇交力系。
2. 能依据平面汇交力系的平衡条件建立平衡方程。
3. 能运用平面汇交力系的平衡条件计算简单工程结构的平衡问题。

任务描述

某次运动会上，为了快速地决胜出冠军，主办单位进行了一次四人四向的拔河比赛，游戏规则是：将四根绳子的一端分别绑在选手身上，另一端在中间圆环处连接，四个选手分别从四个方向同时发力，如图 1-5-1、图 1-5-2 所示。最终谁让圆环朝自己的方向移动，就判定谁赢得了这场比赛，大家觉得最后谁赢得了比赛呢？（设绑绳子的圆环为理想刚体）

图 1-5-1　四人四向拔河比赛　　图 1-5-2　中间圆环示意图

任务思考

思考 1：中间圆环受到哪些力？这些力分别朝什么方向？

思考 2：这些力能汇交于一个点吗？

思考 3：比赛最后中间圆环会往哪边偏呢，也就是说谁会赢得这场比赛呢？

任务分析

第一步：请同学们分析中间圆环受到的力，并绘制出受力图。

第二步：分析受力图中力是否汇交于一个点。

第三步：绘制该力系的合力，确定中间圆环的偏向，确定出冠军。

相关知识

1. 力的平行四边形公理

【做一做　想一想】

第一步：在小圆环上系两条细绳，分别用两个弹簧测力计勾住细绳另一端的绳套，两只弹簧测力计通过细绳互成角度的拉动小圆环至 O 点，如图 1-5-3 所示。标记出 O 点的位置和两条细绳的方向，并记录下两个弹簧测力计显示的读数 F_1、F_2，如图 1-5-4 所示。

图 1-5-3　拉动小圆环至 O 点

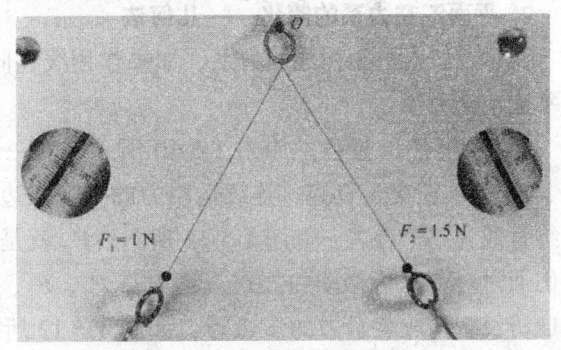

图 1-5-4　标记方向及记录读数

第二步：用另一只弹簧测力计拉住绳套，使小圆环仍处于 O 点，记录下此时弹簧测力计显示的读数 F 和细绳的方向，如图 1-5-5、图 1-5-6 所示。按标记的方向和读数按比例画出 F_1、F_2 和 F 的图示，如图 1-5-7 所示。

图 1-5-5　用弹簧测力计拉住绳套

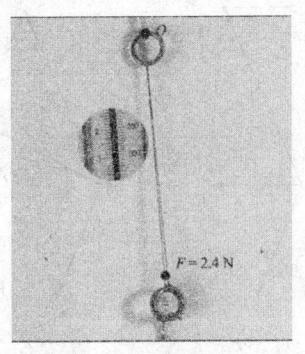

图 1-5-6　记录弹簧测力计的读数和细绳的方向

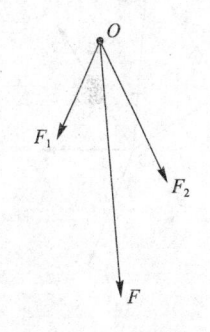

图 1-5-7　绘制示意图

第三步：尝试以 F_1、F_2 为邻边做平行四边形，并作出两邻边之间的对角线，标记为 F'，比较 F 与 F' 的大小和方向，发现它们大小相近，方向也基本一致，如图 1-5-8 所示。想一想，这是为什么呢？

结论：这个规律就是**力的平行四边形公理**，即**作用在物体上同一点的两个力，可以合成一个合力，合力的作用点也在该点，合力的大小和方向，由这两个力为邻边构成的平行四边形的对角线确定。**如图 1-5-9 所示。

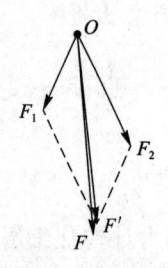

图 1-5-8　比较 F 与 F' 的大小和方向

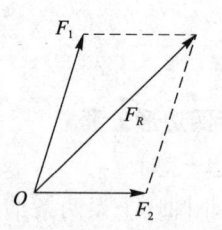

图 1-5-9　力的平行四边形公理

2. 平面汇交力系的简化——几何法

两个及以上的力构成的力系，如果作用线在同一平面内且汇交于一点，这样的力系称为**平面汇交力系**。

(1)几何法的过程。如图 1-5-10 所示，有一平面汇交力系 F_1、F_2、F_3、F_4 汇交于 O 点，连续运用力的平行四边形法则，将四个力最终合成为一个合力，如图 1-5-11 所示，F_R 就是力系的合力。如果我们通过对力平行移动的方式，将 F_1、F_2、F_3、F_4 各力首尾相连，连成折线，构成表示力的多边形，如图 1-5-12 所示，则力多边形的封闭边就表示该力系的合力 F_R，其方向与各分力的绕行方向相反。比较图 1-5-11(c)和图 1-5-12，我们发现，用两种方法得到的合力 F_R，其方向、大小都是一样的，这种用绘制力多边形来求平面汇交力系合力的方法称为几何法。

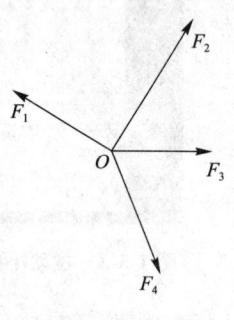

图 1-5-10　计算简图

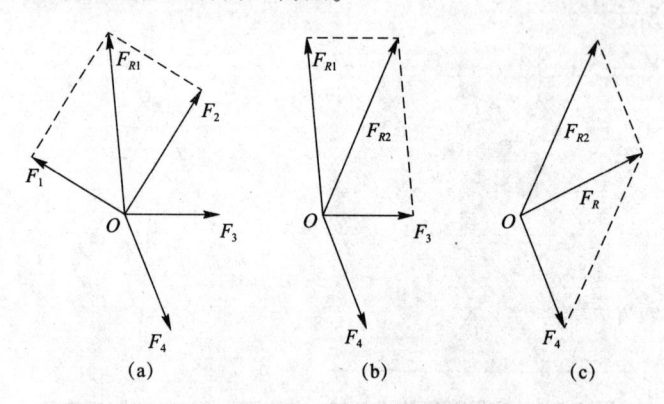

图 1-5-11　连续运用力的平行四边形法则求合力

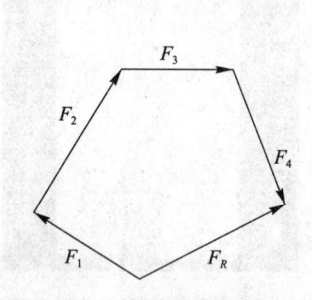

图 1-5-12　绘制力多边形求合力

【注意】在使用几何法时，画分力的先后顺序并不影响合力的结果，F_R 的大小和方向为各分力的矢量和。

(2)几何法的平衡条件。通过几何法求平面汇交力系的合力，合力即为力多边形的封闭边。如果平面汇交力系平衡，则其合力为零，此时，力多边形的封闭边没有长度，即力的多边形由组成平面汇交力系的各力首尾相连形成。这种情况称为**力多边形自行封闭**，即为平面汇交力系几何法的平衡条件。

任务实施

第一步：分析中间圆环受到的力，并绘制出受力图

拔河比赛中，中间圆环受到来自4位选手从4个不同方向施加的拉力，受力图如图1-5-13所示。

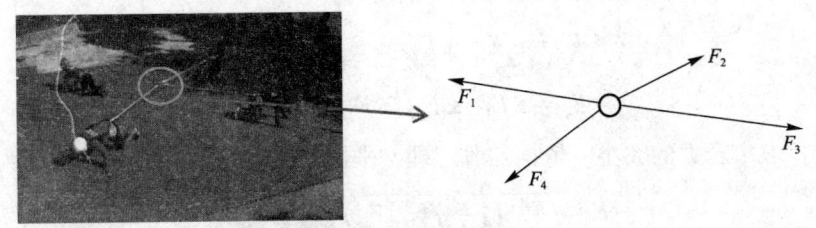

图 1-5-13　受力图

第二步：分析受力图中力是否汇交于一个点

圆环为刚体，由于作用于刚体上的力具有可传性，可以将这4个力与圆环简化为一个等效的平面共点力系，如图1-5-14所示。

第三步：绘制该力系的合力

利用几何法，假定4位选手对圆环施加拉力的方向与大小如图1-5-14所示，将4个力分别通过平移首尾相连，形成力多边形的四个边，此力多边形的第五边封闭边即为该力系的合力 $\boldsymbol{F}$。如图1-5-15所示，合力 $\boldsymbol{F}$ 的方向指向东南方向，也就是说圆环最终会向右下方偏移，即处于右下方位的选手为冠军。

图 1-5-14　等效的平面共点力系　　　图 1-5-15　力多边形求合力

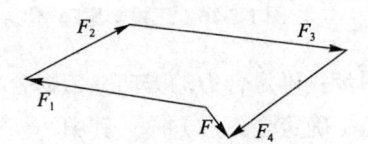

巩固拓展

平面汇交力系的简化——解析法

解析法是平面汇交力系的另一种简化方法，其原理是正投影原理，亦相当于力的正交分解。

1. 解析法过程

（1）正投影原理过程。设有一力 $\boldsymbol{F}$，如图1-5-16所示，在力 $\boldsymbol{F}$ 作用平面内选取直角坐标系 Oxy，由力 $\boldsymbol{F}$ 的起点 A 和终点 B，分别向 x 轴和 y 轴作垂线，可以获得力 $\boldsymbol{F}$ 在 x 轴和 y 轴上的投影，并分别用 F_x 和 F_y 表示。设力 $\boldsymbol{F}$ 与 x 轴所夹的锐角为 α，依据直角三角函数关系，则力 $\boldsymbol{F}$ 的投影表达式为

$$F_x = \pm F\cos\alpha$$
$$F_y = \pm F\sin\alpha$$

(1-5-1)

力的投影 F_x 和 F_y 的指向与 x 轴、y 轴的正方向一致时取正，反之取负。

（2）解析法求平面汇交力系合力的步骤。

第一步：依据正投影原理求出各力在直角坐标系中对两坐标轴的投影。如图1-5-17所

示，有一平面汇交力系 F_1、F_2、F_3 汇交于 O 点，以 O 点为原点建立直角坐标系 Oxy，运用正投影原理，将力系中的各力分别投影到 x 轴和 y 轴上。

第二步：求出各力分别在 x 轴和 y 轴上投影的代数和。由于力系的合力与整个力系等效，所以**各力在同一轴上的投影代数和一定等于合力在该轴上的投影**，这个称为**合力投影定理**。则

$$F_x = \pm F_{1x} \pm F_{2x} \pm F_{3x} = \sum F_{ix}$$
$$F_y = \pm F_{1y} \pm F_{2y} \pm F_{3y} = \sum F_{iy} \qquad (1\text{-}5\text{-}2)$$

第三步：求出合力的大小。依据勾股定理，平面汇交力系的合力 F 的大小为

$$F = \sqrt{F_x^2 + F_y^2} = \sqrt{(\sum F_{ix})^2 + (\sum F_{iy})^2} \qquad (1\text{-}5\text{-}3)$$

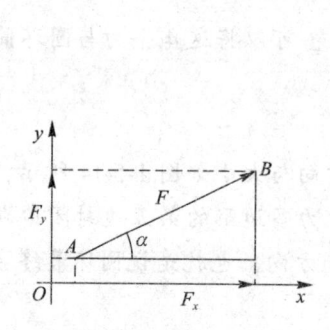

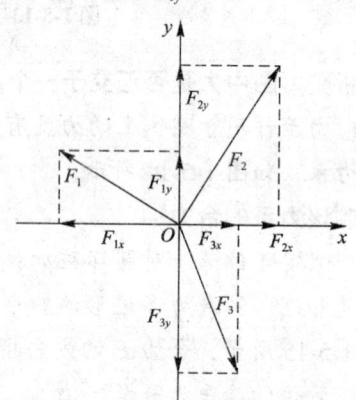

图 1-5-16　正投影原理　　　图 1-5-17　各力在 x 轴和 y 轴上的投影

第四步：确定合力的方向。依据合力在直角坐标系中指向的象限及合力作用线与 x 轴所夹锐角 α 确定合力的方向。其中

$$\alpha = \arctan \left| \frac{\sum F_{iy}}{\sum F_{ix}} \right| \qquad (1\text{-}5\text{-}4)$$

在直角坐标系中指向的象限由 $\sum F_{ix}$ 和 $\sum F_{iy}$ 的正负号决定。

2. 解析法的平衡条件与平衡方程

由式(1-5-3)可知，要使合力 $F = 0$，$\sum F_{ix}$ 和 $\sum F_{iy}$ 必须分别等于零，即为平面汇交力系的平衡条件。因此，平面汇交力系的平衡条件用解析法的平衡方程表示为：

$$\begin{cases} \sum F_{ix} = 0 \\ \sum F_{iy} = 0 \end{cases} \qquad (1\text{-}5\text{-}5)$$

【案例描述】

图 1-5-18(a)所示为商合杭高铁下塘特大桥跨淮南铁路线的钢梁吊装现场。已知钢梁的重力约为 1 700 kN，受力简图如图 1-5-18(b)所示，$\theta = 30°$，试求平衡时钢丝绳的约束反力。

【分析及实施】此题可用几何法和解析法两种方法求解。

1. 几何法求解

第一步：以钢梁为研究对象，进行受力分析。钢梁受到重力 P 和钢绳的约束反力 F_A、

F_B 的作用，3个力汇交于 O 点，形成了一个平面汇交力系，如图1-5-18(b)所示。

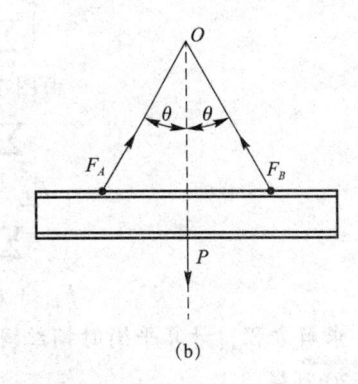

图1-5-18 下塘特大桥跨淮南铁路线钢梁吊装
(a)钢梁吊装现场；(b)钢梁受力简图

第二步：绘制封闭的力三角形。根据平面汇交力系平衡的几何条件，力系处于平衡状态，则该力系的力多边形自行封闭。因此，将重力 P 与两个钢绳的约束反力 F_A、F_B 通过平移首尾相连，这3个力应组成一个封闭的力三角形 ABC，如图1-5-19所示，且 $F_A=F_B$，即三角形 ABC 为等腰三角形。

第三步：运用直角三角函数关系，求平衡时钢丝绳的约束反力。如图1-5-19所示，从 B 点引一条垂线到 D 点，将等腰三角形 ABC 分为两个全等的直角三角形 ABD 和 CBD。因此，$AD=CD=\dfrac{1}{2}AC=\dfrac{1}{2}P$。

利用直角三角函数关系，可得

$$F_A=F_B=\frac{AD}{\cos\theta}=\frac{P}{2\cos 30°}=981.50(\text{kN})$$

2. 解析法求解

第一步：以钢梁为研究对象，进行受力分析。

钢梁受到重力 P 和钢绳的约束反力 F_A、F_B 的作用，且 $F_A=F_B$，将3个力平移，使其汇交于 O 点，形成了一个平面汇交力系，并将约束反力 F_A、F_B 分别沿着 x 轴、y 轴投影，如图1-5-20所示。

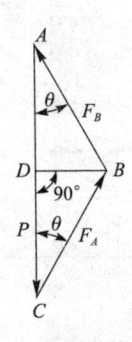

图1-5-19 封闭的力三角形　　图1-5-20 解析法求解

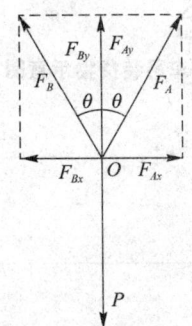

第二步：运用平衡条件，列平衡方程。平面汇交力系解析法的平衡条件为

$$\begin{cases} \sum F_{ix} = 0 \\ \sum F_{iy} = 0 \end{cases}$$

由图1-5-20可知

$$\sum F_{ix} = 0$$
$$F_{Ax} - F_{Bx} = 0 \qquad (1\text{-}5\text{-}6)$$
$$\sum F_{iy} = 0$$
$$F_{Bx} + F_{By} - P = 0 \qquad (1\text{-}5\text{-}7)$$

第三步：求解方程，计算平衡时钢丝绳的约束反力。

由图1-5-20可得

$$F_{Ay} = F_A \cdot \cos\theta, \quad F_{Ax} = F_A \cdot \sin\theta$$
$$F_{By} = F_B \cdot \cos\theta, \quad F_{Bx} = F_B \cdot \sin\theta \qquad (1\text{-}5\text{-}8)$$

将式(1-5-8)代入式(1-5-6)和式(1-5-7)中，得

$$\begin{cases} F_A \cdot \sin\theta - F_B \cdot \sin\theta = 0 \\ F_A \cdot \cos\theta + F_B \cdot \cos\theta - P = 0 \end{cases}$$

得

$$F_B = \frac{P}{2\cos\theta} = \frac{1\,700}{2 \times \cos 30°} \approx 981.50\,(\text{kN})$$

$$F_A = F_B = 981.50\text{ kN}$$

巩固练习

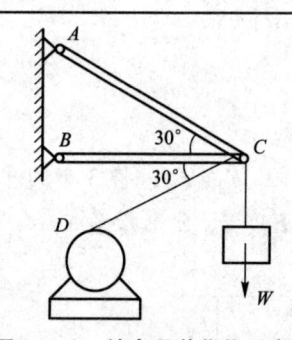

任务要求	如图1-5-21所示，小滑轮 C 铰接在三脚架 ABC 上，绳索绕过滑轮，一端连接在绞车上，另一端悬挂重为 $W=100$ kN 的重物。不计各构件的自重和滑轮的尺寸。试求 AC 和 BC 所受的力。（解题关键：对点 C 做受力分析） 图1-5-21 绞车吊装货物示意图 微课：巩固练习
分析思路	
实施过程	
考核评价	配分：共100分（其中分析思路50分，实施过程50分） 得分：_____

能力训练

能力任务	如图 1-5-22 所示的 3 个力作用于圆环，已知合力大小为 90 kN，方向沿 x 轴，试求力 F_3 和夹角 θ。 $F_1=30$ kN，$F_2=40$ kN，60° 图 1-5-22　受力示意图
能力展示	
能力评价	总分：100 分　　　　　　　　　　　　得分：_____

测评与改进

评价项目	评分标准	配分	主体评价/分				诊断改进
			自评	互评	教师评	综合评	
素质	1. 初步具备理论联系实际主动思考并解决实际工程问题的能力。 2. 初步具备善于沟通与协作的能力	30					
知识	1. 能正确理解平面汇交力系的概念。 2. 能熟练掌握平面汇交力系合成的几何法和解析法。 3. 能正确理解平面汇交力系的平衡条件及平衡方程	30					
能力	1. 能熟练运用解析法与几何法简化平面汇交力系。 2. 能依据平面汇交力系的平衡条件建立正确的平衡方程。 3. 能熟练运用平面汇交力系的平衡条件计算简单工程结构的平衡问题	40					

总结与反思

任务6　分析平面任意力系的简化与平衡

任务目标

素质目标

1. 培养运用力学理论知识解决实际问题的能力。
2. 培养科学严谨的学习态度及创新精神。

知识目标

1. 理解平面任意力系的概念。
2. 掌握平面任意力系简化的方法。
3. 掌握平面任意力系的平衡条件和平衡方程。

能力目标

1. 能对平面任意力系进行简化。
2. 能依据平面任意力系的平衡条件建立平衡方程。
3. 能运用平面任意力系的平衡方程解决简单工程结构平衡问题。

任务描述

1909 年由詹天佑主持修建的京张铁路成功建成,这是中国首条不使用外国资金及人员,由中国人自行设计并投入营运的铁路。在京张铁路修建过程中,最大的难题就是修筑从南口到八达岭岔道城的关沟段铁路。这段铁路地势陡,坡度大,以当时火车机车的功率是不可能直接爬上去的。于是詹天佑借鉴美国高山地区的铁路设计思路,设计出用"长度"换"高度"的"人"字形铁路(图 1-6-1)。北上的列车到了南口就用两个火车头,一个在前面拉,一个在后面推。如图 1-6-2 所示为火车在"人"字形铁路上匀速前进时车厢的受力示意图,已知车厢的重量 $W = 100$ kN,后面一个火车头对车厢的推力 $F_2 = 20$ kN,$\alpha = 30°$,$a = 0.75$ m,$b = 0.3$ m,不计摩擦,试求前一个火车头对车厢的拉力 F_1 及轨道对车轮的约束反力 F_A、F_B。

图 1-6-1　"人"字形线路示意图

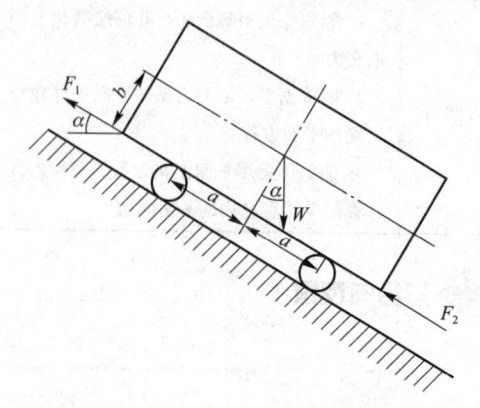

图 1-6-2　车厢的受力示意图

任务思考

思考1：将车厢作为受力对象，能否对其进行受力分析？

思考2：车厢处于平衡状态吗？能否建立平衡条件？

思考3：是否可以通过平衡方程求出拉力 F_1 及约束反力 F_A、F_B 呢？

任务分析

第一步：分析车厢受到的力，作出受力图并将力系进行简化。

第二步：建立平衡条件。

第三步：建立平衡方程，求解拉力 F_1 及约束反力 F_A、F_B。

相关知识

1. 平面任意力系的概念

位于同一平面的各力的作用线既不汇交于一点，也不互相平行时，称其为平面任意力系，如图1-6-3(a)所示。平面任意力系是实际工程中最常见的一种力系。平面平行力系[图1-6-3(b)]、平面汇交力系[图1-6-3(c)]都是平面任意力系的特殊情况。

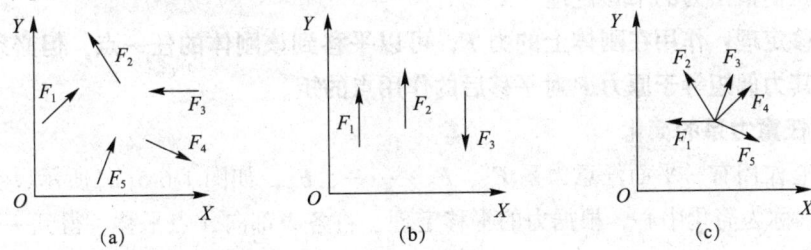

图1-6-3 平面任意力系

(a)平面任意力系；(b)平面平行力系；(c)平面汇交力系

2. 力的平移定理

【做一做 想一想】

在一根静止的木棍上任选一点 A，在 A 点处施加一对大小相等、方向相反的力 F_1、F_2，如图1-6-4(a)所示，木棍会继续保持静止吗？

我们发现木棍继续保持静止，因为力 F_1、F_2 是一对平衡力，合力为零，不会改变木棍的运动状态。如果我们继续在木棍的任意 B、C 两处分别施加一对与 F_1、F_2 平行且等值的平衡力 F_1'、F_1'' 和 F_2'、F_2''，如图1-6-4(b)所示，木棍依然会静止吗？

我们发现木棍依然静止。因为依据**加减平衡力系公理：在作用于刚体的力系中，加上或去掉一个平衡力系，并不改变原力系对刚体的作用效果**。此时，作用在木棍上的力系可看成是由3对平衡力系组成。

现在，换一种思维分析作用在木棍上的力系。

作用在木棍上的力系还可以看成是由力偶(F_1, F_1')、力偶(F_2, F_2')及作用在 B 点的力 F_1''、作用在 C 点的力 F_2'' 组成。

(a)　　　　　　　　　(b)　　　　　　　　　(c)

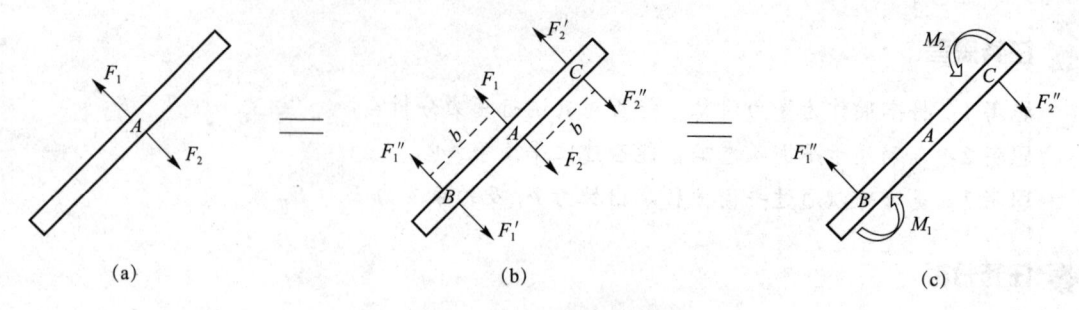

图 1-6-4　木棍受力简图

其中，力偶(F_1，F_1')的力偶矩等于 F_1 对 B 点的矩

$$M_1 = F_1 \cdot b \tag{1-6-1}$$

力偶(F_2，F_2')的力偶矩等于 F_2 对 C 点的矩

$$M_2 = F_2 \cdot b \tag{1-6-2}$$

由此，我们也可以这样理解：作用在木棍 A 点的力 F_1 平移到了 B 点，附加了一个力偶 M_1；作用在木棍 A 点的力 F_2 平移到 C 点，附加了一个力偶 M_2。如图 1-6-4(c)所示。

可以看出，图 1-6-4 中(a)、(b)、(c)所示的木棍受力是等效的，木棍都保持静止状态。因此，我们推出力的平移定理。

力的平移定理：作用在刚体上的力 F，可以平移到该刚体的任一点，但必须同时附加一个力偶，其力偶矩等于原力 F 对平移后的作用点的矩。

3. 平面任意力系的简化

设刚体上作用有一平面任意力系 F_1、F_2、……、F_n，如图 1-6-5(a)所示，在平面内任意取一点 A，称为简化中心，根据力的平移定理，将各力都向 A 点平移，得到一个汇交于 A 点的平面汇交力系 F_1'、F_2'、……、F_n' 和附加平面力偶系 M_1、M_2、……、M_n，如图 1-6-5(b)所示。平面汇交力系可简化为一个合矢量 F_R'，称为原力系的主矢，附加平面力偶系可简化为一个合力偶矩 M_R，称为原力系的主矩。如图 1-6-5(c)所示。

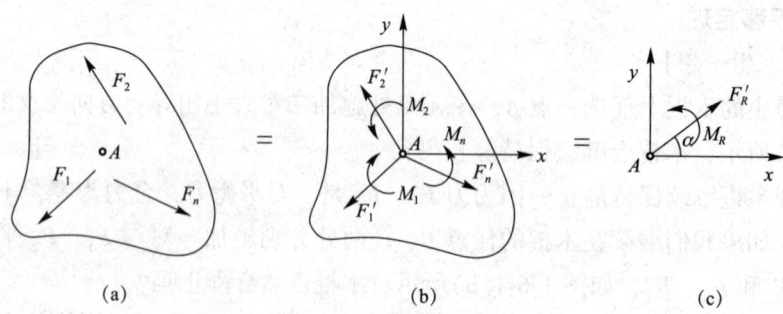

(a)　　　　　　　　　(b)　　　　　　　　　(c)

图 1-6-5　平面任意力系的简化

(1) 求主矢 F_R'。主矢即为平面汇交力系 F_1、F_2、……、F_n 的合矢量 F_R'，它等于力系中各力的矢量和。

$$F_R' = \sum F_i' = F_1 + F_2 + \cdots\cdots + F_n \tag{1-6-3}$$

将式(1-6-3)写成直角坐标系下的投影形式：

$$F'_{Rx} = F_{1x} + F_{2x} + \cdots\cdots + F_{nx} = \sum F_x$$
$$F'_{Ry} = F_{1y} + F_{2y} + \cdots\cdots + F_{ny} = \sum F_y \tag{1-6-4}$$

因此，主矢 F'_R 的大小为

$$F'_R = \sqrt{F'^2_{Rx} + F'^2_{Ry}} = \sqrt{\left(\sum F_x\right)^2 + \left(\sum F_y\right)^2} \tag{1-6-5}$$

其与 x 轴所夹的锐角 α 为：

$$\alpha = \arctan\left|\frac{\sum F_y}{\sum F_x}\right| \tag{1-6-6}$$

其指向由 $\sum F_x$ 和 $\sum F_y$ 的正负号决定，可用直角坐标系的象限表示。

(2) 求主矩 M_R。主矩即为附加平面力偶系 M_1、M_2、$\cdots\cdots$、M_n 的合力偶矩 M_R，它等于力偶系中各力偶矩的代数和，也可以表示为原力系中各力对简化中心 A 点求力矩的代数和。

$$M_R = M_1 + M_2 + \cdots\cdots + M_n = \sum M_A(F_i) \tag{1-6-7}$$

结论：平面任意力系向平面内任一点简化可以得到一个力和一个力偶。这个力等于力系中各力的矢量和，作用于简化中心，称为原力系的主矢。这个力偶的矩等于原力系中各力对简化中心之矩的代数和，称为原力系的主矩。

4. 平面任意力系的平衡

在静力学中，物体的平衡表现为物体静止不动，即物体既不能移动，亦即合力为零；也不能转动，亦即合力偶矩为零。因此，**平面任意力系的平衡条件为力系的主矢和力系对任一点的主矩都等于零**。也可表示为平衡方程：

$$\begin{cases} F'_R = 0 \\ M_R = 0 \end{cases} \tag{1-6-8}$$

亦即

$$\begin{cases} \sum F_x = 0 \\ \sum F_y = 0 \\ \sum M_A(F_i) = 0 \end{cases} \tag{1-6-9}$$

任务实施

第一步：以车厢为研究对象，画受力图

由图 1-6-2 所示的车厢受力示意图可知，车厢重量 W，忽略摩擦力，匀速行驶时受到前一个火车头对车厢的拉力 F_1、后一个火车头对车厢的推力 F_2 及轨道对车轮的约束反力 F_A、F_B。以车厢为研究对象，受力图如图 1-6-6 所示。

以 A 点为坐标原点，建立 Axy 坐标系如图 1-6-7 所示，将车厢重力 W 分别向 x 轴和 y 轴作投影，并分别用 W_x 和 W_y 表示。

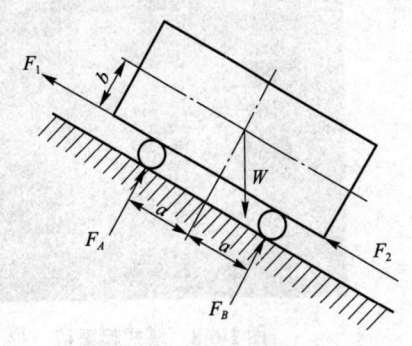

图 1-6-6 车厢受力图

第二步：建立平衡条件

车厢匀速行驶，意味着车厢处于平衡状态，根据图 1-6-7 所示，建立平衡条件如下。

$$\begin{cases} \sum F_x = 0 \\ \sum F_y = 0 \\ \sum M_A = 0 \end{cases}$$

第三步：建立平衡方程，求解拉力 F_1 及约束反力 F_A、F_B

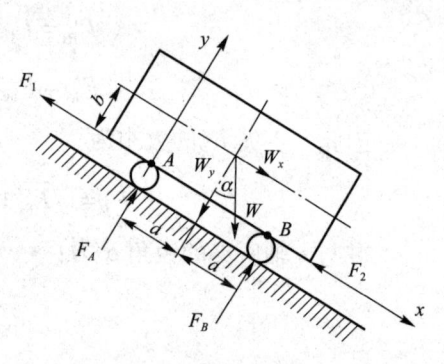

图 1-6-7 车厢受力简化

$$\sum F_x = 0, \quad -F_1 + W\sin\alpha - F_2 = 0$$

$$\sum F_y = 0, \quad F_A + F_B - W\cos\alpha = 0$$

$$\sum M_A = 0, \quad F_B \cdot 2a - W\cos\alpha \cdot a - W\sin\alpha \cdot b = 0$$

将 $F_2 = 20$ kN，$W = 100$ kN，$\alpha = 30°$，$a = 0.75$ m，$b = 0.3$ m 代入，可以求得拉力 F_1 及约束反力 F_A、F_B

$$F_1 = W\sin\alpha - F_2 = 100 \times \sin30° - 20 = 30 (\text{kN})$$

$$F_B = \frac{W\cos\alpha \cdot a + W\sin\alpha \cdot b}{2a} = \frac{100 \times \cos30° \times 0.75 + 100 \times \sin30° \times 0.3}{2 \times 0.75} = 53.3 (\text{kN})$$

$$F_A = W\cos\alpha - F_B = 100 \times \cos30° - 53.3 = 33.3 (\text{kN})$$

巩固拓展

【案例描述】

塔式起重机，亦称塔吊，主要用于房屋建筑施工中物料的垂直和水平输送及建筑构件的安装。如图 1-6-8、图 1-6-9 所示为某生活垃圾焚烧发电二期扩建项目施工现场使用的塔式起重机及其受力示意图。已知塔式起重机自重 $P = 700$ kN，吊装的货物 $W = 200$ kN，平衡块 $Q = 180$ kN 时，试求 A、B 处的支座反力 F_A、F_B。

图 1-6-8 塔式起重机

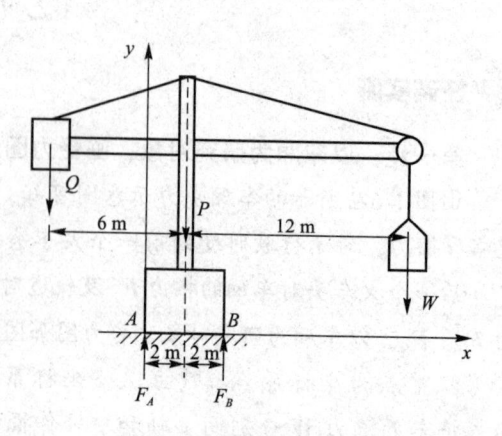

图 1-6-9 塔吊受力示意图

【分析及实施】

第一步：受力分析，建立坐标系。对塔吊进行受力分析，以 A 点为坐标原点，建立 Axy 坐标系，受力图如图 1-6-9 所示。

第二步：建立平衡条件。塔吊处于平衡状态，根据图 1-6-9 建立平衡条件如下。

$$\begin{cases} \sum F_y = 0 \\ \sum M_A = 0 \end{cases}$$

第三步：建立平衡方程，求解支座反力 F_A、F_B。

$$\sum F_y = 0, \quad F_A + F_B - Q - P - W = 0$$

$$\sum M_A = 0, \quad (6-2) \cdot Q + 4 \cdot F_B - 2 \cdot P - (12+2) \cdot W = 0$$

将 $P = 700$ kN，$W = 200$ kN，$Q = 180$ kN 代入，可以求得支座反力 F_A、F_B。

$$F_B = \frac{P + 7W - 2Q}{2} = \frac{700 + 7 \times 200 - 2 \times 180}{2} = 870 \, (\text{kN})$$

$$F_A = (Q + P + W) - F_B = (180 + 700 + 200) - 870 = 210 \, (\text{kN})$$

巩固练习

任务要求	图 1-6-10 T字形钢架受力示意图 自重为 $G = 100$ kN 的 T 字形刚架 ABC 置于铅垂面内，受力图如图 1-6-10 所示，其中 $M = 20$ kN·m，$F = 400$ kN，$q = 20$ kN/m，$L = 1$ m，试求固定端 A 的约束反力。 微课：巩固练习
分析思路	
实施过程	
考核评价	配分：共 100 分(其中分析思路 50 分，实施过程 50 分) 得分：_____

能力训练

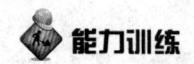

能力任务	如图 1-6-11 所示为某厂房结构中的牛腿柱。已知一牛腿柱受力如图 1-6-12 所示，$F_1 = 150$ kN，$F_2 = 20$ kN，$F_3 = 50$ kN，$F_4 = 25$ kN，$F_5 = 80$ kN，$F_6 = 30$ kN，$e_1 = 0.15$ m，$e_2 = 8$ m，$e_3 = 0.25$ m，$e_4 = 5.5$ m。请将各荷载组成的平面任意力系向柱底面 O 点简化，并判定荷载作用下牛腿柱的运动趋势。 图 1-6-11　厂房中的牛腿柱　　　　图 1-6-12　牛腿柱受力示意图
能力展示	
能力评价	总分：100 分　　　　　　　　　　　　　　得分：_____

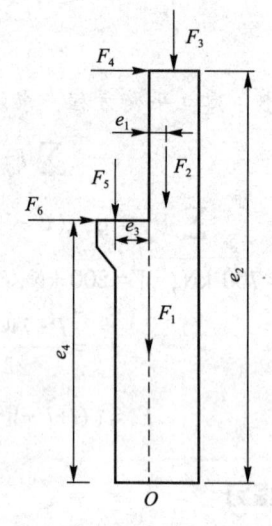

测评与改进

评价项目	评分标准	配分	主体评价/分				诊断改进
			自评	互评	教师评	综合评	
素质	1. 初步具备利用力学理论知识解决实际问题的能力。 2. 初步具备科学严谨的学习态度和创新精神	30					
知识	1. 能完全理解平面任意力系的概念。 2. 能完全掌握平面任意力系的简化方法。 3. 能完全掌握平面任意力系的平衡条件和平衡方程	30					

续表

评价项目	评分标准	配分	主体评价/分				诊断改进
			自评	互评	教师评	综合评	
能力	1. 能对简单工程结构受力展开正确的分析与简化。 2. 能依据平面任意力系平衡条件建立正确的平衡方程。 3. 能熟练运用平面任意力系平衡条件解决简单工程结构的平衡问题	40					

总结与反思

模块小结

一、力与荷载相关问题

1. 力是物体之间的相互机械作用。这种作用对物体产生两种效应，一种是引起物体机械运动状态的变化，另一种是使物体产生变形。

2. 力的三要素：大小、方向、作用点。

3. 主动作用于结构的外力在工程结构上统称为荷载，荷载可分为集中荷载与分布荷载。

二、力矩与力偶相关问题

1. 力矩计算公式：$M_O(F) = \pm Fh$。

2. 合力矩定理：合力对平面上任一点之矩，等于所有分力对同一点力矩的代数和。

3. 力偶矩计算公式：$M = \pm Fd$。

4. 力偶的性质：力偶既没有合力，也不能用一个力平衡；力偶对其作用面内任意一点的矩恒等于该力偶的力偶矩，与矩心的位置无关；在同一平面内，只要保持力偶矩的大小和转向不变，则可改变力的大小和位置，而力偶对刚体的作用效应不变。

三、约束及约束反力相关问题

1. 通常将限制物体运动的其他物体称为约束，约束对于被约束物体的运动起限制作用的力，称为约束反力，简称反力。

2. 工程实践中，约束模型包括柔体约束、光滑面约束、圆柱铰链约束、固定端约束。

四、工程结构受力图绘制问题

1. 二力平衡公理：作用在刚体上的两个力，使刚体保持平衡的充要条件是这两力大小相等，方向相反，且作用线在同一直线上。

2. 作用与反作用公理：两物体间相互作用的作用力和反作用力总是同时存在，大小相等，方向相反，沿同一直线分别作用在两个相互作用的物体上。

3. 二力构件及二力杆：对于只受两个力作用而处于平衡的刚体，称为二力构件。若二力构件是一根直杆，此杆称为二力杆。二力构件不论其形状如何，所受两个力的大小相等，方向相反，作用线必沿二力作用点的连线。绘制受力图时，可先绘制二力构件的受力图。

4. 单个物体的受力分析：先画出研究对象的简图，再将已知的主动力画在简图上，最后在各相互作用点上画出相应的约束反力。

5. 物体系统的受力分析：与单个物体的受力图画法基本相同，区别只在于所取的研究对象是由两个或两个以上的物体联系在一起的物体系统。研究时，注意物体系统内各部分之间的相互作用力属于作用力和反作用力，依据作用与反作用力公理绘制。

五、平面汇交力系的简化与平衡问题

1. 力的平行四边形公理：作用在物体上同一点的两个力，可以合成一个合力，合力的作用点也在该点，合力的大小和方向，由这两个力为邻边构成的平行四边形的对角线确定。

2. 平面汇交力系：两个及以上的力构成的力系，如果作用线在同一平面内且汇交于一点，这样的力系称为平面汇交力系。

3. 几何法：用绘制力多边形来求平面汇交力系合力的方法。几何法平衡条件：力多边形自行封闭。

4. 解析法：利用正投影原理，相当于力的正交分解求平面汇交力系合力的方法。解析法平衡条件：合力 $F = 0$，即 $\sum F_{ix} = 0$、$\sum F_{iy} = 0$。

六、平面任意力系的简化与平衡问题

1. 平面任意力系：位于同一平面的各力的作用线既不汇交于一点，也不互相平行时，称其为平面任意力系。

2. 加减平衡力系公理：在作用于刚体的力系中，加上或去掉一个平衡力系，并不改变原力系对刚体的作用效果。

3. 力的平移定理：即作用在刚体上 A 点处的力，可以平移到刚体内任意点 B 处，但必须同时附加一个力偶，其力偶矩等于原来的力对新作用点 B 的矩。

4. 平面任意力系向平面内任一点简化可以得到一个力和一个力偶。这个力等于力系中各力的矢量和，作用于简化中心，称为原力系的主矢。这个力偶的矩等于原力系中各力对简化中心之矩的代数和，称为原力系的主矩。

5. 若力系是平衡力系，则其主矢、主矩一定都为零。平衡条件为：$\sum F_x = 0$、$\sum F_y = 0$、$\sum M_A(F) = 0$。

模块检测

（总分100分）

一、填空题（每空2分，共28分）

1. 受力后几何形状和尺寸均保持不变的物体称为_____。
2. 理想变形固体的基本假设包括_____、_____和_____。
3. 力对物体产生两种作用效应，一种是引起物体_____，另一种是使_____。
4. 力的三要素包括_____、_____和_____。
5. 根据作用在构件上的范围，荷载可分为_____和_____。
6. 在工程实践中，物体间各种复杂的连接方式可以抽象化为柔体约束、光滑面约束、圆柱铰链约束和_____。
7. 作用在刚体上的两个力，使刚体保持平衡的充要条件是：这两力_____、_____，作用线在同一直线上。

二、选择题（每空2分，共10分）

1. 作用在同一刚体上的两个力 F_1 和 F_2，若 $F_1 = -F_2$，则表明这两个力（　　）。
   A. 必处于平衡　　　　　　　　　　B. 大小相等，方向相同
   C. 大小相等，方向相反，但不一定平衡　D. 必不平衡
2. 若要在已知力系上加上或减去一组平衡力系，而不改变原力系的作用效果，则它们所作用的对象必须是（　　）。
   A. 同一个刚体系统
   B. 同一个变形体
   C. 同一个刚体，原力系为任何力系
   D. 同一个刚体，且原力系是一个平衡力系
3. 力的平行四边形公理中的两个分力和它们的合力的作用范围（　　）。
   A. 必须在同一个物体的同一点上　　B. 可以在同一物体的不同点上
   C. 可以在物体系统的不同物体上　　D. 可以在两个刚体的不同点上
4. 若要将作用力沿其作用线移动到其他点而不改变其作用，则其移动范围（　　）。
   A. 必须在同一刚体内　　　　　　　B. 可以在不同刚体上
   C. 可以在同一刚体系统上　　　　　D. 可以在同一个变形体内
5. 作用与反作用公理的适用范围是（　　）。
   A. 只适用于刚体的内部　　　　　　B. 只适用于平衡刚体的内部
   C. 对任何宏观物体和物体系统都适用　D. 只适用于刚体和刚体系统

三、判断题（每空2分，共14分）

1. （　　）约束反力的方向总是与物体运动的方向相反。
2. （　　）在力的作用下，若物体内部任意两点间的距离始终保持不变，则称之为刚体。
3. （　　）力对点之矩与矩心位置有关，而力偶矩则与矩心位置无关。
4. （　　）力偶对物体只产生转动效应，不产生移动效应。

5.（　　）只受两个力作用的平衡刚体，不论刚体形状如何，两个力必定大小相等。

6.（　　）作用在刚体上某点的力，可以沿着它的作用线移到刚体内任意一点，并不改变该力对刚体的作用。

7.（　　）力的平行四边形法则只适用于刚体。

四、综合题（第1题16分，其中(a)(b)各3分，(c)(d)各5分，第2题16分，第3题16分，共48分）

1. 绘制图1中(a)(b)所示结构的受力图及(c)(d)所示结构的部分与整体的受力图。

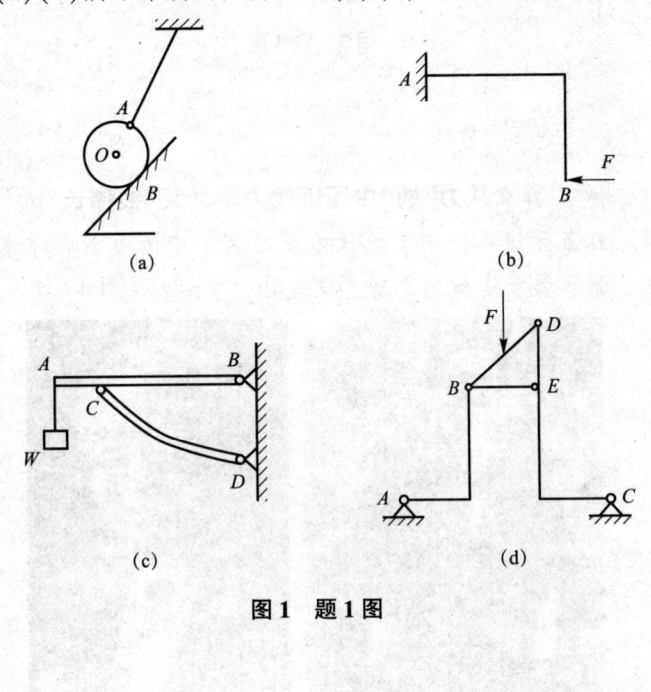

图1　题1图

2. 如图2所示，已知：$F_1=70$ kN，$F_2=40$ kN，$F_3=80$ kN，$F_4=110$ kN，求：(1)各力在坐标轴上的投影；(2)该力系的合力。

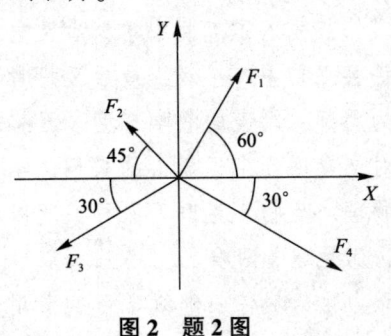

图2　题2图

3. 试求图3所示刚架的支座反力。

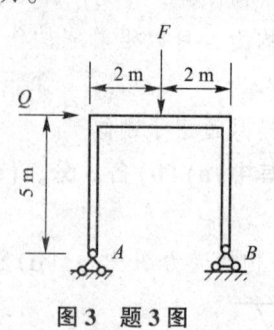

图3 题3图

力学小故事

"弃文从力"的"中国近代力学之父"钱伟长

钱伟长,汉族,江苏无锡人,中国近代力学之父,中国著名科学家、教育家,杰出的社会活动家,与钱三强和钱学森被周恩来总理并称为"三钱"(图4)。

微课:"弃文从力"的"中国近代力学之父"钱伟长

图4 "中国近代力学之父"钱伟长

7岁的时候,钱伟长进了小学堂,仍然是边读书边为家里干活儿。小学毕业后,因生活所迫,只得辍学去做工。1925年,由于父亲受聘于无锡县立初级中学任教,使得钱伟长得到了继续学习的机会。这样钱伟长先入了工商中学,后又进了著名学者唐文治办的国学专修学校,继而又插班到了无锡县立初中二年级,最后又投考了苏州中学高中部。苏州中学极负盛名,聚集着一代著名的严师,严谨的教学态度、严格的管理和学习纪律,培养了大批的优秀学生。钱伟长很快对文史课产生了极大的兴趣,学习成绩总是名列前茅。因钱伟长入学前从未接触过数学、物理、生物、英语等课程,所以考试成绩落在最后。面对学习的困难,钱伟长并没有退却,而是迎着困难上。

因家庭生活困难,母亲无力供给钱伟长继续学习的费用。从苏州中学毕业,正当钱伟长准备寻找工作之时,上海一位有名的化学家吴蕴初,利用自己开味精厂所得利润,设立了"清寒奖学金",每年奖励12名学生。

钱伟长不放弃机会,只身去上海参加了清华大学、交通大学、中央大学、武汉大学和浙江大学的考试。不久,钱伟长同时接到5所大学的录取通知书,终于获得了奖学金。最终钱伟长选择了到清华大学读书。根据钱伟长的考试成绩，学校准备分配他到中文系或历史系学习，但钱伟长坚持要学习物理。

是什么力量促使钱伟长弃文学理，放弃自己的兴趣与专长？这还要从紧张的高考结束后说起。这天，钱伟长有机会散步在上海外滩上，在公园门口，一块"华人与狗不得入内"的牌子挡住了去路。他顿时感到了中国人的人格蒙受了耻辱，一股愤恨涌上心头，心中骂道："不就是因为你们手中有飞机大炮，就敢在我们国土上横行霸道吗？"从那时起，他下定了弃文学理、救国图强的决心。清华大学物理系主任吴有训教授向钱伟长提出："你的文学、历史都考得不错，为什么一定要进物理系呢？"

钱伟长认真回答道："我觉得学文史救不了中国。我们现在迫切需要的是飞机大炮，是把侵略者从我们的国土上赶出去。我想在这方面尽一份力量。"吴有训教授被这个学生执着的热情所打动，为钱伟长的学习深造提供了条件。他对钱伟长说："那好，你先在物理系学习一年，如果到了期末考试，你的物理和高等数学成绩还达不到70分，再改学文史。"

钱伟长接受条件后，刻苦钻研，攻克学习上的难关。凭着他的勤奋努力，一学年后，各科成绩均在70分以上，并步步提高，直到毕业，吴有训教授便招收钱伟长为自己的研究生。1939年夏天，钱伟长赴加拿大留学，在加拿大多伦多大学应用数学系主任辛教授的指导下从事研究工作。一天，辛教授把钱伟长叫到自己办公室，问钱伟长："你到我这里来，准备做些什么工作？"钱伟长毫不犹豫地回答："我过去是学物理的，在国内当研究生时，曾对弹性力学产生兴趣，并且在板壳的内禀统一理论方面有些设想。现在，我很愿意继续以前的研究工作。"

半年以后，年仅28岁的钱伟长，终于登上了弹性力学理论的高峰。在其严谨的治学态度、科学的精神和艰苦努力下，终于找到了统一的方程式。在这同时，辛教授也以不同研究方法取得了成果。他们共同写出了《弹性板壳的内禀理论》的论文。论文的前半部分是辛教授的成果，后半部分是钱伟长的成果。

钱伟长把他的全部心血都奉献给了科学事业，为中国的机械工业、航空航天和军工事业建立了不朽的功勋，为中华民族的伟大复兴做出了巨大贡献，"中国近代力学之父"的称号名副其实。

模块 2 　静定结构约束反力计算

学习任务

工程中，各种建筑物都是由若干构件按照一定的规律组合而成的，称为结构。静定结构是指仅需要利用静力平衡条件就能计算出结构的全部支座反力和杆件内力的几何不变结构。从结构构件的受力形式来划分，静定结构主要包括静定梁、静定刚架、静定拱、静定桁架、静定组合结构。本模块依据工程中常见结构，主要学习以下 3 个任务：

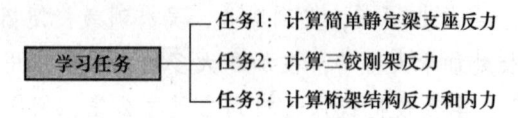

学习任务 ── 任务1：计算简单静定梁支座反力
　　　　 ── 任务2：计算三铰刚架反力
　　　　 ── 任务3：计算桁架结构反力和内力

学习目的

学习目的 ── 1. 能正确分析简单静定梁、三铰刚架、桁架结构的受力情况
　　　　 ── 2. 能熟练绘制简单静定梁、三铰刚架、桁架结构的受力图
　　　　 ── 3. 能根据静力平衡条件，正确计算简单静定梁支座反力、三铰刚架反力、桁架结构反力和内力

学习引导

为培养学生解决工程中静定结构的受力分析、受力图绘制、支座反力计算等实际问题，本模块通过如下思维导图进行学习引导。

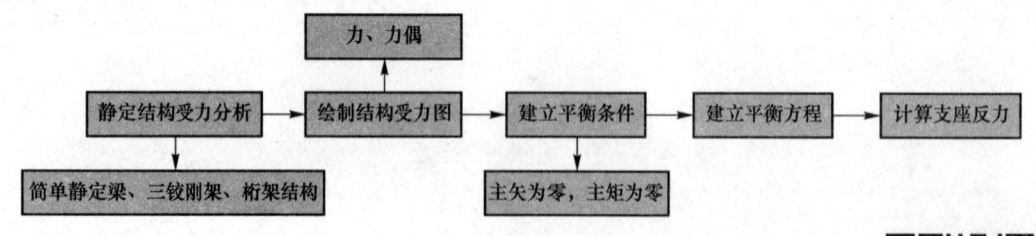

静定结构受力分析 → 绘制结构受力图 → 建立平衡条件 → 建立平衡方程 → 计算支座反力

力、力偶 ↓（绘制结构受力图）

简单静定梁、三铰刚架、桁架结构 ↓（静定结构受力分析）

主矢为零，主矩为零 ↓（建立平衡条件）

任务 1 　计算简单静定梁支座反力

微课：安平桥的故事

任务目标

素质目标

通过对简支梁、悬臂梁、外伸梁等简单静定梁的认识，培养理论联系实际的思维方式。

知识目标
1. 理解简单静定梁支座反力的概念。
2. 认识简单静定梁的分类。
3. 掌握简单静定梁支座反力计算。

能力目标
1. 能正确绘制简单静定梁的受力图。
2. 能正确建立平衡方程,计算支座反力。
3. 能运用叠加法求简单静定梁的支座反力。

任务描述

我国桥梁众多,桥梁按结构体系划分为梁式桥、拱桥、刚架桥、缆索承重桥(悬索桥、斜拉桥)等,如位于贵州黔南布依族苗族自治州都匀市内的西山桥,建于1960年,为五孔刚架混凝土简支梁桥(图2-1-1);中国较早修建的大跨预应力混凝土梁桥,多采用预应力混凝土悬臂梁桥形式,如柳州柳江大桥(图2-1-2);住宅阳台的外伸梁(图2-1-3)。

图 2-1-1　都匀西山桥(简支梁)　　图 2-1-2　柳江大桥(悬臂梁)　　图 2-1-3　阳台挑梁(外伸梁)

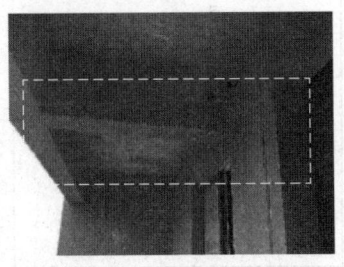

请同学们观察图 2-1-1~图 2-1-3 中的"简支梁、悬臂梁、外伸梁"。

任务思考

思考1:指出梁结构受到哪些外荷载作用,明确其约束类型,考虑怎么绘制其受力图。
思考2:怎样计算出其支座反力?

任务分析

第一步:分析静定梁结构的受力情况及约束类型,绘制出其受力图。
第二步:分析梁结构的平衡条件。
第三步:分析怎样列出平衡方程计算支座反力。

相关知识

1. 基本概念

静定梁是在外力因素作用下全部**支座反力**和内力都可由**静力平衡条件**确定的梁。**支座反力**是一个支座对于被支撑物体的支撑力,也叫作支座的**约束反力**。静定梁的基本**静力特征**为没有多余约束的几何不变体系,其反力和内力只用静力平衡方程就能确定。静定梁在生活和工程中形式多样，应用广泛。简单静定梁基本形式见表2-1-1。

表 2-1-1 简单静定梁基本形式

名称	定义	实例	图示
简支梁	梁的两端搁置在支座上，支座仅约束梁的垂直位移，梁端可自由转动（图2-1-4、图2-1-5）	图 2-1-4　简支梁桥	图 2-1-5　简支梁
悬臂梁	梁的一端固定，另一端自由（图2-1-6、图2-1-7）	图 2-1-6　路灯	图 2-1-7　悬臂梁
外伸梁	梁的一端或两端伸出铰支座以外（图2-1-8、图2-1-9）	图 2-1-8　双杠	图 2-1-9　外伸梁

2. 平面任意力系平衡条件

平面任意力系平衡的必要和充分条件：力系的主矢和主矩都为零。其平衡方程有以下三种形式。

（1）基本形式：$\left.\begin{array}{l}\sum X = 0 \\ \sum Y = 0 \\ \sum m_A = 0\end{array}\right\}$

（2）二矩式：$\left.\begin{array}{l}\sum X = 0 / \sum Y = 0 \\ \sum m_A = 0 \\ \sum m_B = 0\end{array}\right\}$ y 轴不能垂直于 A、B 两点的连线

（3）三矩式：$\left.\begin{array}{l}\sum m_A = 0 \\ \sum m_B = 0 \\ \sum m_C = 0\end{array}\right\}$ A、B、C 三点不在同一条直线上

3. 简单静定梁支座反力计算

简单静定梁支座反力计算，具体步骤见表2-1-2～表2-1-4。

表 2-1-2　单跨简支梁支座反力计算

受力情况	受力图	平衡方程
受竖向集中荷载 P（图 2-1-10、图 2-1-11）： 图 2-1-10　受力情况	图 2-1-11　受力图	$\sum m_A = 0 \Rightarrow V_B l - Pa = 0$ $\sum Y = 0 \Rightarrow V_A + V_B - P = 0$
结论：简支梁在一个竖向荷载 P 作用下的支座反力公式：$\begin{cases} V_A = \dfrac{b}{l} P(\uparrow) \\ V_B = \dfrac{a}{l} P(\uparrow) \end{cases}$		(2-1-1)
受力集中力偶 m（图 2-1-12、图 2-1-13）： 图 2-1-12　受力情况	图 2-1-13　受力图	$\sum m_B = 0 \Rightarrow m - V_A l = 0$ $\sum Y = 0 \Rightarrow V_A + V_B = 0$
结论：简支梁在一个外力偶 m 作用下的支座反力大小相等，方向相反，公式：$V_A = -V_B$，$\begin{cases} V_A = \dfrac{m}{l}(\uparrow) \\ V_B = \dfrac{m}{l}(\downarrow) \end{cases}$		(2-1-2)
梁全长 l 受均布荷载 q（图 2-1-14、图 2-1-15）： 图 2-1-14　受力情况	图 2-1-15　受力图	$\sum m_A = 0 \Rightarrow V_B l - ql \times \dfrac{l}{2} = 0$ $\sum Y = 0 \Rightarrow V_A + V_B - ql = 0$
结论：均布荷载 q 对梁的作用可以看作其合力集中荷载 ql 对梁中点的作用，公式：$\begin{cases} V_A = \dfrac{ql}{2}(\uparrow) \\ V_B = \dfrac{ql}{2}(\uparrow) \end{cases}$		(2-1-3)

表 2-1-3 悬臂梁支座反力计算

受力情况	受力图	平衡方程	结论
受竖向集中荷载 P（图 2-1-16、图 2-1-17）： 图 2-1-16 受力情况	图 2-1-17 受力图	$\sum m_A = 0 \Rightarrow m_A - Pl = 0$ $\sum Y = 0 \Rightarrow V_A - P = 0$	悬臂梁在一个竖向荷载 P 作用下的支座反力公式： $\begin{cases} m_A = Pl（逆时针）\\ V_A = P(\uparrow) \end{cases}$ (2-1-4)
受力集中力偶 m（图 2-1-18、图 2-1-19）： 图 2-1-18 受力情况	图 2-1-19 受力图	$\sum m = 0 \Rightarrow m_A + m = 0$ $\sum Y = 0 \Rightarrow V_A = 0$	悬臂梁在一个外力偶 m 作用下的支座反力公式： $\begin{cases} m_A = -m（顺时针）\\ V_A = 0 \end{cases}$ (2-1-5)
梁全长 l 受均布荷载 q（图 2-1-20、图 2-1-21）： 图 2-1-20 受力情况	图 2-1-21 受力图	$\sum m_A = 0 \Rightarrow m_A - ql \times \dfrac{l}{2} = 0$ $\sum Y = 0 \Rightarrow V_A - ql = 0$	均布荷载 q 对梁的作用可以看做其合力集中荷载 ql 对梁中点的作用，公式： $\begin{cases} m_A = \dfrac{ql^2}{2}（逆时针）\\ V_A = ql(\uparrow) \end{cases}$ (2-1-6)

表 2-1-4 外伸梁支座反力计算

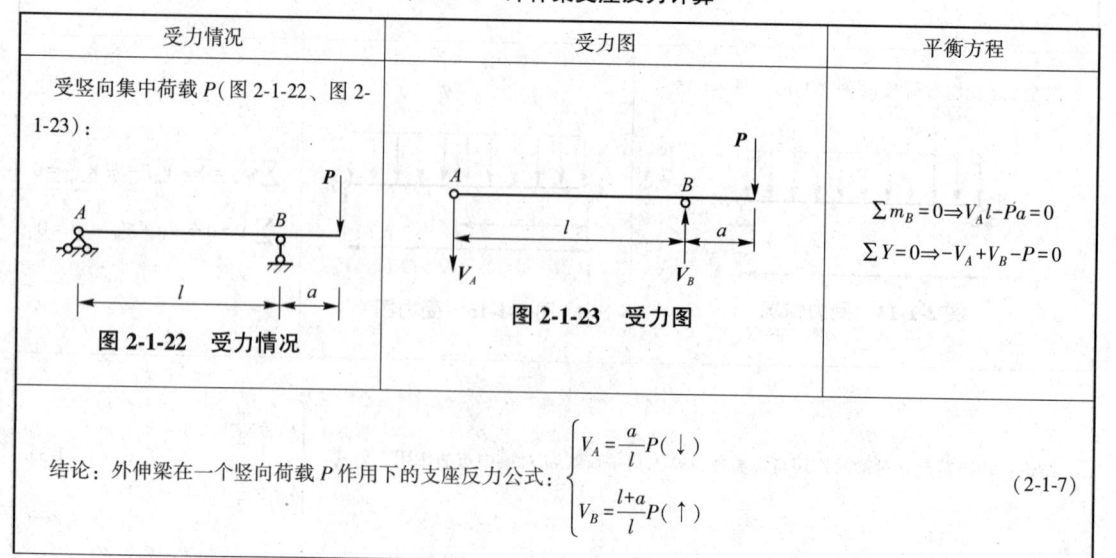

受力情况	受力图	平衡方程
受竖向集中荷载 P（图 2-1-22、图 2-1-23）： 图 2-1-22 受力情况	图 2-1-23 受力图	$\sum m_B = 0 \Rightarrow V_A l - Pa = 0$ $\sum Y = 0 \Rightarrow -V_A + V_B - P = 0$

结论：外伸梁在一个竖向荷载 P 作用下的支座反力公式：$\begin{cases} V_A = \dfrac{a}{l} P(\downarrow) \\ V_B = \dfrac{l+a}{l} P(\uparrow) \end{cases}$ (2-1-7)

续表

受力情况	受力图	平衡方程
受力集中力偶 m(图 2-1-24、图 2-1-25): 图 2-1-24 受力情况	图 2-1-25 受力图	$\sum m_B = 0 \Rightarrow m - V_A l = 0$ $\sum Y = 0 \Rightarrow V_A + V_B = 0$
结论:外伸梁在一个外力偶 m 作用下的支座反力大小相等,方向相反,公式: $V_A = -V_B$, $\begin{cases} V_A = \dfrac{m}{l}(\downarrow) \\ V_B = \dfrac{m}{l}(\uparrow) \end{cases}$ (2-1-8)		
梁全长 a 受均布荷载 q (图 2-1-26、图 2-1-27): 图 2-1-26 受力情况	图 2-1-27 受力图	$\sum m_B = 0 \Rightarrow V_A l - \dfrac{qa^2}{2} = 0$ $\sum Y = 0 \Rightarrow -V_A + V_B - qa = 0$
结论:均布荷载 q 对梁的作用可以看作其合力集中荷载 ql 对梁中点的作用,公式: $\begin{cases} V_A = \dfrac{qa^2}{2l}(\downarrow) \\ V_B = \dfrac{qa(a+2l)}{2}(\uparrow) \end{cases}$ (2-1-9)		

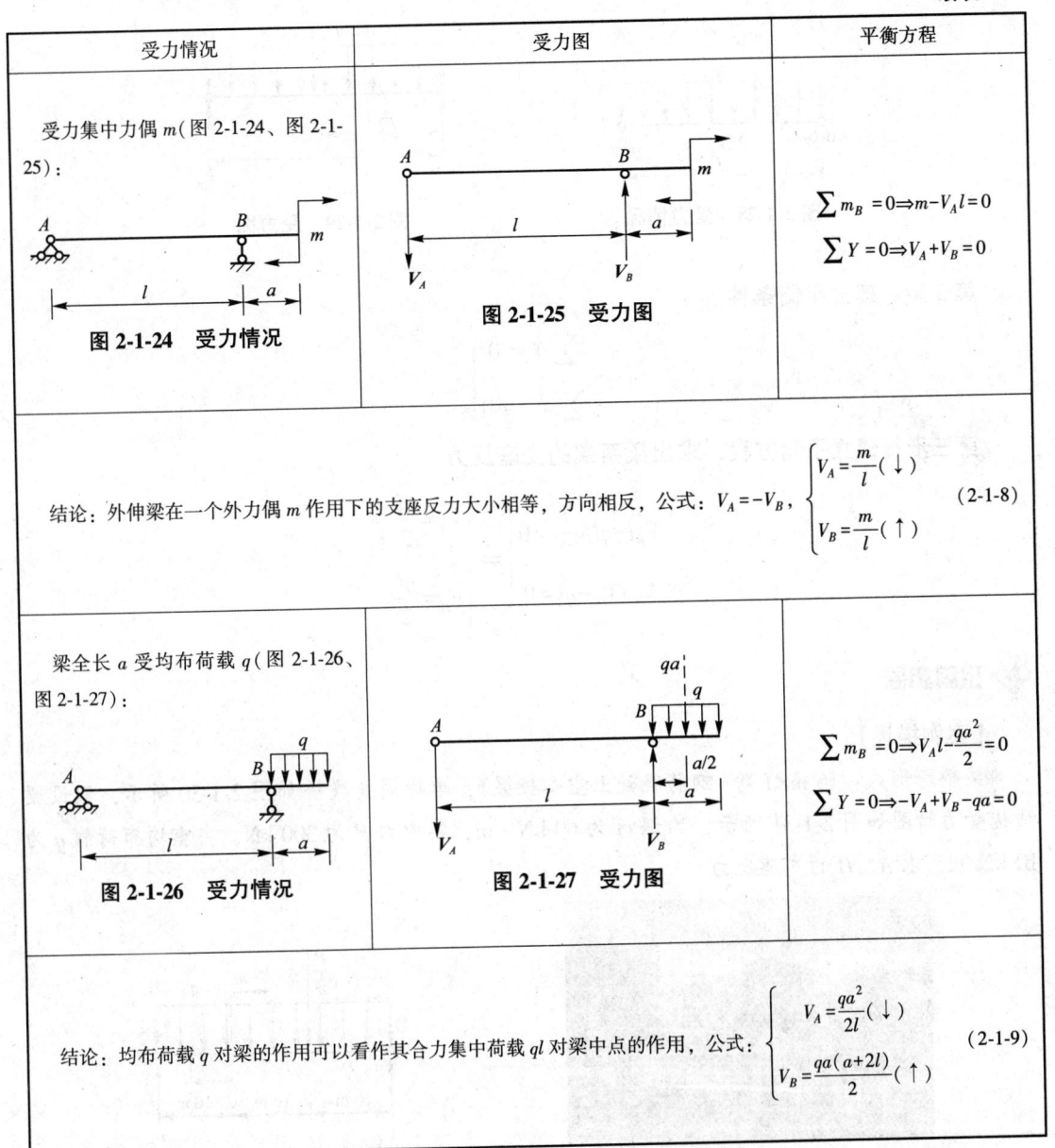

小贴士:在实际工程运用中,可根据具体情况直接套用上面的公式,也可以建立平衡方程求解。若有两种及两种以上的荷载作用在梁上,可分别计算简单荷载单独作用引起的支座反力,再将各反力相加求其代数和,这种方法叫作叠加法。

任务实施

第一步:根据梁结构所受外荷载,画出梁结构受力图

以图 2-1-1 都匀西山桥为例,取其中一跨进行受力分析。该梁为简支梁,假设桥面没有车辆通过,只有自重均布荷载 q,梁结构一跨长度为 l,两端支座为 A、B,梁结构受力情况如图 2-1-28 所示,绘制出其受力图如图 2-1-29 所示。

图 2-1-28 受力情况

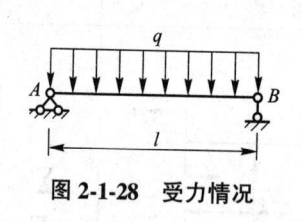

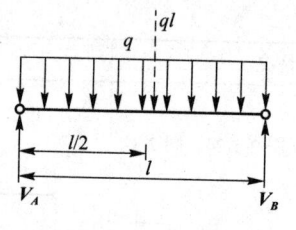

图 2-1-29 受力图

第二步：建立平衡条件

$$\left.\begin{array}{l}\sum Y = 0\\ \sum m_A = 0\end{array}\right\}$$

第三步：建立平衡方程，求出梁两端的支座反力

$$\left.\begin{array}{l}V_B l - ql \times \dfrac{l}{2} = 0\\ V_A + V_B - ql = 0\end{array}\right\} \Rightarrow \left\{\begin{array}{l}V_A = \dfrac{ql}{2}\\ V_B = \dfrac{ql}{2}\end{array}\right.$$

巩固拓展

【案例描述】

某桥跨形式：16 m×1 跨(钢筋混凝土空心板梁)，单跨简支梁桥如图 2-1-30 所示，假设梁结构受力简图如图 2-1-31 所示，力偶 m 为 60 kN·m，集中力 P 为 300 kN，自重均布荷载 q 为 10 kN/m，求 A、B 的支座反力。

图 2-1-30 单跨简支梁桥

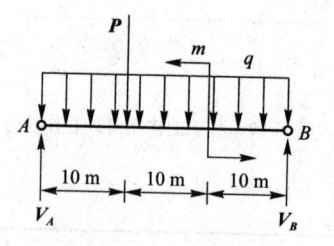

图 2-1-31 受力情况

【分析及实施】

该单跨简支梁桥的梁受到一个集中力作用、一个力偶作用，梁全长受均布荷载作用。表 2-1-2 中已列出了求其支座反力的公式，可根据式(2-1-1)~式(2-1-3)分别计算出简单荷载作用下 A、B 支座反力，再叠加求其代数和。具体计算过程如下：

第一步：根据式(2-1-1)，计算出集中荷载 P 在梁 A、B 两端引起的支座反力：

力 P $\qquad \uparrow \dfrac{bP}{l} = \dfrac{20 \times 300}{30} = 200 \text{(kN)} \qquad \uparrow \dfrac{aP}{l} = \dfrac{10 \times 300}{30} = 100 \text{(kN)}$

第二步：根据式(2-1-2)，计算出力偶 m 在梁 A、B 两端引起的支座反力：

力偶 m $\uparrow \dfrac{m}{l} = \dfrac{60}{30} = 2(\text{kN})$ $\downarrow \dfrac{m}{l} = \dfrac{60}{30} = 2(\text{kN})$

第三步：根据式(2-1-3)，计算出均布荷载 q 在梁 A、B 两端引起的支座反力：

均布荷载 q $\uparrow \dfrac{ql}{2} = \dfrac{10 \times 30}{2} = 150(\text{kN})$ $\uparrow \dfrac{ql}{2} = \dfrac{10 \times 30}{2} = 150(\text{kN})$

第四步：根据叠加法，得出该简支梁桥 A、B 支座反力：

$\uparrow V_A = 200 + 2 + 150 = 352(\text{kN})$ $\uparrow V_B = 100 + 2 + 150 = 252(\text{kN})$

巩固练习

任务描述	 贵州省毕节至威宁高速公路赫章特大桥为预应力混凝土连续钢构桥，全长为1 073.5 m，桥宽为21.5 m，总造价2亿多元，最高墩11号墩为195 m，如图2-1-32所示。请分析虚线部分两跨梁的类型，指出受到哪些外荷载，绘制出受力图，分析梁结构的静力平衡条件。 图 2-1-32 赫章特大桥 微课：巩固练习
分析思路	
实施过程	
考核评价	配分：共100分(其中分析思路50分，实施过程50分) 得分：_____

能力训练

能力任务	1. 一悬臂梁受力如图 2-1-33 所示，计算其支座反力。 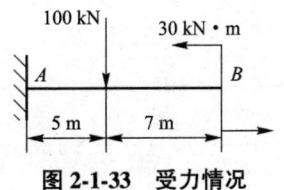 图 2-1-33 受力情况	2. 一外伸梁受力如图 2-1-34 所示，计算其支座反力。 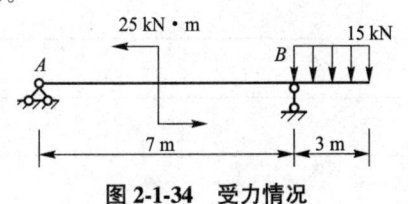 图 2-1-34 受力情况

续表

能力展示				
能力评价	配分：50 分	得分：	配分：50 分	得分：
	总分：100 分		得分：_____	

测评与改进

评价项目	评分标准	配分	主体评价/分				诊断改进
			自评	互评	教师评	综合评	
素质	通过对简支梁、悬臂梁、外伸梁等简单静定梁的认识，培养理论联系实际的思维方式	30					
知识	1. 理解简单静定梁支座反力的概念。 2. 认识简单静定梁的分类。 3. 掌握简单静定梁支座反力公式	30					
能力	1. 能正确绘制简单静定梁的受力图。 2. 能正确建立平衡方程，计算支座反力。 3. 能运用叠加法求简单静定梁的支座反力	40					

总结与反思

任务2 计算三铰刚架反力

任务目标

素质目标

通过对三铰刚架整体和局部受力分析,培养全面分析问题的方式。

知识目标

1. 认识三铰刚架。
2. 理解三铰刚架受力特点。
3. 掌握三铰刚架反力计算。

能力目标

1. 能正确绘制三铰刚架的受力图。
2. 能正确建立平衡方程,计算其反力。

任务描述

在实际工程中,厂房的柱和梁通常由三铰刚架或两铰刚架组成。图 2-2-1 所示为施工中的三铰刚架厂房。图 2-2-2 所示为三铰刚架运用于建筑中著名的实例之一——深圳体育中心游泳训练馆,图 2-2-3 所示为其刚架结构轴测图。请同学们仔细观察图示三铰刚架。

图 2-2-1 三铰刚架厂房   图 2-2-2 深圳体育中心游泳训练馆

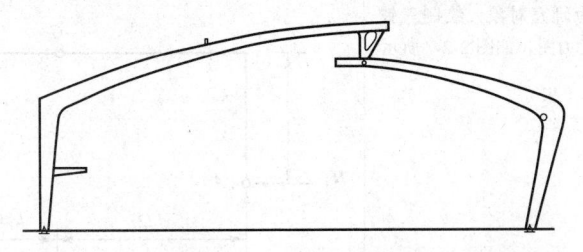

图 2-2-3 深圳体育中心游泳训练馆屋脊落差铰刚架

任务思考

思考1:指出图 2-2-1 中三铰刚架结构整体及左半部、右半部受到哪些荷载作用,其受力图怎样画。

思考2：怎样计算图 2-2-1 中三铰刚架的支座反力和中间铰的内力？

思考3：观察图 2-2-3，说说三铰刚架在工程中有哪些应用。

任务分析

第一步：分析三铰刚架整体受力情况，绘制其受力图。

第二步：分析三铰刚架局部受力情况，绘制局部受力图。

第三步：依据受力图，分析整体和局部刚架结构的平衡条件，计算出其支座反力和中间铰的内力。

相关知识

1. 基本概念

刚架是由梁和柱组成的具有刚结点的结构。在两片刚架（刚接杆件）与基础之间通过 3 个铰两两铰接而成的结构称为**三铰刚架**。三铰刚架的**受力特性**是在竖向荷载的作用下会产生水平反力（推力），如图 2-2-4～图 2-2-6 所示。

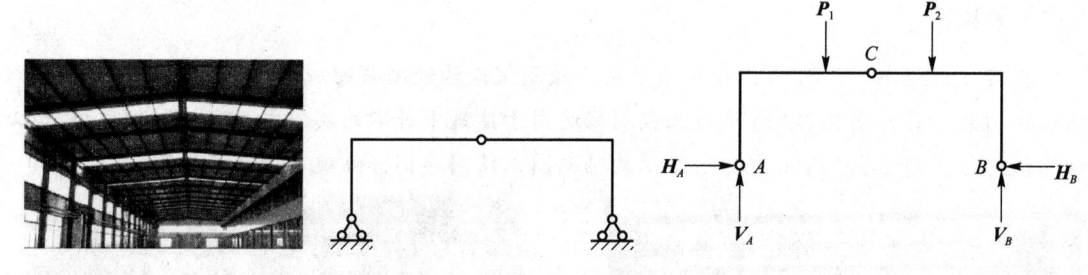

图 2-2-4　厂房　　　图 2-2-5　三铰刚架示意　　　图 2-2-6　三铰刚架支座反力示意

2. 三铰刚架反力计算

单层三铰刚架反力计算步骤见表 2-2-1。

表 2-2-1　单层三铰刚架反力计算

步骤	方法	图示
步骤一 整体受力	以整体为研究对象，绘制三铰刚架整体受力图，如图 2-2-7 所示	图 2-2-7　整体受力示意

续表

步骤	方法	图示
步骤二 局部受力	从中间铰 C 处拆开，绘制左半刚架受力图或右半刚架受力图，如图 2-2-8（左半刚架）、图 2-2-9（右半刚架）所示	图 2-2-8　左半刚架受力示意 图 2-2-9　右半刚架受力示意
步骤三 平衡求解	取整体和左半刚架（或右半刚架）为研究对象，列出 6 个平衡方程，求解 6 个未知量。 【提示】左半刚架铰 C 处受到的约束反力 H_C、V_C 和右半刚架铰 C 处受到的约束反力 H'_C、V'_C 是作用力与反作用力的关系。即 $H_C = H'_C$、$V_C = V'_C$	整体为研究对象： $$\sum m_A = 0,\ \sum m_B = 0,\ \sum X = 0$$ 左半部（或右半部）为研究对象： $$\sum m_X = 0\left(\sum m_B = 0\right),\ \sum X = 0,\ \sum Y = 0$$

任务实施

第一步：根据整体受力情况，绘制出整体受力图

以图 2-2-1 所示的三铰刚架厂房为例，取其中一榀（pǐn 量词，一个房架称一榀）进行研究，厂房屋面荷载不计，假设其左半刚架中部受一集中荷载 P，受力情况如图 2-2-10 所示，绘制出其受力图如图 2-2-11 所示。

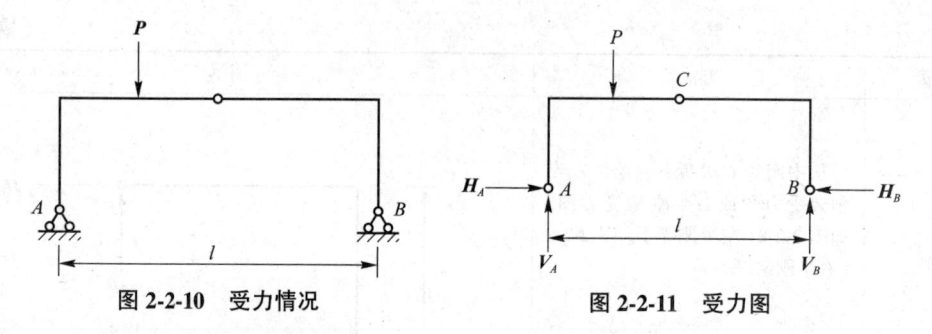

图 2-2-10 受力情况 　　　　　　　　图 2-2-11 受力图

第二步：绘制出半部刚架受力图

从中间铰处分开，取左半部刚架进行受力分析，绘制出其受力图如图 2-2-12 所示。

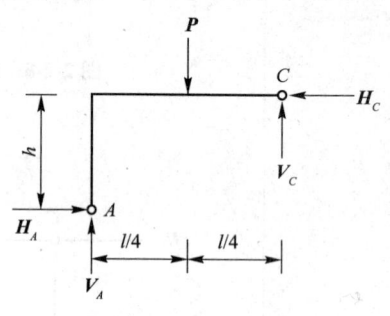

图 2-2-12 左半部刚架

第三步：建立平衡条件，列出平衡方程，计算支座反力和内力

根据整体和局部受力图建立平衡条件，列出平衡方程，计算出支座反力和中间铰作用力。

(1) 以整体为研究对象：

$$\sum m_A = 0 \Rightarrow V_B L - P \times \frac{L}{4} = 0 \Rightarrow V_B = \frac{P}{4}(\uparrow)$$

$$\sum m_B = 0 \Rightarrow -V_A L + P \times \frac{3L}{4} = 0 \Rightarrow V_A = \frac{3P}{4}(\uparrow)$$

$$\sum X = 0 \Rightarrow H_A - H_B = 0 \Rightarrow H_A = H_B$$

(2) 以局部为研究对象：

$$\sum m_C = 0 \Rightarrow P \times \frac{L}{4} + H_A h - V_A \times \frac{L}{2} = 0 \Rightarrow H_A = \frac{LP}{8h}(\rightarrow)$$

$$\sum X = 0 \Rightarrow H_A - H_C = 0 \Rightarrow H_A = H_C$$

$$\therefore H_C = \frac{LP}{8h}(\leftarrow)$$

$$\sum Y = 0 \Rightarrow V_A + V_C - P = 0$$

$$\therefore V_A = \frac{3P}{4}(\uparrow)$$

$$\therefore V_C = \frac{3P}{4}(\uparrow)$$

(3)综上可得：

$$\left.\begin{matrix}H_A = H_B \\ H_A = \dfrac{LP}{8h}\end{matrix}\right\} \Rightarrow H_B = \dfrac{LP}{8h}(\leftarrow)$$

巩固拓展

【案例描述】

某厂房三铰刚架，如图2-2-13所示，假定三铰刚架受力简图如图2-2-14所示，$h=10$ m，$l=20$ m，均布荷载 q 为 10 kN/m，求 A、B 支座反力及铰 C 作用力？

图 2-2-13　厂房中的三铰刚架　　　图 2-2-14　受力情况

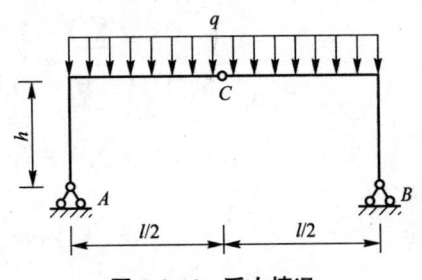

【分析及实施】

第一步：取三铰刚架整体进行受力分析，刚架上部受竖直向下的均布荷载。A、B 为固定铰支座，整体受力如图2-2-15所示。

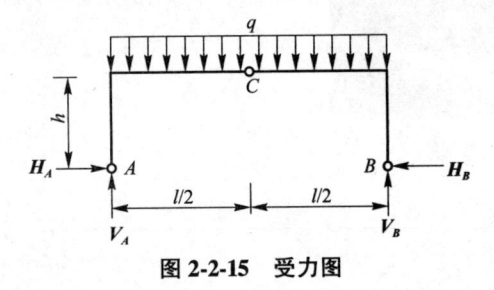

图 2-2-15　受力图

第二步：依据静力平衡条件，建立平衡方程，计算出 A、B 支座竖直方向反力值，推导出水平方向反力之间的关系。

$$\sum m_A = 0, \quad V_B l - ql \times \frac{l}{2} = 0$$

$$V_B = \frac{ql}{2} = \frac{10 \times 20}{2} = 100 \text{(kN)}(\uparrow)$$

$$\sum m_B = 0, \quad -V_A l + ql \times \frac{l}{2} = 0$$

$$V_A = \frac{ql}{2} = \frac{10 \times 20}{2} = 100 \text{(kN)}(\uparrow)$$

$$\sum X = 0, \quad H_A - H_B = 0$$

$$H_A = H_B$$

第三步：取左半部三铰刚架进行受力分析，如图 2-2-16 所示。

第四步：根据左半部受力图，建立平衡条件，列出平衡方程，算出 A 支座水平方向反力及 C 点内力。

$$\sum m_C = 0, \quad q \times \frac{L}{2} \times \frac{L}{4} + H_A h - V_A \times \frac{L}{2} = 0$$

$$H_A = \frac{100 \times 10 - 10 \times 10 \times 5}{10} = 50 \text{ (kN)} (\rightarrow)$$

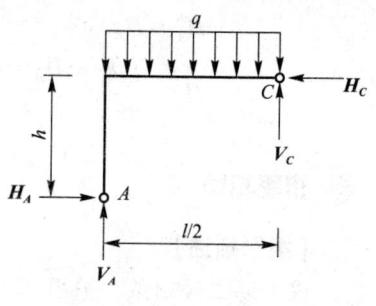

图 2-2-16 左半部刚架

由 $H_A = H_B \Rightarrow H_B = 50 \text{ kN}(\leftarrow)$

$$\sum X = 0, \quad H_A - H_C = 0 \Rightarrow H_A = H_C$$

$$\therefore H_C = 50 \text{ kN}(\leftarrow)$$

$$\sum Y = 0, \quad V_A + V_C - q \times \frac{L}{2} = 0$$

$$\therefore V_C = q \times \frac{L}{2} - V_A = 100 - 100 = 0$$

巩固练习

任务要求	如图 2-2-17 所示，三铰刚架结构顶部是倾斜的。请分析其整体受力情况。从中间铰分开，局部受力情况如何？绘制出其受力图，写出满足平衡条件的方程。 图 2-2-17 厂房 微课：巩固练习
分析思路	
实施过程	
考核评价	配分：共100分（其中分析思路50分，实施过程50分） 得分：_____

能力训练

能力任务	一个三铰刚架，受力如图 2-2-18 所示，$h = 8$ m，$l = 16$ m，均布荷载 q 为 10 kN/m，求 A、B 支座反力及铰 C 作用力。 图 2-2-18　三铰刚架
能力展示	
能力评价	总分：100 分　　　　　　　　　　　　　得分：_____

测评与改进

评价项目	评分标准	配分	自评	互评	教师评	综合评	诊断改进
素质	通过对三铰刚架整体和局部受力分析，培养全面分析问题的方式	20					
知识	1. 认识三铰刚架。 2. 理解三铰刚架受力特点。 3. 掌握三铰刚架反力计算	30					
能力	1. 能正确绘制三铰刚架的受力图。 2. 能正确建立平衡方程，计算其反力	50					

总结与反思

_____

_____

_____

_____

任务3　计算桁架结构反力和内力

任务目标

素质目标

通过典型任务，拓宽学生视野，培养创新思维。

知识目标

1. 认识桁架。
2. 理解桁架结构受力特点。
3. 掌握简单桁架结构反力和内力计算。

能力目标

1. 能正确绘制简单桁架结构的受力图。
2. 能正确建立平衡方程，计算其反力和内力。

任务描述

贝雷架也称为"装配式公路钢桥"，广泛应用于国防战备、交通工程、市政水利工程，是我国应用最为广泛的组装式桥梁。图2-3-1所示为贝雷架，属于桁架结构。图2-3-2所示为贵州江界河大桥，是世界上最大的混凝土桁式桥，在同类桥梁中，江界河大桥雄居世界第一，堪称天下第一桥。它的建成，宣告了桁式桥梁新世界纪录的诞生。图2-3-3所示为交通龙门架，在公路及市政道路上作为限高和安装道路交通标志牌的桁架结构。

图 2-3-1　贝雷架　　　　图 2-3-2　江界河大桥　　　　图 2-3-3　交通龙门架
（混凝土桁式组合拱桥）

任务思考

思考1：仔细观察图2-3-1~图2-3-3，举例说出桁架结构在工程和生活中的应用。
思考2：指出图2-3-3中桁架结构所受荷载。怎样绘制其受力图？
思考3：分析图2-3-3中桁架结构，怎样计算其支座反力和任一杆件的内力？

任务分析

第一步：分析桁架结构的整体受力情况，绘制出其受力图。
第二步：分析平衡条件，建立平衡方程，计算出支座反力。

第三步：分析桁架结构分离体的受力情况，绘制出其受力图。
第四步：分析平衡条件，建立平衡方程，计算出其支座反力和指定杆件内力。

相关知识

1. 桁架

桁架是由若干直杆用铰链组成的结构。桁架结构常用于大跨度的厂房、展览馆、体育馆和桥梁等公共建筑。简单桁架是由一个基本铰接三角形依次增加二元体组成的。桁架的杆件按所在位置可分为**弦杆**和**腹杆**。弦杆又可分为**上弦杆**和**下弦杆**；**腹杆**又可分为**斜杆**和**竖杆**，如图 2-3-4 所示。

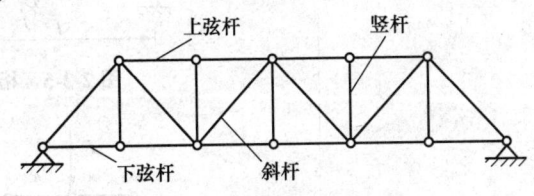

图 2-3-4 桁架结构示意

2. 桁架结构种类

桁架结构种类如下所示：

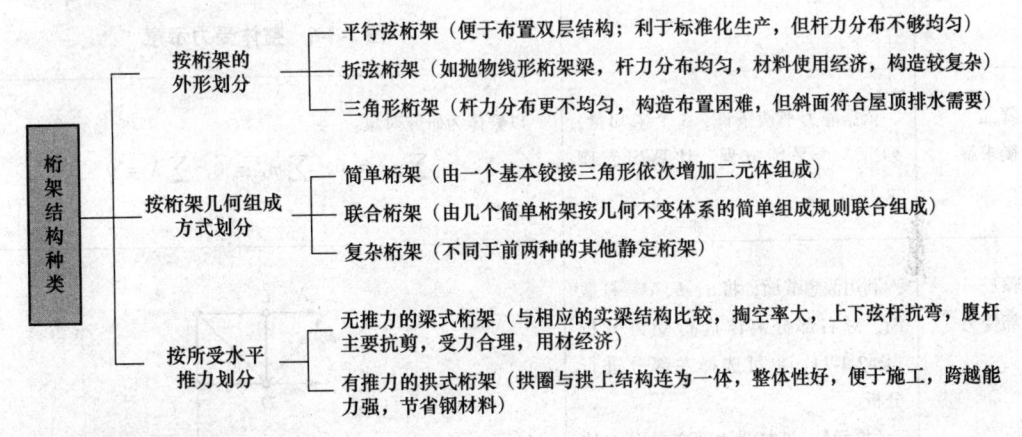

- 按桁架的外形划分
  - 平行弦桁架（便于布置双层结构；利于标准化生产，但杆力分布不够均匀）
  - 折弦桁架（如抛物线形桁架梁，杆力分布均匀，材料使用经济，构造较复杂）
  - 三角形桁架（杆力分布更不均匀，构造布置困难，但斜面符合屋顶排水需要）
- 按桁架几何组成方式划分
  - 简单桁架（由一个基本铰接三角形依次增加二元体组成）
  - 联合桁架（由几个简单桁架按几何不变体系的简单组成规则联合组成）
  - 复杂桁架（不同于前两种的其他静定桁架）
- 按所受水平推力划分
  - 无推力的梁式桁架（与相应的实梁结构比较，掏空率大，上下弦杆抗弯，腹杆主要抗剪，受力合理，用材经济）
  - 有推力的拱式桁架（拱圈与拱上结构连为一体，整体性好，便于施工，跨越能力强，节省钢材料）

3. 桁架结构的受力特点

在桁架的计算简图中，通常引用下述假定：

(1) 各结点都是理想铰；
(2) 各杆的轴线绝对平直，且通过铰心；
(3) 外力只作用在结点上。

简单梁式桁架结构各杆件受力均以单向拉、压为主，结构内力只有轴力，而没有弯矩和剪力；由于水平方向的拉、压内力实现了自身平衡，整个结构不对支座产生水平推力；在垂直向下的竖直荷载作用下，上弦杆均受压力，下弦杆均受拉力。

4. 桁架结构支座反力和杆件内力计算

计算桁架结构杆件内力的方法有虚位移法、节点法、截面法等。本任务详细介绍截面法。

有选择地截断杆件(一般不超过3杆),以桁架的局部为平衡对象,考虑其中任一部分平衡,由平衡方程即可求得所需杆件轴力,这种方法称为**截面法**。其计算步骤见表2-3-1。

表2-3-1 简单桁架结构支座反力和内力计算(截面法)

步骤	方法	图示
步骤一 整体受力	有一桁架如图2-3-5所示。以整体为研究对象,绘制桁架整体受力图,如图2-3-6所示	图2-3-5 桁架示意 图2-3-6 整体受力示意
步骤二 平衡求解	依据静力平衡条件,3个未知量,列出3个平衡方程,计算出支座反力	以整体为研究对象: $\sum m_A = 0$,$\sum m_B = 0$,$\sum X = 0$
步骤三 局部受力	利用假想截面,将a、b、c三杆截断,对右部分离体进行受力分析(图2-3-7),也可选择左部分进行分析。 【提示】 选择受力简单的分离体进行受力分析	图2-3-7 右部分受力示意
步骤四 平衡求解	依据静力平衡条件,3个未知量,列出3个平衡方程,计算出直杆内力	以右部分离体为研究对象: $\sum X = 0$,$\sum m_C = 0$,$\sum m_D = 0$

任务实施

第一步:根据整体受力情况,绘制出受力图

以图2-3-3为例,假设其受力情况如图2-3-8所示,绘制出其受力图如图2-3-9所示。

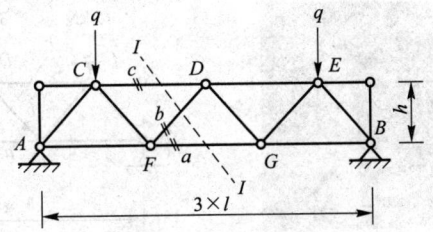

图 2-3-8 受力情况

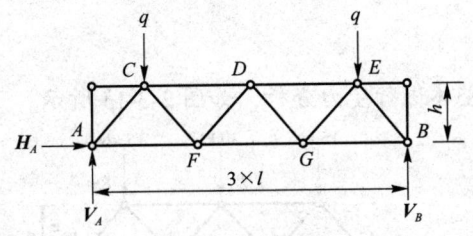

图 2-3-9 受力图

第二步：建立平衡条件，列出平衡方程，计算出支座反力

$$\sum Y = 0 \Rightarrow H_A = 0$$

$$\sum Y = 0 \Rightarrow \frac{q+q}{2} = V_A = V_B = q(\uparrow)(对称性)$$

第三步：根据分离体受力，绘制出分离体受力图

利用假想截面 I-I 将需求内力的直杆截断，取一分离体做受力分析，绘制出其受力图如图 2-3-10 所示。

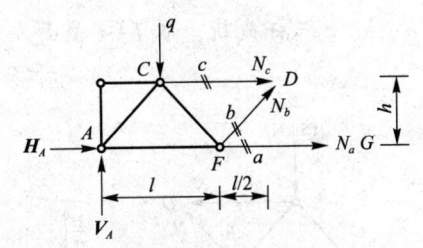

图 2-3-10 受力图

第四步：建立平衡条件，列出平衡方程，计算直杆内力

$$\sum m_D = 0 \Rightarrow ql - \frac{3lV_A}{2} + N_a h = 0 \Rightarrow N_a = \frac{ql}{2h}(拉力)$$

$$\sum m_F = 0 \Rightarrow \frac{ql}{2} - V_A l - N_c h = 0 \Rightarrow N_c = -\frac{ql}{2h}(压力)$$

$$\sum X = 0 \Rightarrow N_a + N_c - N_b \cdot \cos\angle CFD = 0 \Rightarrow N_b = 0$$

巩固拓展

【案例描述】

某桁架结构如图 2-3-11 所示，假定其受力图如图 2-3-12 所示，计算 A、B 支座反力及直杆 a、b、c 的内力。

图 2-3-11 桁架结构

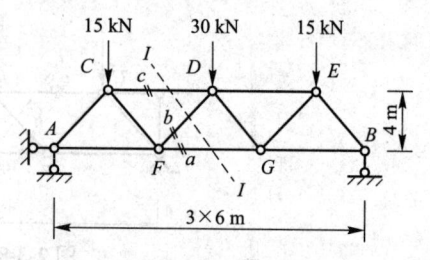

图 2-3-12 受力图

【分析及实施】

第一步：取桁架结构整体进行受力分析，如图 2-3-13 所示。

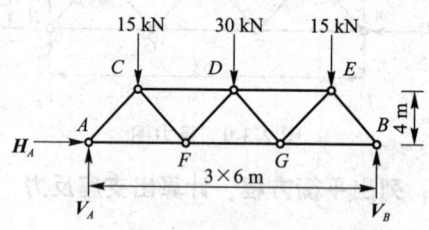

图 2-3-13 受力分析

第二步：依据整体受力情况，建立平衡方程，计算出 A、B 支座反力。

$$\sum X = 0, \ H_A = 0$$

$$\sum Y = 0, \ \frac{15+30+15}{2} = V_A = V_B = 30(\text{kN})(\uparrow)$$

第三步：用截面 I—I 将 a、b、c 三杆截断，取 I—I 截面左部分为研究对象，其受力图如图 2-3-14 所示。

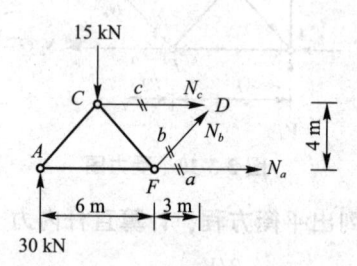

图 2-3-14 左部分受力分析

第四步：依据局部受力情况，建立平衡方程，计算出直杆 a、b、c 的内力。

$$\sum m_D = 0$$

$$15 \times 6 - 30 \times 9 + N_a \times 4 = 0 \Rightarrow N_a = 45 \text{ kN}(拉力)$$

$$\sum m_F = 0$$

$$15 \times 3 - 30 \times 6 - N_c \times 4 = 0 \Rightarrow N_c = -33.75 \text{ kN}(压力)$$

$$\sum X = 0$$

$$45 - 33.75 + N_b \times \cos\angle CFD = 0 \Rightarrow N_b = -18.75 \text{ kN}(压力)$$

巩固练习

任务要求	如图 2-3-15 所示为高速公路龙门架，用于车辆限高和挂各种标示牌、监控设备等。试辨别其桁架结构的种类，分析桁架结构的受力情况，绘制出桁架结构受力图并列出平衡条件。 图 2-3-15　高速公路龙门架 微课：巩固练习
分析思路	
实施过程	
考核评价	配分：共 100 分（其中分析思路 50 分，实施过程 50 分） 得分：_____

能力训练

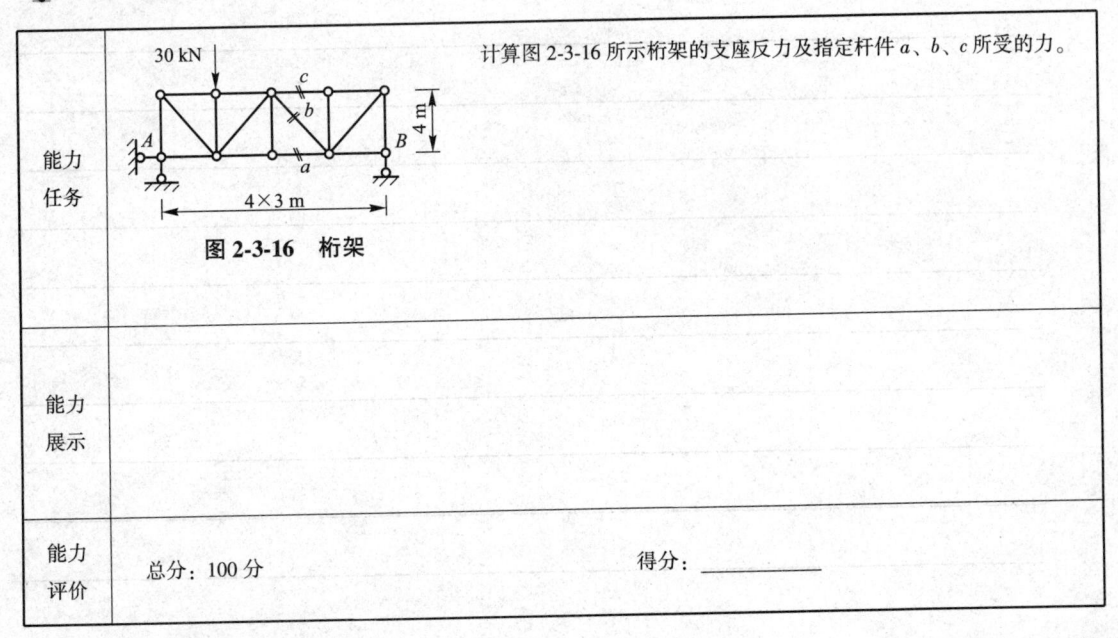

能力任务	计算图 2-3-16 所示桁架的支座反力及指定杆件 a、b、c 所受的力。 图 2-3-16　桁架
能力展示	
能力评价	总分：100 分　　　　　　　　　得分：_____

测评与改进

评价项目	评分标准	配分	主体评价/分				诊断改进
			自评	互评	教师评	综合评	
素质	通过典型任务，拓宽学生视野，培养创新思维	20					
知识	1. 认识桁架。 2. 理解桁架结构受力特点。 3. 掌握简单桁架结构反力和内力计算	30					
能力	1. 能正确绘制简单桁架结构的受力图。 2. 能正确建立平衡方程，计算其反力和内力	50					

总结与反思

模块小结

一、简单静定梁支座反力计算

1. 支座反力是一个支座对于被支撑物体的支撑力,也叫作支座的约束反力。
2. 静定梁是在外力因素作用下全部支座反力和内力都可由静力平衡条件确定的梁。
3. 简单静定梁的基本静力特征为没有多余约束的几何不变体系,其反力和内力只用静力平衡方程就能确定,$\sum X = 0$,$\sum Y = 0$,$\sum m_0(F_n) = 0$。
4. 若有两种及两种以上的荷载作用在梁上,可分别计算简单荷载单独作用引起的支座反力,再将各反力相加计算其代数和,即叠加法。

二、三铰刚架反力计算

1. 刚架是由梁和柱组成的具有刚结点的结构。
2. 在两片刚架(刚接杆件)与基础之间通过3个铰两两铰接而成的结构称为三铰刚架。
3. 三铰刚架的受力特性是在竖向荷载的作用下会产生水平反力(推力)。
4. 三铰刚架反力计算方法如下:
(1) 根据已知量和待求量,选择适当的研究对象。
(2) 画出研究对象的受力图。
(3) 根据受力图,分析平衡条件,建立平衡方程,计算出支座反力和内力。

三、桁架结构反力和内力计算

1. 桁架是由若干直杆用铰链组成的结构。简单桁架是由一个基本铰接三角形依次增加二元体组成的。桁架结构常用于大跨度的厂房、展览馆、体育馆和桥梁等公共建筑。
2. 在桁架的计算简图中,通常引用下述假定:
(1) 各结点都是理想铰。
(2) 各杆的轴线绝对平直,且通过铰心。
(3) 外力只作用在结点上。
简单梁式桁架结构各杆件受力均以单向拉、压为主,结构内力只有轴力,而没有弯矩和剪力;由于水平方向的拉、压内力实现了自身平衡,整个结构不对支座产生水平推力;在垂直向下的竖直荷载作用下,上弦杆均受压力,下弦杆均受拉力。
3. 截面法计算桁架结构内力:有选择地截断杆件(一般不超过3杆),以桁架的局部为平衡对象,考虑其中任一部分平衡,由平衡方程即可求得所需杆件轴力。

🔥 模块检测 🔥
（总分100分）

一、填空题（每空2分，共20分）

1. 支座反力是一个支座对于被支撑物体的_____。
2. 静定梁是在_____作用下全部_____和_____都可由静力平衡条件确定的梁。
3. 静定梁的基本静力特征为没有_____的几何不变体系，其_____和_____用静力平衡方程就能确定。
4. 刚架是由_____和_____组成的具有_____的结构。

二、选择题（每题2分，共10分）

1. 桁架是由若干直杆用（　　）组成的结构。
   A. 刚结点　　　　　B. 焊接　　　　　C. 铰链　　　　　D. 绑扎
2. 简单梁式桁架结构各杆件受力均以单向拉、压为主，结构内力有（　　）。
   A. 轴力　　　　　B. 剪力　　　　　C. 弯矩　　　　　D. 扭矩
3. 单梁式桁架结构在垂直向下的竖直荷载作用下，上弦杆均受（　　），下弦杆均受拉力。
   A. 拉力　　　　　B. 压力　　　　　C. 剪力　　　　　D. 作用力
4. 下面不是计算桁架杆件内力的方法的是（　　）。
   A. 节点法　　　　　B. 截面法　　　　　C. 虚位移法　　　　　D. 叠加法
5. 简单桁架是由一个基本铰接（　　）依次增加二元体组成的。
   A. 正方形　　　　　B. 矩形　　　　　C. 五边形　　　　　D. 三角形

三、判断题（每题2分，共10分）

1. （　　）悬臂梁是指梁的一端或两端伸出铰支座以外。
2. （　　）单跨简支梁在一个外力偶 m 作用下的支座反力大小相等，方向相反。
3. （　　）贝雷架是我国应用最为广泛的组装式桥梁。
4. （　　）单跨外伸梁在一个外力偶 m 作用下的支座反力大小相等，方向相反。
5. （　　）三铰刚架在竖向荷载的作用下不会产生水平反力。

四、综合题（每题20分，共60分）

1. 某两跨静定梁，如图1所示，受均布荷载为 10 kN/m，计算支座 A、B 的反力。

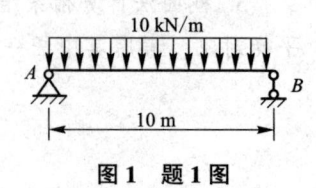

图1　题1图

2. 一个三铰刚架，受力如图2所示，均布荷载 q 为 15 kN/m，计算 A、B 支座反力及铰 C 作用力。

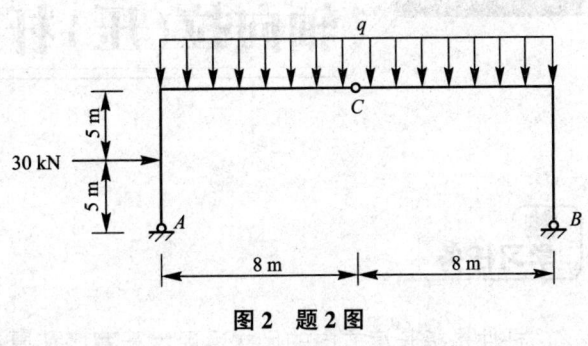

图2 题2图

3. 某桁架结构如图3所示，计算两支座反力及直杆 a、b、c 的内力。

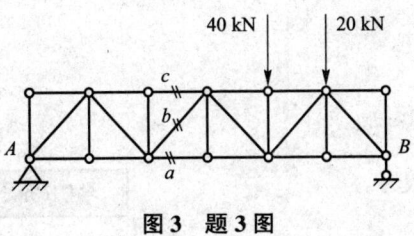

图3 题3图

模块 3　轴向拉(压)杆强度与变形计算

学习任务

杆件是指长度方向的尺寸远远大于宽度和厚度方向尺寸的构件。杆件在外力作用下的变形有"轴向拉伸与压缩、剪切、扭转、弯曲"4 种基本形式。本模块主要分析杆件轴向拉伸和压缩的强度与变形计算,按照工程结构分析从外力→内力→应力→强度与变形的学习主线组织教学内容,通过材料拉伸与压缩试验测定材料的力学性质。因此,本模块学习任务依据知识学习由简单到复杂,技能训练由单一到综合的逻辑与能力形成规律分解为如下 7 个任务。

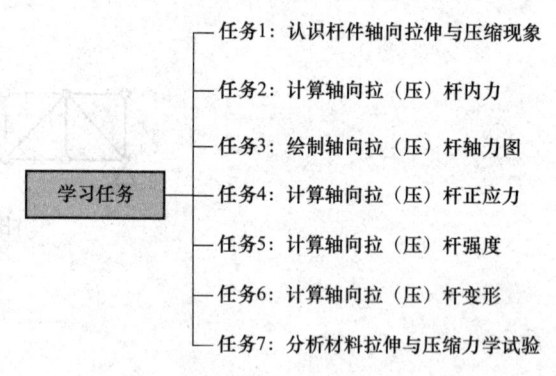

学习任务
- 任务1:认识杆件轴向拉伸与压缩现象
- 任务2:计算轴向拉(压)杆内力
- 任务3:绘制轴向拉(压)杆轴力图
- 任务4:计算轴向拉(压)杆正应力
- 任务5:计算轴向拉(压)杆强度
- 任务6:计算轴向拉(压)杆变形
- 任务7:分析材料拉伸与压缩力学试验

微课:国家体育场(鸟巢)

学习目的

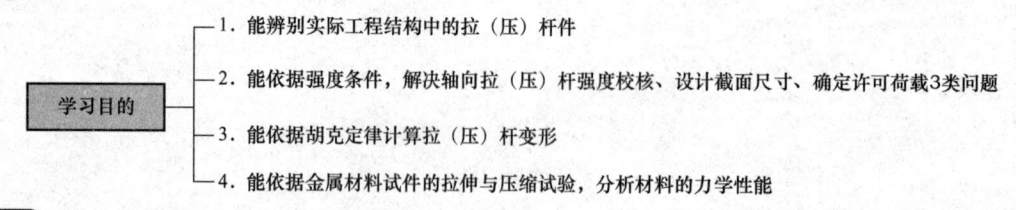

学习目的
1. 能辨别实际工程结构中的拉(压)杆件
2. 能依据强度条件,解决轴向拉(压)杆强度校核、设计截面尺寸、确定许可荷载3类问题
3. 能依据胡克定律计算拉(压)杆变形
4. 能依据金属材料试件的拉伸与压缩试验,分析材料的力学性能

学习引导

为培养学生透过轴向拉(压)杆变形现象,正确分析杆件受力与强度及变形的关系,从而获得解决轴向拉(压)杆工程结构力学实际问题的能力,本模块通过如下思维导图进行学习引导。

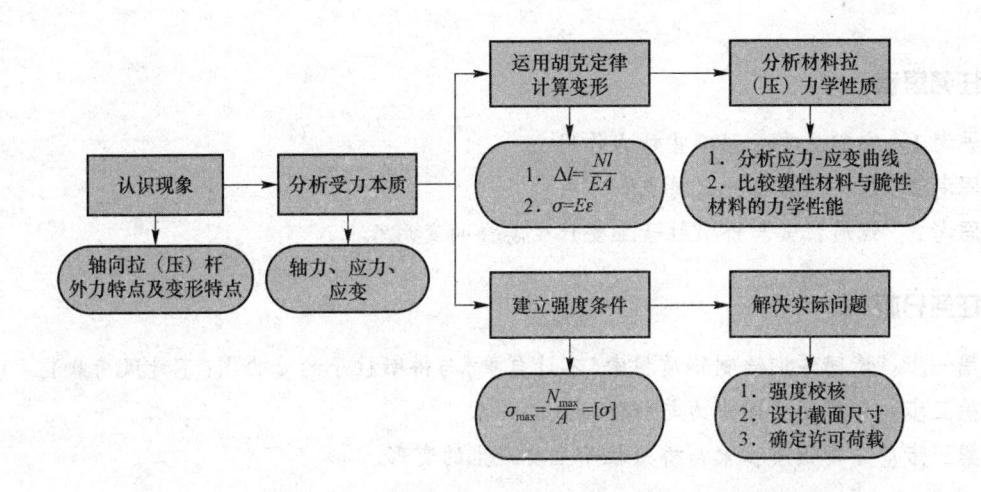

```
                                    ┌──────────────┐    ┌──────────────┐
                                    │ 运用胡克定律 │───▶│ 分析材料拉   │
                                    │ 计算变形     │    │ (压)力学性质 │
                                    └──────┬───────┘    └──────┬───────┘
                                           │                   │
┌────────┐    ┌──────────┐          ╭──────┴──────╮     ╭──────┴──────────╮
│认识现象│───▶│分析受力本质│──┐     │ 1. Δl = NL/EA│     │1. 分析应力-应变曲线│
└───┬────┘    └────┬─────┘  │      │ 2. σ = Eε   │     │2. 比较塑性材料与脆性│
    │              │        │      ╰─────────────╯     │   材料的力学性能   │
    ▼              ▼        │                          ╰────────────────────╯
╭─────────╮  ╭──────────╮   │      ┌──────────────┐    ┌──────────────┐
│轴向拉(压)杆│  │轴力、应力、│   └─────▶│ 建立强度条件 │───▶│ 解决实际问题 │
│外力特点及 │  │应变       │          └──────┬───────┘    └──────┬───────┘
│变形特点   │  │           │                 │                   │
╰─────────╯  ╰──────────╯                  ▼                   ▼
                                      ╭──────────╮        ╭──────────────╮
                                      │σ_max =   │        │1. 强度校核   │
                                      │N_max/A=[σ]│        │2. 设计截面尺寸│
                                      ╰──────────╯        │3. 确定许可荷载│
                                                          ╰──────────────╯
```

任务1　认识杆件轴向拉伸与压缩现象

任务目标

素质目标

培养善于观察事物、积极思考问题、分析问题的能力。

知识目标

理解杆件轴向拉伸与压缩的概念。

能力目标

1. 能辨别轴向拉伸杆件和轴向压缩杆件。
2. 能分析轴向拉(压)杆的受力特点。
3. 能分析轴向拉(压)杆的变形特点。

任务描述

斜拉桥是将主梁用许多拉索直接拉在桥塔上的一种桥梁，是由承压的塔、受拉的钢索和承弯的梁体组合形成的结构体系。梁桥是以受弯为主的主梁作为承重构件的桥梁，古代梁桥一般为木梁桥、石梁桥，现代梁桥一般为钢筋混凝土梁桥、钢梁桥。

请同学们观察图 3-1-1、图 3-1-2 中的"斜拉桥上的钢质拉索与钢筋混凝土梁桥的桥墩"。

图 3-1-1　斜拉桥上的钢质拉索 　　　　　　图 3-1-2　钢筋混凝土梁桥的桥墩

任务思考

思考1：它们主要受到哪些外力作用？
思考2：这些外力有什么特点？
思考3：钢质拉索与桥墩柱子主要产生怎样的变形？

任务分析

第一步：请同学们绘制钢质拉索（不计自重）与桥墩柱子的受力图（不计风荷载）。
第二步：分析受力图中力与杆件轴线的关系。
第三步：分析钢质拉索与桥墩柱子主要产生的变形。

相关知识

拉伸与压缩是受力杆件中最简单的变形。如起重机起吊重物时的钢索承受拉力，产生拉伸变形；千斤顶顶重物时的螺杆承受压力，产生压缩变形；桁架结构中的杆件不是受拉就是受压。

它们的共同特点：作用在杆件上的外力或其合力的作用线与杆轴线重合时，杆件只发生轴向方向的伸长或缩短变形，这种杆件称为**轴向拉伸或压缩杆件**，简称轴向拉（压）杆；这种变形称为**轴向拉伸或压缩变形**，简称拉伸或压缩。

轴向拉（压）杆的受力特点：**作用在杆件上的外力或外力的合力作用线沿杆件轴线**。变形特点：**杆件沿轴向方向发生伸长或缩短，轴向发生伸长或缩短变形的同时横截面尺寸也发生缩小或增大**。图3-1-3(a)为轴向拉伸，图3-1-3(b)为轴向压缩。

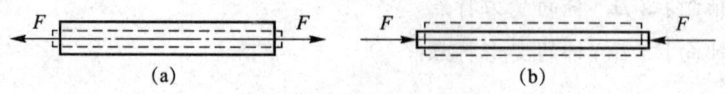

图 3-1-3 轴向拉（压）杆
(a)轴向拉伸；(b)轴向压缩

任务实施

第一步：绘制受力图

F_1主要来自索塔对拉索的拉力，F_2主要来自主梁对拉索的拉力（图3-1-4）。

F_3主要来自桥梁上部结构对桥墩的压力，G为桥墩自重，F_4主要来自地基对桥墩的支持力（图3-1-5）。

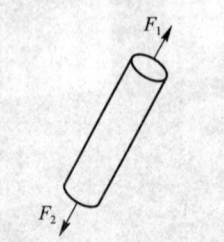

图 3-1-4 钢质拉索受力图   图 3-1-5 桥墩柱子受力图

第二步：外力与杆轴线的关系

受力图中外力的作用线与杆件轴线在一条直线上。

第三步：构件主要变形

钢质拉索主要产生拉伸变形，桥墩柱子主要产生压缩变形。

巩固拓展

【案例描述】

某种可折叠桌的三铰托架如图3-1-6所示，取图中椭圆圈出部分对结构简化，假定在两杆铰接处受集中力 F 作用，杆件自重不计，结构受力图如图3-1-7所示，请分析 AB 杆和 BC 杆的受力及变形特点。

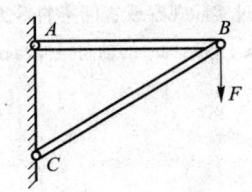

图 3-1-6　三铰托架　　　　图 3-1-7　三铰托架受力图

【分析及实施】

因为 AB 杆及 BC 杆都为二力杆件，因此 AB 杆所受外力(约束反力)分别通过 A、B 两点，作用线与杆轴线重合，指向可假定为拉力，AB 杆受轴向拉力，产生拉伸变形，如图3-1-8所示；BC 杆所受外力(约束反力)分别通过 B、C 两点，作用线与杆轴线重合，指向可假定为压力，BC 杆受轴向压力，产生压缩变形，如图3-1-9所示。

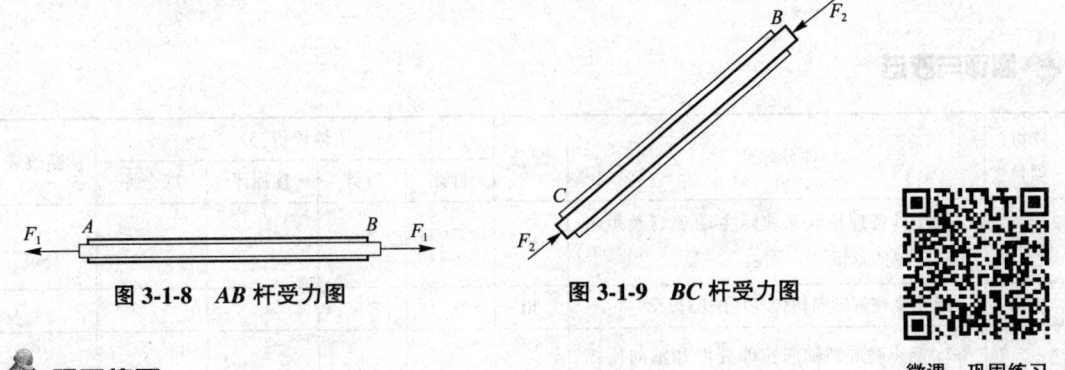

图 3-1-8　AB 杆受力图　　　　图 3-1-9　BC 杆受力图

微课：巩固练习

巩固练习

任务要求	悬臂起重机是新一代轻型吊装设备，适用于短距离、密集性吊运作业，具有高效、节能、占地面积小等优点，如图3-1-10所示。图3-1-11所示为悬臂起重机受力图，请找出悬臂起重机受力图中的轴向拉(压)杆，并说明原因。

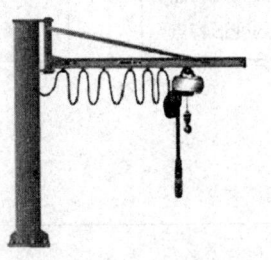

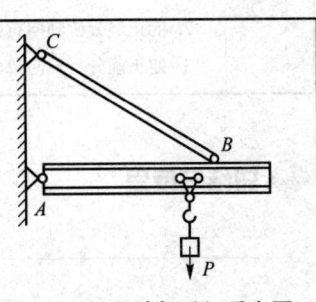

图 3-1-10　悬臂起重机　　　　图 3-1-11　悬臂起重机受力图

续表

分析思路	
实施过程	
考核评价	配分：共100分（其中分析思路50分，实施过程50分） 得分：_____

能力训练

能力任务	1. 请同学们通过实际观察或查阅资料等方式，找出至少2项工程结构中的轴向拉伸与压缩现象。	2. 辨别图3-1-12中各杆件是否为轴向拉(压)杆。 图3-1-12 杆件
能力展示		
能力评价	配分：50分　得分：	配分：50分　得分： 总分：100分　得分：

测评与改进

评价项目	评分标准	配分	主体评价/分 自评	互评	教师评	综合评	诊断改进
素质	初步具备理论联系实际主动观察及思考工程现象的意识	30					
知识	能完全理解轴向拉伸与压缩的概念	30					
能力	1. 能正确辨别轴向拉伸杆件和轴向压缩杆件。 2. 能正确分析轴向拉(压)杆的受力特点。 3. 能正确分析轴向拉(压)杆的变形特点	40					

总结与反思

任务 2　计算轴向拉(压)杆内力

任务目标

素质目标

培养思考问题、分析问题、解决问题的能力。

知识目标

1. 理解内力(轴力)的概念。
2. 掌握截面法的概念及步骤。

能力目标

1. 能在受力图中图示截面处的轴力。
2. 能分析构件求轴力是否分段。
3. 能运用截面法计算轴向拉(压)杆轴力。

任务描述

橡皮筋是用橡胶与乳胶制作形成的，在生活中很常见，如绑东西、扎头发、制作弹弓等。在图 3-2-1 中，用手拉橡皮筋，橡皮筋会变形伸长。

图 3-2-1　手拉橡皮筋

任务思考

思考：橡皮筋为什么会变形伸长呢？

任务分析

第一步：橡皮筋变形伸长的直接原因是什么？

第二步：橡皮筋变形伸长，可以认为是组成橡皮筋的物质颗粒之间发生了位移，说明每个颗粒受到力的作用，这个力是外力吗？

第三步：橡皮筋变形伸长的本质原因是什么？

相关知识

1. 内力

物体因受外力作用而变形，其内部各部分之间因相对位置改变而引起的附加相互作用力称为"附加内力",即**内力**,如图3-2-2所示。

【注意】 内力随外力的增减而加大或减小。

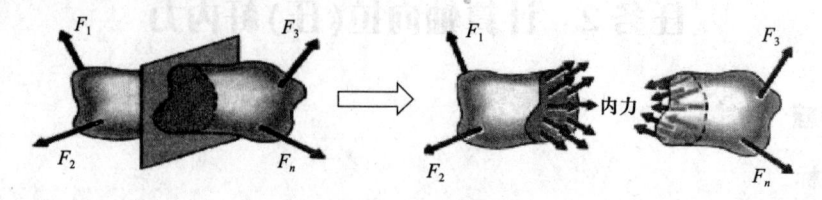

图3-2-2 内力形成示意

2. 轴力

由于轴向拉(压)杆的外力沿轴线作用,内力必然也沿轴线作用(静力学平衡条件),故把**轴向拉(压)杆的内力称为轴力**,本书轴力用 N 表示。

【提示】 符号规定——以产生拉伸变形时的轴力即拉力为正;以产生压缩变形时的轴力即压力为负。

3. 截面法计算轴力

截面法是显示和确定内力的基本方法。

截面法计算内力步骤可归纳为四步:一分为二→取一弃一→绘制受力图→平衡求解,具体过程见表3-2-1。

表3-2-1 截面法求内力步骤

步骤	过程	图示
步骤一 一分为二	将杆件沿需求轴力的截面处截为两部分,如图3-2-3所示	图3-2-3 截取杆件
步骤二 取一弃一	取其中任一部分为研究对象,通常选取受力简单的部分,如图3-2-4所示	左段 或 右段 图3-2-4 选取研究对象
步骤三 绘制受力图	在研究对象上绘制出外力和轴力,在截断面处用轴力来代替弃去部分对选取部分的作用,如图3-2-5所示。 【提示】 截面上的轴力先假设为拉力	左段 或 右段 图3-2-5 绘制受力图
步骤四 平衡求解	用静力学平衡条件列平衡方程,根据已知外力计算出内力	$\sum X = 0$, $N - P = 0$ 如果计算结果为正,轴力为拉力;如果计算结果为负,轴力为压力

任务实施

第一步：直接原因

橡皮筋变形伸长的直接原因是受到手施加的外力作用。

第二步：由于外力的作用产生了内力

外力的作用使构成橡皮筋的物质颗粒之间原有的平衡关系被打破，相互之间产生了"附加内力"，即内力。

第三步：本质原因

橡皮筋变形伸长的本质原因是内力，内力使构成橡皮筋的物质颗粒之间产生了位移，从而产生了变形伸长。

巩固拓展

【案例描述】

电动液压缸能实现设备的精密运动控制，广泛应用在医疗设备、试验设备、坐标机械手等领域。伸缩式电动液压缸如图 3-2-6 所示，对其结构简化，假设在杆件变截面处及右端分别受到 20 kN 和 10 kN 的轴向拉力，杆件自重不计，结构受力简图如图 3-2-7 所示，计算结构中各段的轴力。

图 3-2-6 伸缩式电动液压缸

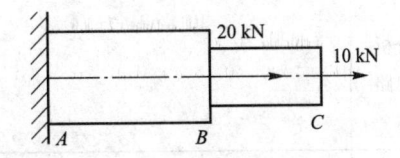

图 3-2-7 液压缸结构受力简图

【分析及实施】

第一步：分段。依据约束反力及轴向拉力作用位置，结构的轴力计算需要分为 AB 段和 BC 段。

第二步：用截面法计算轴力。

1. 计算 AB 段轴力

在 AB 段之间的任一位置 1—1 截面处一分为二，如图 3-2-8 所示，取 1—1 截面右段为研究对象绘制出受力图，如图 3-2-9 所示。

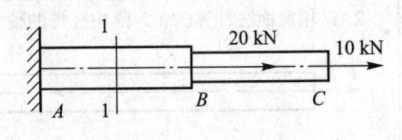

图 3-2-8 1—1 截面

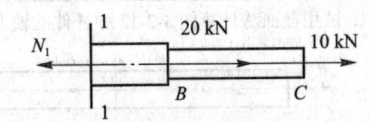

图 3-2-9 1—1 截面右段

由 $\sum X=0 \Rightarrow N_1=10+20=30(\mathrm{kN})$,AB 段轴力为 30 kN,轴力为拉力。

2. 计算 BC 段轴力

在 BC 段之间的任一位置 2—2 截面处一分为二,如图 3-2-10 所示,取 2—2 截面右段为研究对象绘制出受力图,如图 3-2-11 所示。

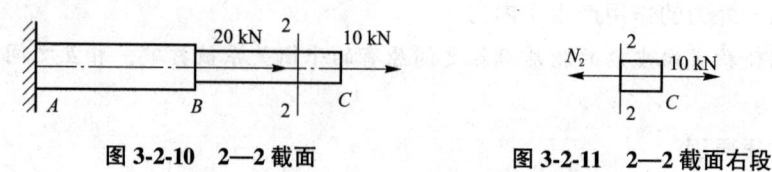

图 3-2-10　2—2 截面　　　　图 3-2-11　2—2 截面右段

由 $\sum X=0 \Rightarrow N_2=10(\mathrm{kN})$,BC 段轴力为 10 kN,轴力为拉力。

结论：等直杆任一截面的轴力,其数值大小等于该截面一侧(左侧或右侧)所有轴向外力的代数和。

巩固练习

任务要求	通过本案例请思考： 1. 本案例中计算轴力可以取杆件截断面的左段吗？如果可以,试着做一做。 2. 计算轴力与杆件的横截面面积或形状有关系吗？为什么？
分析思路	
实施过程	
考核评价	配分：共 100 分(其中分析思路 50 分,实施过程 50 分) 得分：_____

微课：巩固练习

能力训练

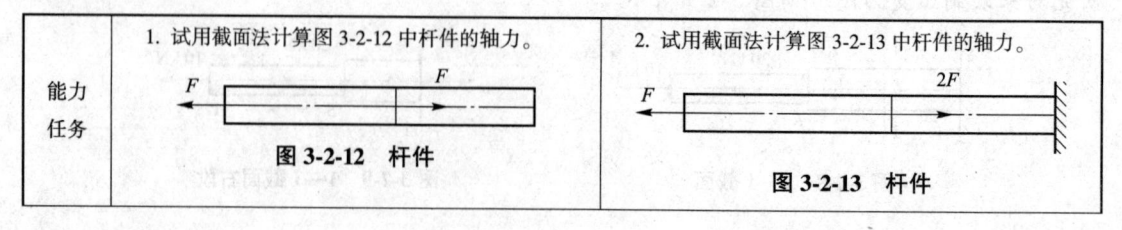

能力任务	1. 试用截面法计算图 3-2-12 中杆件的轴力。 图 3-2-12　杆件	2. 试用截面法计算图 3-2-13 中杆件的轴力。 图 3-2-13　杆件

续表

能力展示		
能力评价	配分：50 分　　得分：	配分：50 分　　得分：
	总分：100 分	得分：_____

📝 测评与改进

评价项目	评分标准	配分	主体评价/分				诊断改进
			自评	互评	教师评	综合评	
素质	具备主动思考、分析问题的能力	30					
知识	1. 能完全理解内力(轴力)概念。 2. 能完全掌握截面法的概念及步骤	30					
能力	1. 能正确图示截面处的轴力。 2. 能正确分析构件求轴力是否分段。 3. 能熟练运用截面法求轴向拉(压)杆轴力	40					

📝 总结与反思

_____
_____
_____
_____
_____
_____
_____
_____
_____

任务3　绘制轴向拉(压)杆轴力图

任务目标

素质目标
1. 培养通过发现问题、分析问题，主动寻求规律的思维。
2. 培养积极主动学习的良好习惯。

知识目标
1. 理解轴力图的概念及作用。
2. 掌握轴力图绘制步骤。

能力目标
1. 能读懂轴力图。
2. 能绘制轴力图。

任务描述

根据学习经验，同学们在阐述某些问题时，有时会通过图形或表格来展示。因为图形或表格可以形象、直观、清晰地表达相关问题。

任务思考

思考：轴向拉(压)杆的内力分布规律能用图形表达吗？如果可以，怎样表示呢？（可以通过查阅相关资料展开分析。）

任务分析

第一步：查阅相关资料，明确轴向拉(压)杆的内力分布规律是否能用图形表示。
第二步：如果可用图形表示，图形名称是什么？怎样绘制图形呢？

相关知识

1. 轴力图及其作用

如果杆件受到多个轴向外力作用，则杆件不同部分横截面的轴力将不同。为了**形象、直观地表示轴力沿杆件轴线的变化情况**，通常绘制轴力沿杆件轴线变化规律的图线，称之为**轴力图**。

2. 轴力图绘制方法

绘制轴力图主要分三步：建立直角坐标系→分段绘制轴力图→完善轴力图，具体过程见表3-3-1。

表 3-3-1 轴力图绘制步骤

步骤	过程	图示
步骤一 建立直角坐标系	用平行于杆轴线的坐标轴 X 表示杆件横截面的位置,垂直于杆轴线的坐标轴 N 表示相应横截面上轴力的大小,如图 3-3-1 所示	图 3-3-1　建坐标
步骤二 分段绘制轴力图	按杆件实际受力情况分段绘制轴力图,正的轴力绘制在 X 轴上方,负的轴力绘制在 X 轴下方,如图 3-3-2 所示	图 3-3-2　分段绘图
步骤三 完善轴力图	在轴力图上,标明轴力的大小、单位、轴力的正负号,如图 3-3-3 所示。 【提示】　在实际绘图中,坐标轴可不用绘制出来	图 3-3-3　轴力图

任务实施

第一步:查阅资料

通过查阅资料表明:轴向拉(压)杆的内力分布规律能用图形直观表示。

第二步:轴力图绘制过程

轴向拉(压)杆的内力分布规律用轴力图表示。轴力图的绘制通常用平行于轴线的坐标表示横截面的位置,用垂直于轴线的坐标表示横截面上轴力的数值;按杆件实际受力情况分段绘制轴力图;正的轴力绘制在轴线上侧,负的轴力绘制在轴线下侧;轴力图上标明轴力的大小、单位、轴力的正负号。

巩固拓展

【案例描述】

生活中能见到很多悬臂杆件,图 3-3-4 所示为房屋遮雨篷的挑梁。假设一根类似杆件如图 3-3-5 所示,受到轴向外力作用,A 截面 20 kN 压力,B 截面 10 kN 拉力,C 截面 20 kN 拉力,杆件自重不计,计算杆件中各段的轴力,并绘制轴力图。

图 3-3-4 遮雨篷挑梁

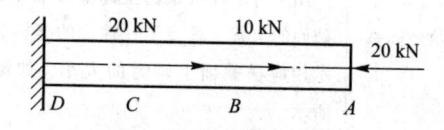

图 3-3-5 悬臂梁受力简图

【分析及实施】

第一步：分段。依据约束反力及轴向外力作用位置，计算杆件轴力需要分为 AB 段、BC 段、CD 段。

第二步：用截面法计算轴力。截取位置如图 3-3-6 所示，用任务 2 中的结论计算杆件各段的轴力。

AB 段轴力：$N_{AB} = -20(\text{kN})$

BC 段轴力：$N_{BC} = 10-20 = -10(\text{kN})$

CD 段轴力：$N_{CD} = -20+10+20 = 10(\text{kN})$

第三步：绘制轴力图。以平行于轴线的 X 轴为横坐标，垂直于轴线的 N 轴为纵坐标，将三段轴力对应标在坐标轴上，绘制出轴力图，如图 3-3-7 所示。

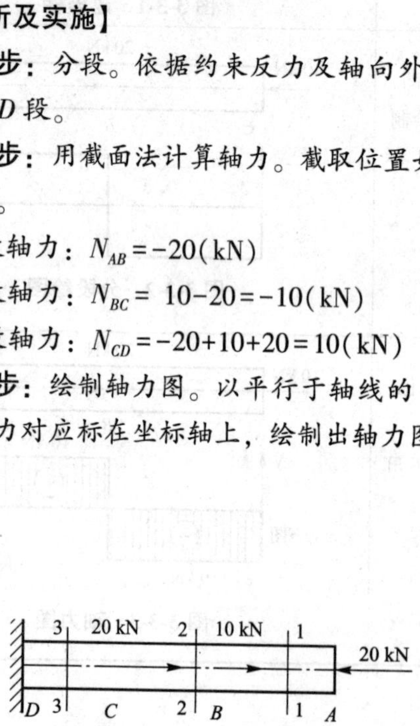

图 3-3-6 截取位置

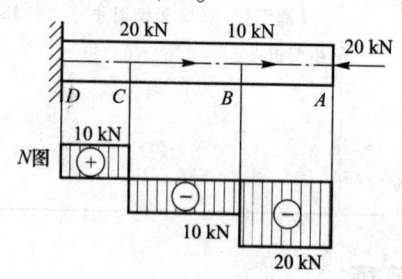

图 3-3-7 轴力图

巩固练习

| 任务要求 | 某大桥其中一圆截面桥墩如图 3-3-8 所示，假设桥墩顶部受到大小为 F 的轴向外力作用，在桥墩长度为 L 的轴线方向上连续作用大小为 q/m 的压力，受力简图如图 3-3-9 所示。请同学们思考并绘制出此桥墩的轴力图  图 3-3-8 圆截面桥墩 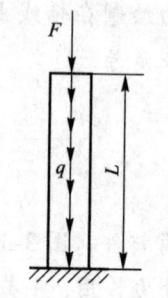　图 3-3-9 桥墩受力简图 | 微课：巩固练习 |

94

续表

分析思路	
实施过程	
考核评价	配分：共 100 分(其中分析思路 50 分，实施过程 50 分) 得分：_____

能力训练

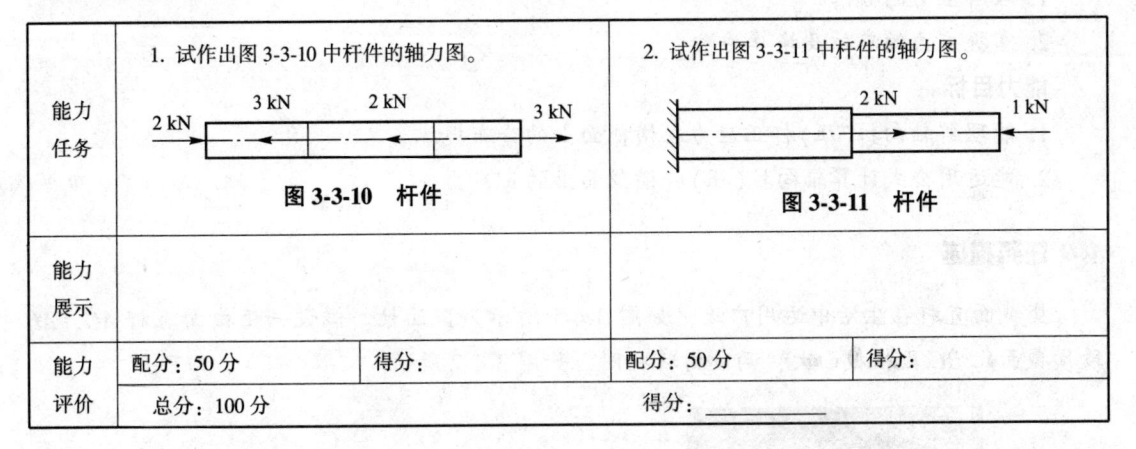

能力任务	1. 试作出图 3-3-10 中杆件的轴力图。 图 3-3-10　杆件	2. 试作出图 3-3-11 中杆件的轴力图。 图 3-3-11　杆件	
能力展示			
能力评价	配分：50 分 总分：100 分	得分：	配分：50 分　　得分： 得分：_____

测评与改进

评价项目	评分标准	配分	主体评价/分				诊断改进
			自评	互评	教师评	综合评	
素质	1. 初步具备发现问题、分析问题、主动寻求规律的思维。 2. 能主动线上线下自主学习，巩固及拓展相关知识	30					
知识	1. 能理解轴力图的概念及作用。 2. 完全掌握轴力图绘制步骤	30					
能力	1. 能快速读懂轴力图。 2. 能正确绘制轴力图	40					

总结与反思

任务 4　计算轴向拉(压)杆正应力

任务目标

素质目标

1. 培养发现问题、分析问题、寻求规律的创新思维。
2. 培养主动学习习惯。

知识目标

1. 理解应力的概念。
2. 掌握应力的单位及换算关系。

能力目标

1. 能理解轴向拉(压)杆正应力在横截面上的分布规律。
2. 能运用公式计算轴向拉(压)杆横截面上的正应力。

任务描述

变截面直杆在生活中运用广泛，如图 3-4-1 所示为擀面杖。假设一变截面直杆 AC，AB 段横截面比 BC 段横截面大，两段材料相同，如图 3-4-2 所示。

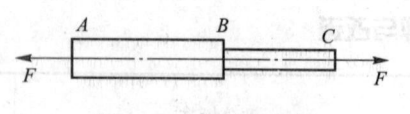

图 3-4-1　擀面杖　　　　　图 3-4-2　变截面直杆

任务思考

思考：当作用在直杆 AC 两端的轴向外力 F 逐渐增加时，哪一段杆先被拉断？为什么？

任务分析

第一步：变截面直杆中 AB 段与 BC 段所受内力一样吗？
第二步：AB 段横截面与 BC 段横截面单位面积上所受内力大小一样吗？
第三步：哪一段杆先被拉断，为什么？

相关知识

1. 应力的概念

单位面积上的分布内力称为应力，它反映了内力在横截面上的分布集度。

【注意】　与横截面垂直的应力称为正应力，用 σ 表示；与横截面相切的应力称为剪应力,用 τ 表示。

2. 应力的单位

应力的单位有帕(Pa)、千帕(kPa)、兆帕(MPa)、吉帕(GPa),其换算关系:

1 Pa = 1 N/m^2

1 kPa = 10^3 Pa

1 MPa = 1 N/mm^2 = 10^6 Pa

1 GPa = 10^9 Pa

3. 轴向拉(压)杆横截面上正应力分布规律

要计算应力,必须知道应力在横截面上的分布规律。一般通过试验观察其变形情况,提出假设;由分布内力与变形的物理关系,得到应力的分布规律。具体过程见表3-4-1。

表 3-4-1 轴向拉(压)杆正应力分布规律推理过程

方法	过程	图示
步骤一 试验观察	在一等直杆表面上,用记号笔刻两条相邻的横截面边界线(ab 和 cd)和若干条与轴线平行的纵向线,如图3-4-3所示	图 3-4-3 标记
	在直杆两端同时施加一对轴向拉力 F,观察直杆的变化情况: 横截面边界线 ab、cd 分别平移到 a_1b_1 和 c_1d_1,但仍然与纵向线及杆轴线垂直,如图3-4-4所示	图 3-4-4 受拉变形
步骤二 假设与推理	1. 变形前原为平面的横截面,变形后仍保持为平面,即**平面假设**。 2. 把杆件看成由无数根纵向纤维组成,各纵向纤维具有相同的变形,即**材料连续均匀性假设**。 3. 横截面上的应力为正应力,且均匀分布,其合力为轴力 N,如图3-4-5所示	图 3-4-5 正应力均匀分布
结论:轴向拉(压)杆的应力是均匀分布在横截面上的正应力		

4. 正应力计算公式

由轴向拉(压)杆横截面上正应力分布规律可得正应力计算公式:

$$\sigma = \frac{N}{A} \tag{3-4-1}$$

式中 N——横截面上的轴力;

A——横截面面积。

需要指出:在外力作用点附近,应力分布较复杂,且非均匀分布。式(3-4-1)适用于离外力作用点稍远处(大于截面尺寸)横截面上的正应力计算。

【注意】 σ 的符号规定:正号表示拉应力;负号表示压应力。

任务实施

第一步：截面法计算内力

变截面直杆中 AB 段与 BC 段所受内力是一样的。

第二步：正应力计算公式计算应力

因为 AB 段与 BC 段横截面面积大小不同，所以单位面积上所受正应力大小不同。

第三步：比较应力大小

因杆件 BC 段横截面面积较小，故应力较大，当外力 F 逐渐增加，就先被拉断。

巩固拓展

【案例描述】

某立交桥桥墩如图 3-4-6 所示，为变截面圆柱，横截面半径分别为 $r_1=30\ \text{cm}$，$r_2=50\ \text{cm}$，受力 $P_1=60\ \text{kN}$，$P_2=100\ \text{kN}$，如图 3-4-7 所示，计算圆柱各段的轴力及应力。

图 3-4-6 圆柱形桥墩

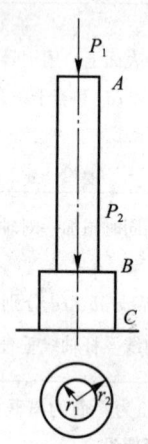

图 3-4-7 桥墩受力简图

【分析及实施】

第一步：计算圆柱各段轴力。根据圆柱所受外力及变截面情况，轴力分为 AB 段和 BC 段计算，截面法示意如图 3-4-8 所示。

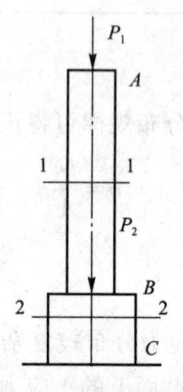

图 3-4-8 截面法示意

AB 段：$$N_1 = -P_1 = -60(\text{kN})（压力）$$

BC 段：$$N_2 = -P_1 - P_2 = -60 - 100 = -160(\text{kN})（压力）$$

第二步：计算圆柱各段应力。

AB 段：
$$A_1 = \pi r_1^2 = \pi \times (30 \times 10)^2 = 2.83 \times 10^5 (\text{mm}^2)$$

$$\sigma_1 = \frac{N_1}{A_1} = -\frac{60 \times 10^3}{2.38 \times 10^5} = -0.252(\text{MPa})（压应力）$$

BC 段：
$$A_2 = \pi r_2^2 = \pi \times (50 \times 10)^2 = 7.85 \times 10^5 (\text{mm}^2)$$

$$\sigma_2 = \frac{N_2}{A_2} = -\frac{160 \times 10^3}{7.85 \times 10^5} = -0.204(\text{MPa})（压应力）$$

巩固练习

任务要求	 支架在生活及工程中应用广泛，图3-4-9所示为管道支撑支架。假设某种支架由 AB 杆和 AC 杆组成，横截面均为圆形，直径分别为 $d_1 = 30$ mm，$d_2 = 20$ mm，两杆与竖直方向的夹角如图3-4-10所示，在支架节点 A 处有竖直方向荷载 $F = 80$ kN，计算两杆横截面上的应力。 分析关键点：取结点 A 为研究对象，绘制出受力图（图3-4-11），以先求两杆轴力为切入点展开分析 图3-4-9 管道支撑支架 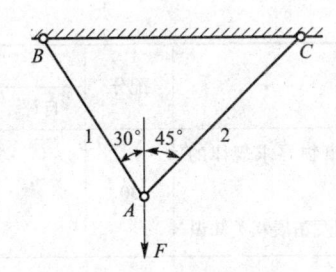　　图3-4-10 支架受力简图 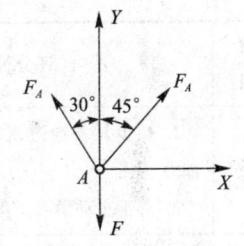　　图3-4-11 受力图
分析思路	
实施过程	
考核评价	配分：共100分（其中分析思路50分，实施过程50分） 得分：_____

能力训练

能力任务	一桅杆起重机如图3-4-12所示，起重杆 AB 为无缝钢管，外径 D = 25 mm，内径 d = 22 mm，钢绳 BC 的横截面面积为 12 mm²，起重机的起吊重物 G = 1 800 N，计算起重杆和钢绳横截面所受应力。 图 3-4-12　桅杆起重机
能力展示	
能力评价	总分：100 分　　　　　　　　　　得分：_____

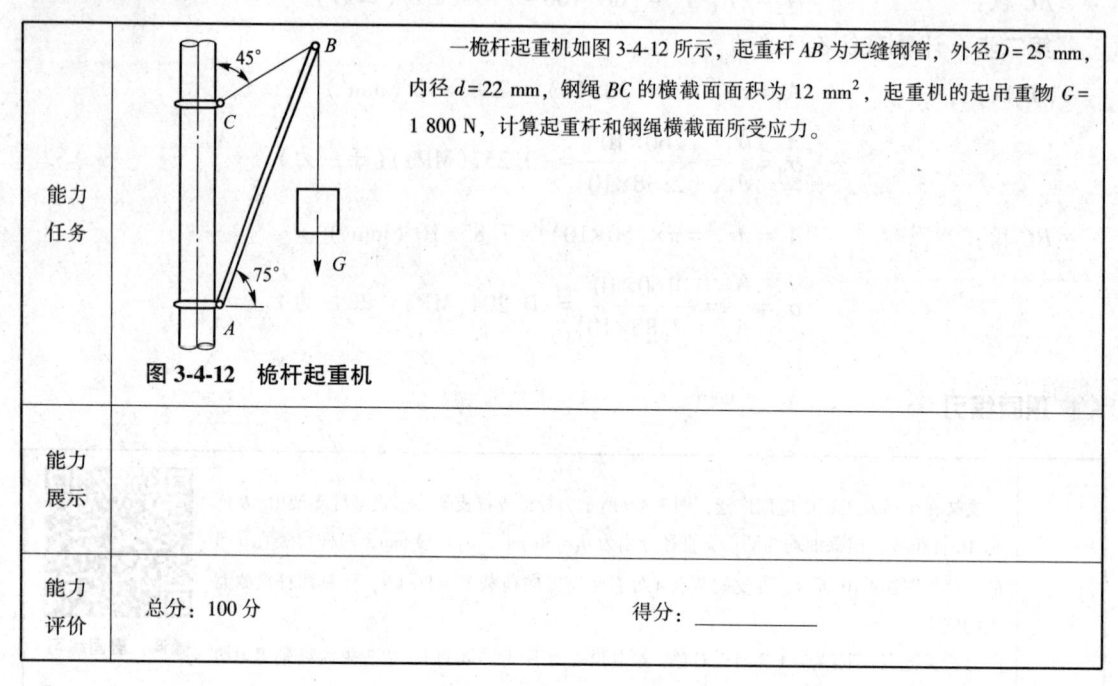

测评与改进

评价项目	评分标准	配分	主体评价/分					诊断改进
			自评	互评	教师评	综合评	
素质	1. 初步具备通过观察事物寻求规律的能力。 2. 善于主动学习，巩固及拓展相关知识	30					
知识	1. 理解应力的概念。 2. 掌握应力的单位及换算关系	30					
能力	1. 能正确理解轴向拉(压)杆正应力在横截面上的分布规律。 2. 能熟练运用公式计算轴向拉(压)杆横截面上的正应力	40					

总结与反思

任务 5　计算轴向拉(压)杆强度

任务目标

素质目标

培养运用力学理论知识解决实际问题的能力。

知识目标

1. 理解极限应力、屈服极限、强度极限的概念。
2. 理解许用应力、安全系数的概念。

能力目标

1. 能建立轴向拉(压)杆强度的条件。
2. 能进行轴向拉(压)杆强度校核、截面尺寸设计、许可荷载设计。

任务描述

某桥墩产生了开裂(裂缝)现象,如图 3-5-1 所示。裂缝是结构的一种病害现象,严重影响结构的安全性能。

图 3-5-1　开裂的桥墩

任务思考

思考:桥墩为什么会发生开裂问题?怎样有效避免这种问题?

任务分析

第一步:开裂现象在材料力学中主要属于什么问题?
第二步:产生开裂现象的根本原因是什么?
第三步:寻找解决这种问题的方法。

相关知识

1. 极限应力

构件发生显著变形或断裂时的最大应力称为**极限应力**,用 σ^0 表示。不同材料类型的极限应力及变形特点见表 3-5-1。

表 3-5-1　不同材料类型的极限应力及变形特点

材料类型	极限应力	极限应力与变形的关系
塑性材料	屈服极限为极限应力，即 $\sigma^0 = \sigma_s$	材料达到屈服极限时，构件发生显著变形
脆性材料	强度极限为极限应力，即 $\sigma^0 = \sigma_b$	材料达到强度极限时，构件会开裂、断裂

2. 许用应力

构件在实际工作中不但受材料本身性质影响，还受到许多外界因素（如自然气候、施工技术等）的影响，因此，必须把工作应力限制在更小的范围，以保证有必要的强度储备。构件安全、正常工作所允许承受的最大应力，称为**许用应力**，用 $[\sigma]$ 表示。

$$[\sigma] = \frac{\sigma^0}{K} \tag{3-5-1}$$

式中　$[\sigma]$——材料的许应用力；

　　　σ^0——材料的极限应力；

　　　K——安全系数，$K > 1$。

结论：

(1) 构件工作时发生显著变形或开裂、断裂情况都是不允许的。

(2) 构件安全、正常工作承受的最大工作应力不超过材料的许用应力。

(3) 构件应具有一定的安全系数。

目前，国内有关部门编制了一些规范和手册，如《公路桥涵设计通用规范》（JTG D60—2015）和《公路桥涵设计手册》，可供选取安全系数时参考。在常温、静载条件下，不同材料类型安全系数的选取及许用应力的计算见表 3-5-2。

表 3-5-2　不同材料类型安全系数及许用应力

材料类型	安全系数 K	许用应力 $[\sigma]$
塑性材料	$K_s = 1.5 \sim 2.5$	$[\sigma] = \dfrac{\sigma_s}{K_s}$ 或 $[\sigma] = \dfrac{\sigma_{0.2}}{K_s}$
脆性材料	$K_b = 2 \sim 3.5$	$[\sigma] = \dfrac{\sigma_b}{K_b}$

【注意】　安全系数的选取和许用应力的确定，关系到构件的安全与经济两个方面，要正确处理相互之间的关系，片面强调任何一方面都是不妥的。

3. 轴向拉（压）杆的正应力强度条件

构件安全、正常工作承受的最大工作应力不超过材料的许用应力，这就是轴向拉（压）杆的**强度条件**。

$$\sigma_{max} = \frac{N_{max}}{A} \leqslant [\sigma] \tag{3-5-2}$$

式中　σ_{max}——最大工作应力；

　　　N_{max}——构件横截面上的最大轴力；

　　　A——构件的横截面面积；

$[\sigma]$——材料的许用应力。

对于变截面直杆,应找出最大应力及其相应的截面位置,进行强度计算。

4. 强度条件的应用

根据强度条件,可解决实际工程中有关构件强度的3类问题。具体应用见表3-5-3。

表 3-5-3　轴向拉(压)构件3类强度问题应用

强度问题	问题描述	强度条件
强度校核	已知构件的材料、横截面尺寸和所受荷载,校核构件是否安全	$\sigma_{max} = \dfrac{N_{max}}{A} \leq [\sigma]$
设计截面尺寸	已知构件承受的荷载及所用材料,确定构件横截面尺寸	$A \geq \dfrac{N_{max}}{[\sigma]}$
确定许可荷载	已知构件的材料和尺寸,可按强度条件确定构件能承受的最大荷载	$N_{max} \leq A[\sigma]$

任务实施

第一步:问题类型

开裂现象在材料力学中主要属于强度问题。强度是指构件抵抗破坏的能力。

第二步:破坏的根本原因

桥墩破坏的根本原因是不符合正常工作的强度条件。桥墩在使用过程中承受的最大工作应力大于其材料的许用应力,桥墩失去了抵抗破坏的能力,产生了开裂、破碎现象。

第三步:解决办法

在构件材料相同的前提下,通过增大桥墩横截面面积或减小作用在桥墩上的最大荷载,确保桥墩承受的最大工作应力不大于其许用应力。

巩固拓展

【案例描述1】

三铰桁架常用在房屋结构中,如图3-5-2所示的三角屋顶房屋。图3-5-3所示为一个三铰屋架的计算简图,屋架的上弦杆AC和BC承受竖向均布荷载q作用,q=4.5 kN/m。下弦杆AB为圆截面钢拉杆,材料为Q235钢,其长l=8.5 m,直径d=16 mm,屋架高度h=1.5 m,Q235钢的许用应力$[\sigma]$=170 MPa。试校核拉杆AB的强度。

图 3-5-2　三角屋顶房屋

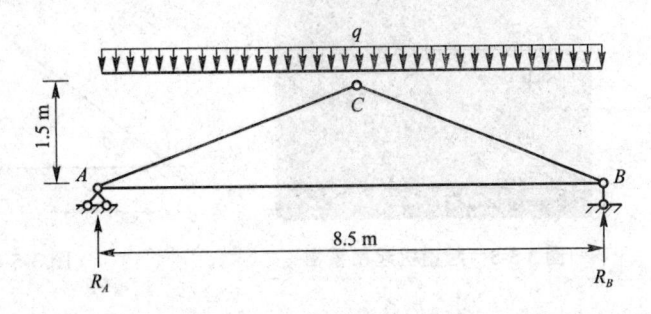

图 3-5-3　三铰屋架计算简图

【分析及实施】

第一步：计算屋架的支座反力。因为屋架结构对称，受力也对称，所以由对称性得

$$R_A = R_B = \frac{ql}{2} = \frac{4.5 \times 8.5}{2} = 19.125(\text{kN})$$

第二步：计算拉杆 AB 的轴力 N_{AB}。用截面法，取半个屋架为研究对象，受力图如图 3-5-4 所示，根据平衡条件列方程：

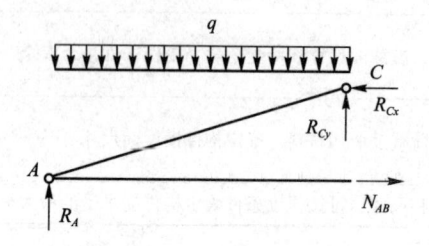

图 3-5-4 受力图

$$\sum m_C = 0 \Rightarrow -R_A \times \frac{8.5}{2} + N_{AB} \times 1.5 + q \times \frac{8.5}{2} \times \frac{8.5}{4} = 0$$

解得

$$N_{AB} = 27.09 \text{ kN}$$

第三步：计算拉杆 AB 横截面上的工作应力 σ。

$$\sigma = \frac{N_{AB}}{A_{AB}} = \frac{4 \times N_{AB}}{\pi d^2} = \frac{4 \times 27.09 \times 10^3}{\pi \times 16^2} = 134.80(\text{MPa})$$

第四步：强度校核。

$$\sigma = 134.80 \text{ MPa} < [\sigma] = 170 \text{ MPa}$$

因此，拉杆 AB 满足强度条件要求，是安全的。

【案例描述 2】

工程中很多结构需要起重机起吊搬运或施工，图 3-5-5 所示为起重机起吊重物。图 3-5-6 所示为起重机起吊结构简图，钢丝绳 AB 的横截面面积为 600 mm²，许用应力 $[\sigma]$ = 45 MPa，在满足强度要求的前提下，计算起重机的最大起重荷载 F。

图 3-5-5 起重机起吊重物

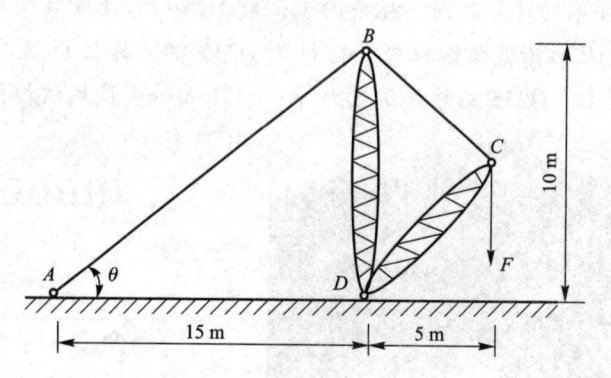

图 3-5-6 起重机起吊结构简图

【分析及实施】

第一步：选取研究对象进行受力分析。在钢丝绳 AB 上任一位置用 1—1 截面假想截开，在铰链 D 处解除约束，选取起重机为研究对象并绘制出其受力图，如图 3-5-7 所示。

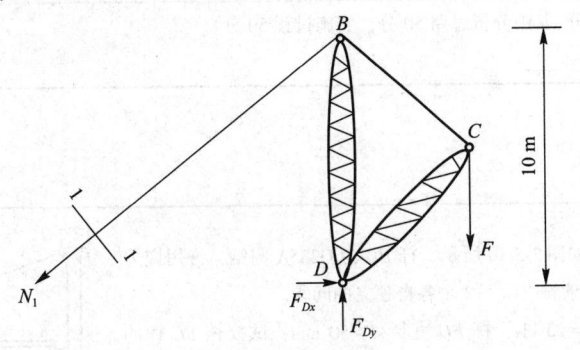

图 3-5-7　受力图

第二步：建立轴力 N_1 与荷载 F 之间的关系。运用静力学平衡条件得

$$\sum m_D = 0 \Rightarrow N_1 \times 15 \times \sin\theta - 5 \times F = 0$$

$$N_1 = \frac{F}{3\sin\theta} = 0.6\,F$$

第三步：强度计算。运用强度条件得

$$N_{max} \leq A[\sigma] \Rightarrow N_1 \leq A[\sigma]$$

$$0.6\,F \leq 600 \times 45$$

$$F \leq 45 \times 10^3 \text{ N} = 45 \text{ kN}$$

因此，起重机的最大起重荷载 F_{max} 等于 45 kN。

巩固练习

任务要求	图 3-5-8 中的空调外机托架为三铰支架。某三铰支架 ABC 的受力简图如图 3-5-9 所示，AB 杆为水平钢杆，横截面为圆形，AC 杆是与竖直支撑面的夹角为 45°的木杆，横截面为正方形，在结点 A 处有竖直方向的荷载 F。已知 F = 50 kN，钢的许用应力 $[\sigma_s]$ = 160 MPa，木的许用应力 $[\sigma_w]$ = 10 MPa，试确定钢杆 AB 横截面的直径 d 与木杆 AC 横截面的边长 b。  图 3-5-8　空调外机托架 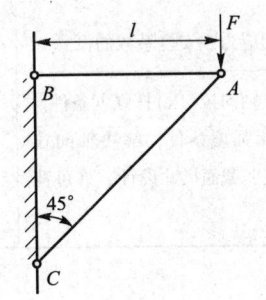　　图 3-5-9　三铰支架受力简图 微课：巩固练习
分析思路	

续表

实施过程	
考核评价	配分：共 100 分(其中分析思路 50 分，实施过程 50 分) 得分：＿＿＿＿

能力训练

能力任务	某悬臂起重机如图 3-5-10 所示，杆 BC 为 Q235A 圆钢，许用应力 $[\sigma]$ = 120 MPa。请解决以下 3 个各自独立的问题。 1. 已知荷载 G = 25 kN，杆 BC 直径 d = 50 mm，试校核 BC 杆的强度。 2. 已知最大荷载 G = 30 kN，试设计杆 BC 的直径 d。 3. 已知杆 BC 直径 d = 60 mm，假定 AB 杆强度满足要求，试计算最大荷载 G。 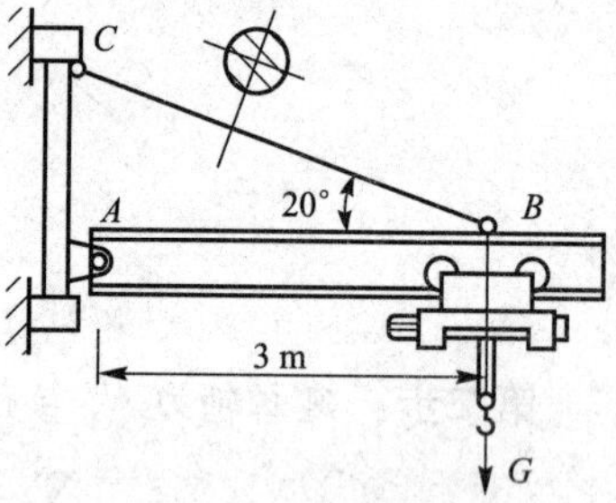
能力展示	
能力评价	总分：100 分　　　　　　　　　　　　得分：＿＿＿＿

图 3-5-10　悬臂起重机

测评与改进

评价项目	评分标准	配分	主体评价/分				诊断改进
			自评	互评	教师评	综合评	
素质	1. 初步具备运用力学理论知识解决实际问题的能力。 2. 具备积极主动的学习习惯	30					
知识	1. 能理解极限应力、屈服极限、强度极限的概念。 2. 能理解许用应力、安全系数的概念	30					
能力	1. 能正确建立轴向拉(压)杆强度条件。 2. 能熟练运用强度条件，解决轴向拉(压)杆强度校核、截面尺寸设计、许可荷载设计 3 类问题	40					

总结与反思

106

任务6　计算轴向拉(压)杆变形

任务目标

素质目标
1. 培养善于观察事物、积极思考问题、分析问题的能力。
2. 培养运用力学理论知识解决实际问题的能力。

知识目标
1. 理解线变形、线应变、横向变形、横向线应变的概念。
2. 理解胡克定律、泊松比的含义。

能力目标
1. 能分析影响变形及应变的因素。
2. 能运用胡克定律、泊松比公式计算轴向拉(压)杆的变形、应力、应变。

任务描述

根据生活经验发现：健身器材弹簧拉力器(图3-6-1)需要很大的臂力才能被拉长，而扎头发的橡皮筋很容易就被拉伸。

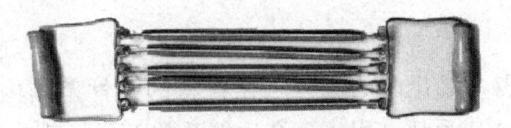

图 3-6-1　弹簧拉力器

任务思考

思考：以上现象与哪些因素有关？

任务分析

第一步：此现象主要属于什么问题？
第二步：比较弹簧拉力器与橡皮筋的特点。
第三步：归纳总结现象与因素的关系。

相关知识

1. 线变形、线应变、横向变形、横向线应变

如图3-6-2所示，直杆在轴向外力 F 作用下产生变形。设杆件原长为 l，原横向尺寸为 b，变形后的长度为 l_1，横向尺寸为 b_1。为了便于分析和计算变形量和变形程度，引入相关名词。其定义及表达式见表3-6-1。

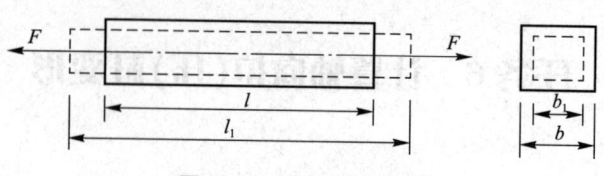

图 3-6-2　直杆受拉变形

表 3-6-1　轴向拉(压)杆变形的相关名词及含义

名词	定义	表达式
线变形	设杆件原长为 l，受轴向力 F 作用，变形后的长度为 l_1，则杆件长度的改变量称为线变形或绝对变形，用 Δl 表示	$\Delta l = l_1 - l$
线应变	将 Δl 除以杆件的原长 l，即为单位长度的变形，称为线应变或相对变形，用 ε 表示	$\varepsilon = \dfrac{\Delta l}{l}$
横向变形	设杆件原横向尺寸为 b，受轴向力 F 作用，变形后的横向尺寸为 b_1，则杆件横向尺寸的改变量称为横向变形，用 Δb 表示	$\Delta b = b_1 - b$
横向线应变	将 Δb 除以杆件的原横向尺寸 b，即为单位横向尺寸的变形，称为横向线应变，用 ε' 表示	$\varepsilon' = \dfrac{\Delta b}{b}$

2. 胡克定律

胡克定律是通过试验总结出来的规律。在材料的弹性范围内，Δl 与外力 F 和杆长 l 成正比，与横截面面积 A 成反比，引入一个比例系数 E，由于 $F = N$，**胡克定律**的数学表达式为

$$\Delta l = \frac{Nl}{EA} \tag{3-6-1}$$

比例系数 E 称为材料的**拉(压)弹性模量**，它与材料的性质有关，是衡量材料抵抗变形能力的一个指标。各种材料的 E 值由试验测定，其单位与应力的单位相同。一些常用材料的 E 值见表 3-6-2。

【注意】　EA 称为杆件的抗拉(压)刚度，它反映了杆件抵抗拉(压)变形的能力。

若将式(3-6-1)改写为

$$\frac{\Delta l}{l} = \frac{1}{E} \times \frac{N}{A}$$

并以 $\dfrac{\Delta l}{l} = \varepsilon$，$\dfrac{N}{A} = \sigma$ 这两个关系式代入上式，可得胡克定律的另一种表达形式：

$$\sigma = E\varepsilon \tag{3-6-2}$$

结论：当杆件的变形属于弹性范围内时，应力与应变成正比。

3. 泊松比

试验表明，杆件在弹性范围内的横向应变 ε' 与纵向应变 ε 的比值的绝对值是一个常数，

用 μ 表示，μ 称为**泊松比**或**横向变形系数**，其值可通过试验确定。

$$\mu = \left| \frac{\varepsilon'}{\varepsilon} \right| \tag{3-6-3}$$

由于 ε 与 ε' 的符号恒为异号，故有

$$\varepsilon' = -\mu\varepsilon \tag{3-6-4}$$

弹性模量 E 和泊松比 μ 都是反映材料弹性性能的常数。表 3-6-2 所列为常用材料的 E、μ 值。

表 3-6-2 常用材料的 E、μ 值

材料名称	弹性模量 E/GPa	泊松比 μ	材料名称	弹性模量 E/GPa	泊松比 μ
碳钢	200~220	0.25~0.33	16 锰钢	200~220	0.25~0.33
铸铁	115~160	0.23~0.27	铜及其合金	74~130	0.31~0.42
铝及硬铝合金	71	0.33	花岗石	49	
混凝土	14.6~36	0.16~0.18	木材(顺纹)	10~12	
橡胶	0.008	0.47			

任务实施

第一步：问题类型

弹簧拉力器与橡皮筋受力被拉长现象主要属于变形问题。

第二步：比较弹簧拉力器与橡皮筋的特点

弹簧拉力器的弹簧材质为钢材，长度较长，断面较粗即横截面面积较大；橡皮筋的材质为橡胶，长度较短，断面较细即横截面面积较小。

第三步：归纳总结影响变形的相关因素

构件变形与构件材料性质密切相关，钢材的拉(压)弹性模量远远大于橡胶，钢材抵抗变形的能力更强；同时，构件变形与外力成正比、与长度成正比、与横截面面积成反比。因此，弹簧拉力器拉长要用较大的臂力，扎头发的橡皮筋很容易被拉长。这是胡克定律展示的规律，轴向拉(压)杆在弹性范围内产生的变形可用胡克定律进行解释与计算。

巩固拓展

【案例描述】

方形柱子在桥梁和房屋结构中常见，图 3-6-3 所示为施工中的方形桥墩。一个横截面为正方形的柱子分上、下两段，上段柱重为 G_1，下段柱重为 G_2，柱子的受力简图如图 3-6-4 所示。已知：$F = 10$ kN，$G_1 = 2.5$ kN，$G_2 = 10$ kN，上段柱横截面边长为 240 mm，长度为 3 m，下段柱横截面边长为 370 mm，长度也为 3 m，设柱子所用材料的弹性模量 $E = 200$ GPa，计算：

(1) 上、下段柱的底截面 a—a 和 b—b 上的应力；

(2) 柱子顶面的位移。

图 3-6-3　施工中的方形桥墩　　　　图 3-6-4　柱子受力简图

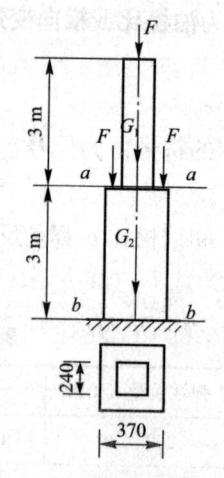

【分析及实施】

第一步：计算截面 $a—a$ 和 $b—b$ 的轴力。柱子在轴向外力作用下被分成上、下两段，用截面法分段求出轴力。

上段：$N_a = -10 - 2.5 = -12.5(\text{kN})$

下段：$N_b = -3F - G_1 - G_2 = -3 \times 10 - 2.5 - 10 = -42.5(\text{kN})$

第二步：计算上、下段柱的底截面 $a—a$ 和 $b—b$ 上的应力。

上段：$\sigma_a = \dfrac{N_a}{A_a} = \dfrac{-12.5 \times 10^3}{(240 \times 10^{-3})^2} = -2.17 \times 10^5 (\text{Pa}) = -0.217 \text{ MPa}$

下段：$\sigma_b = \dfrac{N_b}{A_b} = \dfrac{-42.5 \times 10^3}{(370 \times 10^{-3})^2} = -3.10 \times 10^5 (\text{Pa}) = -0.310 \text{ MPa}$

因此，上、下段柱的底截面 $a—a$ 和 $b—b$ 上的应力分别为 -0.217 MPa、-0.310 MPa。

第三步：计算上、下段柱的线应变。

上段：$\varepsilon_a = \dfrac{\sigma_a}{E_a} = \dfrac{-0.217}{200 \times 10^3} = -0.109 \times 10^{-5}$

下段：$\varepsilon_b = \dfrac{\sigma_b}{E_b} = \dfrac{-0.310}{200 \times 10^3} = -0.155 \times 10^{-5}$

第四步：计算柱子顶面的位移。

由 $\varepsilon = \dfrac{\Delta l}{l} \Rightarrow \Delta l = \varepsilon \times l$

上段：$\Delta l_a = \varepsilon_a \times l_a = -0.109 \times 10^{-5} \times 3 = -0.327 \times 10^{-5} = -0.00327(\text{mm})$

下段：$\Delta l_b = \varepsilon_b \times l_b = -0.155 \times 10^{-5} \times 3 = -0.465 \times 10^{-5} = -0.00465(\text{mm})$

$\Delta l_{总} = \Delta l_a + \Delta l_b = -0.0327 - 0.0465 = -0.00792(\text{mm})$

因此，柱子顶面的位移为 -0.00729 mm，负值表示柱子缩短。

巩固练习

任务要求	如图 3-6-5 所示，等直钢杆常用在脚手架中。有一等直钢杆 AD，横截面为圆形，直径 d = 10 mm，在 A、B、C、D 四处受到轴向外力的作用，外力的大小如图 3-6-6 所示，材料的弹性模量 E = 210 GPa。试用两种方法计算钢杆全杆总伸长。 图 3-6-5 脚手架中的钢杆　　图 3-6-6 钢杆受力图　　微课：巩固练习
分析思路	
实施过程	
考核评价	配分：共 100 分（其中分析思路 50 分，实施过程 50 分） 得分：_____

能力训练

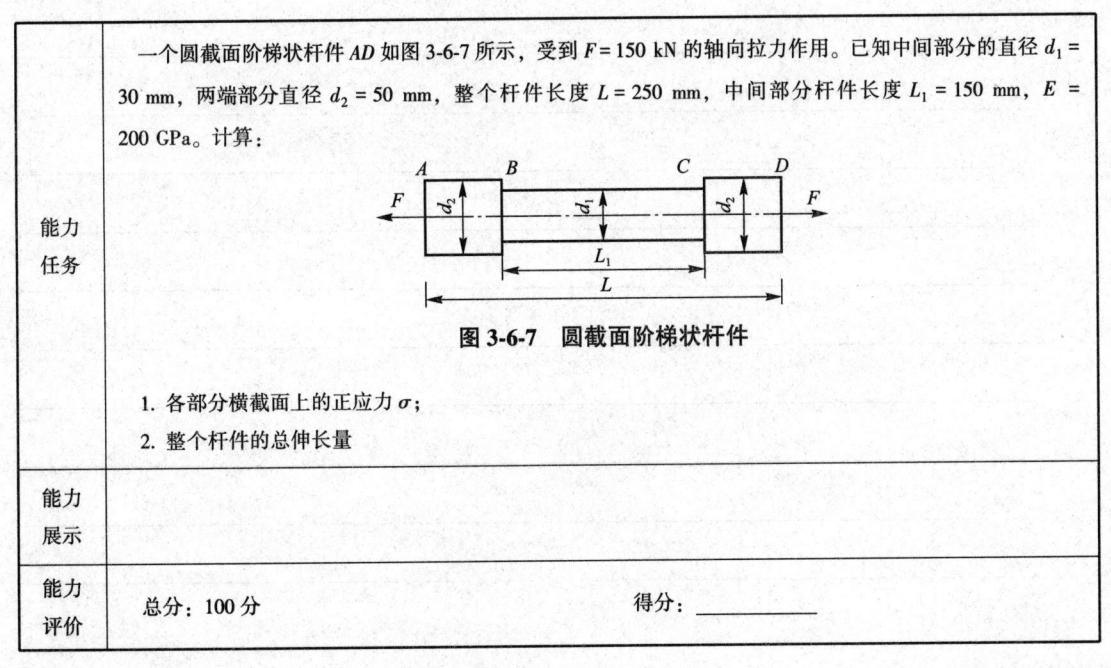

能力任务	一个圆截面阶梯状杆件 AD 如图 3-6-7 所示，受到 F = 150 kN 的轴向拉力作用。已知中间部分的直径 d_1 = 30 mm，两端部分直径 d_2 = 50 mm，整个杆件长度 L = 250 mm，中间部分杆件长度 L_1 = 150 mm，E = 200 GPa。计算： 图 3-6-7 圆截面阶梯状杆件 1. 各部分横截面上的正应力 σ； 2. 整个杆件的总伸长量
能力展示	
能力评价	总分：100 分　　　　　　　　得分：_____

测评与改进

评价项目	评分标准	配分	主体评价/分				诊断改进
			自评	互评	教师评	综合评	
素质	1. 初步具备观察事物、发现问题、分析问题、解决问题的能力。 2. 初步具备运用力学理论知识解决实际问题的能力	30					
知识	1. 能理解线变形、线应变、横向变形、横向线应变的概念。 2. 能理解胡克定律、泊松比的含义	30					
能力	1. 能正确分析影响变形及应变的因素。 2. 能熟练运用胡克定律、泊松比公式计算轴向拉(压)杆的变形、应力、应变	40					

总结与反思

任务7　分析材料拉伸与压缩力学试验

任务目标

素质目标
1. 培养安全、规范操作意识。
2. 培养团队协作精神。

知识目标
1. 理解比例极限、弹性极限、屈服极限、强度极限的概念。
2. 理解延伸率、断面收缩率的概念。

能力目标
1. 能按照规范完成金属材料拉伸与压缩试验。
2. 能分析应力-应变曲线。
3. 能分析塑性材料与脆性材料的力学性能。

任务描述

工程结构物很多是由钢筋混凝土构成的。如图3-7-1所示为钢筋混凝土柱。

任务思考

思考1：工程结构物为什么选用钢筋混凝土？
思考2：钢筋混凝土结构有哪些主要优势？

图3-7-1　钢筋混凝土柱

任务分析

第一步：分析钢筋与混凝土两种材料的力学性能。
第二步：归纳钢筋混凝土结构的优势。

相关知识

1. 材料的力学性能

材料的力学性能是指材料在外力作用下表现出的变形和破坏方面的特性。下面主要以工程中常用的低碳钢和铸铁这两种代表性材料为例，将材料做成标准试样，在材料试验机上进行拉伸或压缩试验，研究它们在常温（一般指室温）、静载下（一般指缓慢加载）拉伸或压缩时的力学性能。

2. 低碳钢拉伸时的力学性能

(1) 试验试件。为了便于将试验结果进行比较，拉伸试验的试件按国家标准《金属材料

拉伸试验 第1部分：室温试验方法》(GB/T 228.1—2021)制作，如图3-7-2所示。取试件中间 L_0 长的一段(等直杆)作为测量变形的计算长度(或工作长度)，称为**标距**。通常对圆截面标准试件的标距 L_0 与其横截面直径 d_0 的比值加以规定，$L_0 = 10d_0$ 或 $L_0 = 5d_0$。两端加粗，以便在试验机上夹紧。

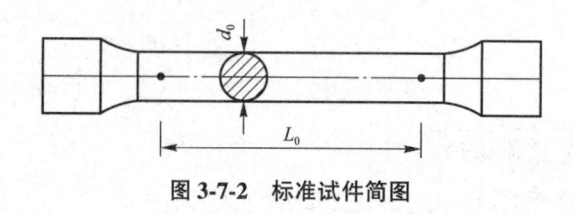

图 3-7-2 标准试件简图

(2)试验设备、拉伸图、应力-应变图。试验在**万能材料试验机**(图3-7-3)上进行。由试验可测出每个 P 值相对应的在标距长度 L_0 内的变形 ΔL 值。取纵坐标表示拉力 P，横坐标表示伸长 ΔL，可绘制出 P 与 ΔL 的关系曲线，称为**拉伸图**，如图3-7-4所示。拉伸图一般可由万能材料试验机上的自动绘画装置直接绘制出。

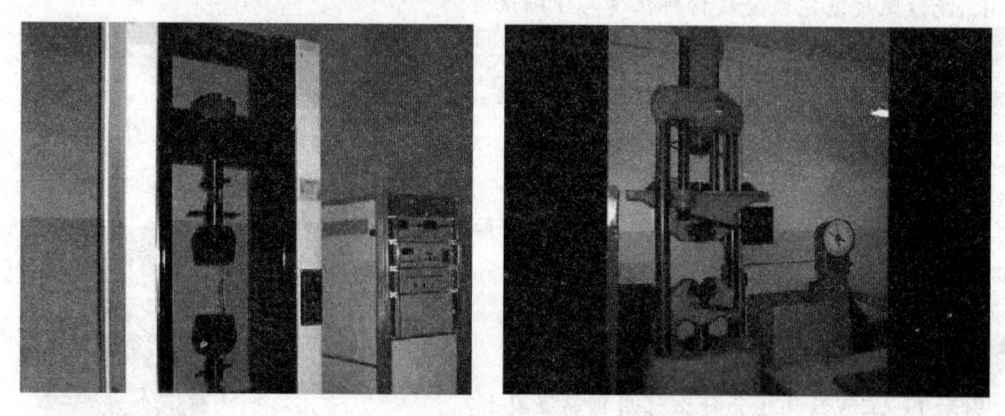

图 3-7-3 两种不同的万能材料试验机

由于 ΔL 与试件原长 L_0 和横截面面积 A 有关，因此，即使是同一材料，试件尺寸不同时其拉伸图也不同。为了消除尺寸的影响，可将纵坐标以应力 $\sigma = \dfrac{P}{A_0}$(A_0 为试件变形前的横截面面积)表示；横坐标以应变 $\varepsilon = \dfrac{\Delta L}{L_0}$($L_0$ 为试件变形前标距长度)表示，绘制出的曲线称为**应力-应变曲线(σ-ε 曲线)**，如图3-7-5所示，其形状与拉伸图相似。

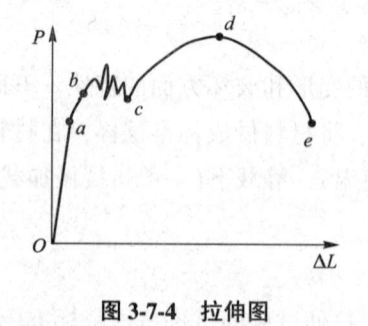

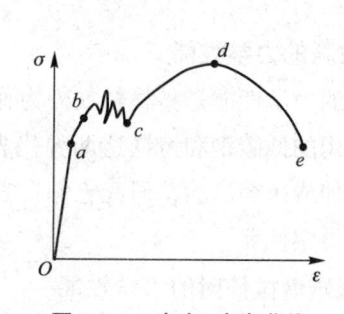

图 3-7-4 拉伸图

图 3-7-5 应力-应变曲线

(3)分析应力-应变曲线(σ-ε 曲线)。从低碳钢的应力-应变曲线即 σ-ε 曲线可以看出，低碳钢在拉伸过程中经历了 4 个阶段，每个阶段具体力学特征见表 3-7-1。

表 3-7-1　低碳钢拉伸力学特征

拉伸阶段	材料的变形和破坏特征	σ-ε 曲线特征
弹性阶段 Oab	1. 这一阶段分为斜直线 Oa 和微弯曲线 ab，该阶段试件变形是弹性的，卸载后变形可完全恢复(图3-7-6)。 2. Oa 段：应力与应变成正比，应力与应变之比称为材料的弹性模量 E。 3. a 点对应的应力称为比例极限，用 σ_p 表示；b 点对应的应力称为弹性极限，用 σ_e 表示。 【注意】 Oa 段材料服从胡克定律	图 3-7-6　弹性阶段
屈服阶段 bc	1. 当应力超过 b 点，逐渐到达 c 点时，图线上将出现一段锯齿形线段 bc。此时应力基本保持不变，应变显著增加，材料暂时失去抵抗变形的能力，产生明显塑性变形现象，称为屈服(或流动)(图 3-7-7)。 2. 屈服前，第一个峰值力(第一个极大值力)判为上屈服极限，无论其后的峰值力比它大或小。 3. 屈服阶段中如呈现两个或两个以上的谷值力，舍去第一个谷值力(第一个极小值力)，取其余谷值力中最小者判为下屈服极限。如只呈现一个下降谷值力，此谷值力判为下屈服极限。 4. 正确的判定结果应是下屈服极限必定低于上屈服极限。由此可以确定屈服极限(或流动极限)就是下屈服极限，用 σ_s 表示。 【注意】 屈服极限 σ_s 表示材料出现了显著的塑性变形	图 3-7-7　屈服阶段
强化阶段 cd	1. 过屈服阶段后，材料又恢复了抵抗变形的能力，要使材料继续变形，必须加力，这种现象称为强化(图 3-7-8)。 2. 强化阶段的最高点 d 对应的应力是材料所能承受的最大应力，称为强度极限，用 σ_b 表示。 【注意】 强度极限 σ_b 表示材料将失去承载能力	图 3-7-8　强化阶段
颈缩断裂阶段 de	σ-ε 曲线到达 d 点之后，试件某一横截面的尺寸急剧减小。拉力相应减小，变形急剧增加，形成颈缩现象，直至试件被拉断，如图 3-7-9 所示	图 3-7-9　颈缩断裂阶段

【提示】 屈服极限 σ_s、强度极限 σ_b 是衡量材料强度的两个重要指标。

3. 其他塑性材料拉伸时的力学性能

图 3-7-10 表示几种塑性材料的 σ-ε 曲线。对于在拉伸过程中没有明显屈服阶段的材

料,通常规定以产生 0.2% 的塑性应变所对应的应力作为屈服极限,并称为名义屈服极限,用 $\sigma_{0.2}$ 来表示,如图 3-7-11 所示。

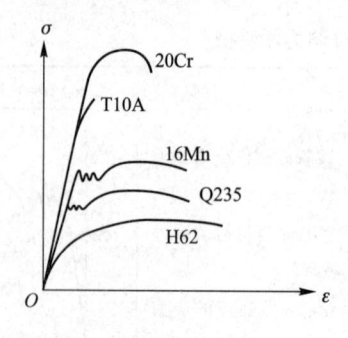

图 3-7-10 塑性材料的 σ-ε 曲线

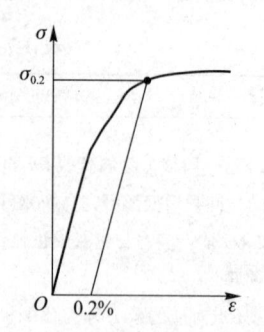

图 3-7-11 名义屈服极限

4. 铸铁拉伸时的力学性能

铸铁作为典型的脆性材料,从受拉到断裂,变形始终很小,σ-ε 曲线无明显的直线部分,既无比例极限和屈服点,也无颈缩现象,破坏是突然发生的。断裂面接近垂直于试件轴线的横截面,如图 3-7-12 所示。其断裂时的应力就是强度极限 σ_b。

5. 材料压缩时的力学性能

(1) 试验试件。 金属材料(如碳钢、铸铁等)压缩试验的试件为圆柱形,高为直径的 1.5~3.0 倍;非金属材料(如混凝土、石料等)的试验试件为立方块。

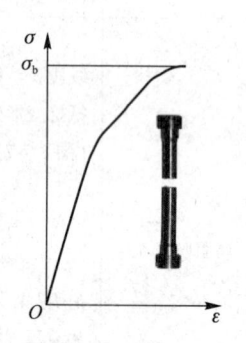

图 3-7-12 脆性材料的 σ-ε 曲线

(2) 低碳钢压缩时的力学性能。 对低碳钢分别做压缩与拉伸试验得到两个 σ-ε 曲线,如图 3-7-13 所示,在屈服阶段以前 σ-ε 曲线完全相同。压缩试验时,当应力达到屈服极限后,试件出现显著塑性变形,随着外力增加,试件越压越扁,但并不破坏。

(3) 脆性材料压缩时的力学性能。 脆性材料压缩时的力学性能与拉伸时有较大差别。图 3-7-14 所示为铸铁压缩时的 σ-ε 曲线,在压力较小时近似符合胡克定律。压缩时的强度极限 σ_b 比拉伸时的高 3~4 倍。铸铁试件破坏时,断口与轴线成 45°~55°角,这表明试件沿斜截面因剪切而破坏。

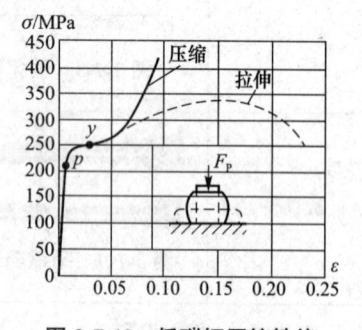

图 3-7-13 低碳钢压缩性能

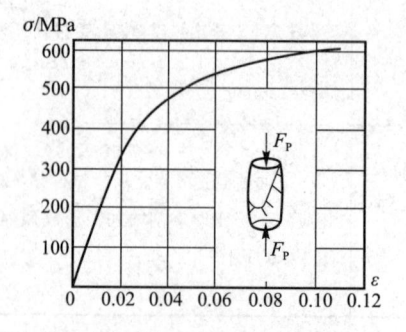

图 3-7-14 脆性材料压缩性能

其他脆性材料,如混凝土、石料等非金属材料的抗压强度也远高于抗拉强度。木料的力学性能具有方向性。顺纹方向的抗拉、抗压强度比横纹方向抗拉、抗压强度高得多,而且抗拉强度高于抗压强度。

结论：脆性材料压缩时的强度极限远大于拉伸时的强度极限，宜做受压构件。

任务实施

第一步：分析材料力学性能

钢筋是塑性材料，抗拉、抗压能力都较强；混凝土是脆性材料，具有较好的抗压性能，但抗拉性能相对较差，抵抗拉伸变形的能力相对较弱。

第二步：钢筋混凝土结构优势

工程结构受力复杂，结构要有充分的抵抗破坏及变形的能力，即要有足够的强度和刚度，从而保证其安全工作。钢筋混凝土结构主要材料是钢筋和混凝土，两者结合使用正好满足了工程结构对应要求。

巩固拓展

延伸率 δ 和截面收缩率 Ψ

试件拉断后，一部分弹性变形消失。但塑性变形被保留下来。试件的标距由原来的 L_0 变为 L_1。原横截面面积为 A_0，断裂处的最小横截面面积为 A_1。工程上将 $\delta = \dfrac{L_1 - L_0}{L_0} \times 100\%$ 称为材料的**延伸率**，将 $\Psi = \dfrac{A_0 - A_1}{A_0} \times 100\%$ 称为**截面收缩率**。延伸率和截面收缩率是衡量材料塑性变形能力的指标。

【提示】 工程中，通常把 $\delta > 5\%$ 的材料称为塑性材料；$\delta < 5\%$ 的材料称为脆性材料。

表 3-7-2 列出了一些常用材料的主要力学性能。

表 3-7-2 部分常用材料拉伸和压缩时的力学性质（常温、静载）

材料名称	牌号	屈服点 σ_s/MPa	抗拉强度 σ_b/MPa	抗压强度 σ_{bs}/MPa	设计强度 /MPa	延伸率 δ_s/%	V 形冲击功（纵向）/J
碳素结构钢	Q215A（2号钢）	≥215（钢材厚度或直径≤16 mm）	335~410			≥31	
	Q235A（3号钢）	≥235（钢材厚度或直径≤16 mm）	375~460		215（抗压、抗拉、抗弯）	≥26	≥27
优质结构钢	35 号	315	529			≥20	
	45 号	360	610			≥16	
低合金钢	16Mn	≥345（钢材厚度或直径≤16 mm）	516~660		315（抗压、抗拉、抗弯）	≥22	≥27
	15MnV	≥390（钢材厚度或直径为 4~16 mm）	530~580		350（抗压、抗拉、抗弯）	≥18	≥27（20 ℃）
球墨铸铁	GT40-10	290	390			≥10	
灰铸铁	HT15-33		100~280	640			

续表

材料名称	牌号	屈服点 σ_s/MPa	抗拉强度 σ_b/MPa	抗压强度 σ_{bs}/MPa	设计强度 /MPa	延伸率 δ_s/%	V形冲击功（纵向）/J
铝合金	LY11	110~240	210~420			≥18	
	LD9	280	420			≥13	
铜合金	QA19-2	300	450			20~24	
	QA19-4	200	500~600			≥40	
混凝土	C20		1.6	14.2	10(轴心抗压时)		
	C30		2.1	21	15(轴心抗压时)		
松木			96(顺纹)	33			
柞木	东北产			45~56			
杉木	湖南产		77~79	36~41			
有机玻璃	含玻璃纤维30%		>55	130			
酚醛层压板			85~100	230~250(垂直于板层);130~150(平行于板层)			
玻璃钢(聚碳酸酯基体)	含玻璃纤维30%		131	145			

注：《碳素结构钢》(GB/T 700—2006)对碳素结构钢改用屈服强度编号；Q235A 表示屈服点为 235 N/mm²，A 级(无冲击功)。

巩固练习

任务要求	1. 低碳钢和铸铁各是哪一类材料的典型代表？它们的力学性能有何区别？ 2. 结合生活及工程实际，举例说明常见的塑性材料及脆性材料
分析思路	
实施过程	
考核评价	配分：共100分(其中分析思路50分，实施过程50分) 得分：_____

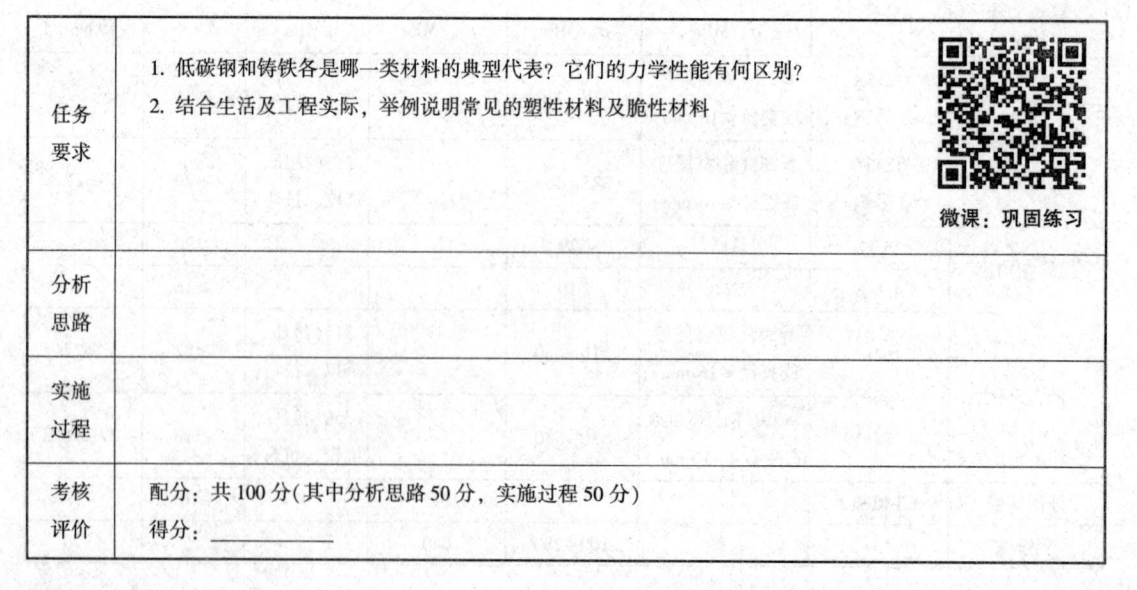

微课：巩固练习

能力训练

能力任务	图 3-7-15 所示 3 种材料 A、B、C 的 σ-ε 曲线。请分析以下问题并说明原因。 1. 哪种材料强度更高？ 2. 哪种材料刚度更大（在弹性范围内）？ 3. 哪种材料塑性更好？	图 3-7-15　不同材料的 σ-ε 曲线
能力展示		
能力评价	总分：100 分	得分：

测评与改进

评价项目	评分标准	配分	主体评价/分				诊断改进
			自评	互评	教师评	综合评	
素质	1. 具备安全、规范操作意识。 2. 具备团队协作精神。 3. 具有严谨、科学的学习态度	30					
知识	1. 能理解比例极限、弹性极限、屈服极限、强度极限的概念。 2. 能理解延伸率、断面收缩率的概念	30					
能力	1. 能依据规范小组协作完成金属材料拉伸与压缩试验。 2. 能正确分析应力-应变曲线。 3. 能正确分析塑性材料与脆性材料的力学性能	40					

总结与反思

模块小结

一、强度计算问题

1. 用截面法求轴向拉(压)杆的内力即轴力，可归纳为4步：一分为二→取一弃一→绘制受力图→平衡求解。

2. 为了形象地表示轴力沿杆长的变化情况，通常用轴力图表示。

3. 单位面积上的分布内力称为应力，用公式 $\sigma = \dfrac{N}{A}$ 求轴向拉(压)杆横截面上的正应力。

4. 为了保证构件安全、可靠地工作，轴向拉压杆要满足正应力强度条件：$\sigma_{max} = \dfrac{N_{max}}{A} \leqslant [\sigma]$，可解决工程实际中强度校核、设计截面尺寸和确定许可荷载3类问题。

二、变形计算问题

1. 胡克定律 $\Delta l = \dfrac{Nl}{EA}$ 表示了轴向拉(压)杆的变形与杆件的轴力、长度、弹性模量和横截面面积之间的关系。胡克定律另一种表达式 $\sigma = E\varepsilon$，表达了当应力在弹性范围内时，应力与应变成正比。

2. 公式 $\mu = \left| \dfrac{\varepsilon'}{\varepsilon} \right|$ 表明：在弹性范围内，横向应变 ε' 与纵向应变 ε 的比值的绝对值是一个常数。

三、材料主要力学性能问题

1. 构件发生显著变形或断裂时的最大应力称为极限应力，用 σ^0 表示。

2. 保证构件安全、正常工作所允许承受的最大应力称为许用应力，用 $[\sigma]$ 表示，$[\sigma] = \dfrac{\sigma^0}{K}$，$K > 1$ 为安全系数。

3. 材料的力学性能是通过试验测定的，它是解决强度问题和刚度问题的重要依据。材料的主要力学性能指标如下：

(1) 强度性能指标：材料抵抗破坏能力的指标，屈服极限 σ_s、$\sigma_{0.2}$，强度极限 σ_b。

(2) 弹性变形性能指标：材料抵抗变形能力的指标，弹性模量 E、泊松比 μ。

(3) 塑性变形性能指标：延伸率 δ、截面收缩率 ψ。

4. 分析低碳钢拉伸试验得到的 σ-ε 曲线，低碳钢拉伸过程中经历了弹性阶段、屈服阶段、强化阶段和颈缩断裂阶段。

模块检测
（总分100分）

一、填空题（每空2分，共30分）

1. 作用于直杆上的外力（合力）作用线与杆件的轴线_____时，杆只产生沿轴线方向的_____或_____变形，这种变形形式称为轴向拉伸或压缩。
2. 在国际单位制中，应力的单位是Pa，1 Pa =_____ N/m²，1 MPa =_____ Pa，1 GPa =_____ Pa。
3. 构件在外力作用下，单位面积上的_____称为应力，用符号_____表示；应力的正负规定与轴力_____，拉应力为_____，压应力为_____。
4. 根据材料的抗拉、抗压性能不同，实际工程中低碳钢材料适宜做受_____杆件，铸铁材料适宜做受_____杆件。
5. 确定许用应力时，脆性材料以_____为极限应力，塑性材料以_____为极限应力。

二、选择题（每题2分，共10分）

1. 两个拉杆轴力相等，截面面积不相等，但杆件材料不同，则以下结论正确的是（　　）。
   A. 变形相同，应力相同
   B. 变形相同，应力不同
   C. 变形不同，应力相同
   D. 变形不同，应力不同
2. 对于没有明显屈服阶段的塑性材料，其容许应力$[\sigma]=\dfrac{\sigma_1}{K}$，其中$\sigma_1$应取（　　）。
   A. σ_s
   B. σ_b
   C. $\sigma_{0.2}$
   D. 以上都可
3. 在其他条件不变时，若受轴向拉伸的杆件直径增大1倍，则杆件横截面上的正应力和线应变将减少（　　）。
   A. 100%
   B. 50%
   C. 66.7%
   D. 25%
4. 材料变形性能指标是（　　）。
   A. 延伸率δ，截面收缩率Ψ
   B. 弹性模量E，泊松比μ
   C. 延伸率δ，弹性模量E
   D. 弹性模量E，截面收缩率Ψ
5. 当低碳钢试件的试验应力$\sigma=\sigma_s$时，试件将（　　）。
   A. 完全失去承载能力目标
   B. 破坏断裂
   C. 出现局部颈缩现象
   D. 产生很大的塑性变形

三、判断题（每题2分，共10分）

1. （　　）铸铁试件受压在45°斜截面上破坏，是因为该斜截面上的剪应力最大。
2. （　　）低碳钢在拉伸过程中始终遵循胡克定律。
3. （　　）杆件的轴力仅与杆件所受的外力有关，而与杆件的截面形状、材料无关。
4. （　　）脆性材料的极限应力是屈服极限。
5. （　　）脆性材料的抗压性能比抗拉性能要好。

四、综合题(第1题15分，第2题15分，第3题20分，共50分)

1. 一等直杆及其受力情况如图1所示，计算各段轴力并绘制直杆的轴力图。

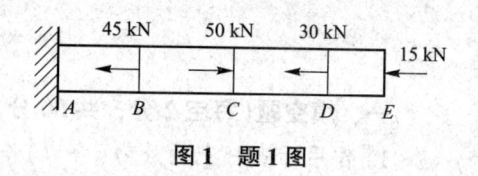

图1 题1图

2. 如图2所示为一板状试样，试样表面贴上纵向和横向电阻应变片来测定试样的应变。已知 $b=4$ mm，$h=30$ mm，每增加 4 kN 的拉力 F 时，测得试样的纵向应变 $\varepsilon=150\times10^{-6}$，横向应变 $\varepsilon'=-48\times10^{-6}$。计算材料的弹性模量 E 和泊松比 μ。

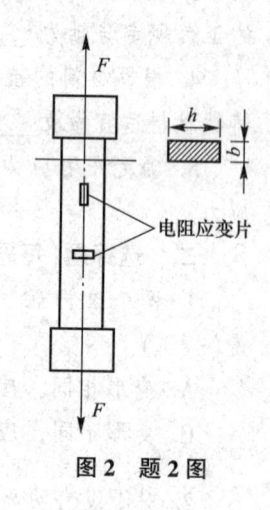

图2 题2图

3. 三角架 ABC 由 AC 和 BC 两根杆组成，如图3所示。杆 AC 由两根 14a 号槽钢组成，许用应力 $[\sigma]=160$ MPa，杆 BC 为一根 22a 号工字钢，许用应力 $[\sigma]=100$ MPa，计算荷载 F 的最大值。

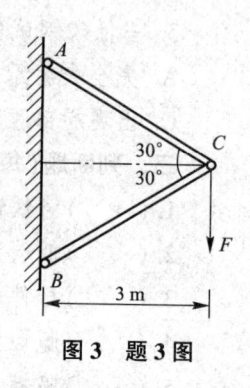

图3 题3图

模块 4　连接件实用计算

学习任务

实际工程中的零件、构件之间，通常用连接件相互连接，如螺栓连接、销钉连接、铆钉连接、键块连接、焊接、粘胶连接等。连接件对整个构件的牢固和安全起着重要的作用，对其强度分析不容忽视。本模块主要分析连接件的强度与变形计算，按照工程结构分析，从外力→内力→应力→强度与变形的学习主线组织教学内容。因此，本模块学习任务依据知识学习由简单到复杂，技能训练由单一到综合的逻辑与能力形成规律，分解为以下 3 个任务。

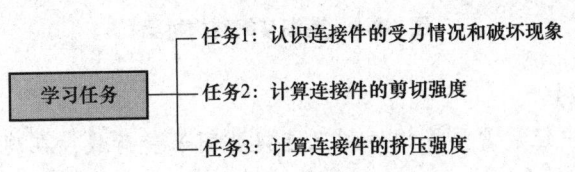

学习任务
- 任务1：认识连接件的受力情况和破坏现象
- 任务2：计算连接件的剪切强度
- 任务3：计算连接件的挤压强度

微课：各式各样的剪刀

学习目的

为了防止工程结构中连接受力后可能发生的各种破坏，在设计时，必须对有关部分根据其受力情况进行强度计算，所以，本模块的主要教学目的有以下两个。

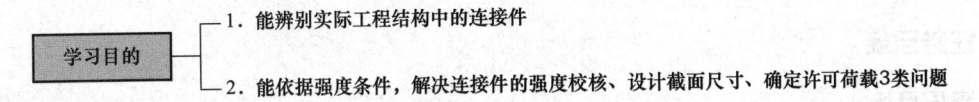

学习目的
1. 能辨别实际工程结构中的连接件
2. 能依据强度条件，解决连接件的强度校核、设计截面尺寸、确定许可荷载3类问题

学习引导

为培养学生通过对连接件的受力及变形特点的观察，正确分析连接件的剪力与剪应力、挤压压力与挤压应力分布情况，从而获得解决连接件在实际工程结构中有关强度问题的能力，本模块通过如下思维导图进行学习引导。

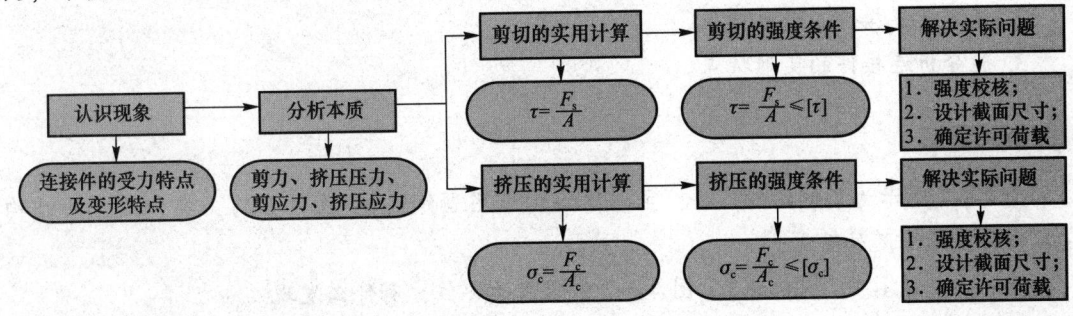

认识现象 → 分析本质
- 连接件的受力特点及变形特点
- 剪力、挤压压力、剪应力、挤压应力

剪切的实用计算 $\tau = \dfrac{F_s}{A}$ → 剪切的强度条件 $\tau = \dfrac{F_s}{A} \leqslant [\tau]$ → 解决实际问题
1. 强度校核；
2. 设计截面尺寸；
3. 确定许可荷载

挤压的实用计算 $\sigma_c = \dfrac{F_c}{A_c}$ → 挤压的强度条件 $\sigma_c = \dfrac{F_c}{A_c} \leqslant [\sigma_c]$ → 解决实际问题
1. 强度校核；
2. 设计截面尺寸；
3. 确定许可荷载

图 4-0-1 所示为我国钢结构桥梁，采用多项国内新技术、大型机械化工艺、新型钢结构、高强度钢材等，它具有良好的抗震、防撞等优异特性。该结构的建设和发展，有利于加快我国交通运输产业结构调整，促进我国工业结构调整和优化升级，提高我国交通运输行业安全生产水平，同时，符合目前高速运行环保型社会发展的特性。基于桥梁钢结构的安全性，对其螺栓和连接件的要求较高。

图 4-0-1　芜湖某钢结构桥梁

【想一想　做一做】

不仅在实际工程中经常需要将构件相互连接共同承受荷载，在现实生活中连接件也无处不在。请同学们举出 3~5 个工程或生活中连接件的实例。

任务 1　认识连接件的受力情况和破坏现象

任务目标

素质目标

培养善于观察事物、积极思考问题、分析问题的能力。

知识目标

理解连接件的相关概念。

能力目标

1. 能辨别实际工程中的连接件。
2. 能分析连接件的受力特点。
3. 能分析连接件的变形特点。

任务描述

图 4-1-1 所示为某钢结构厂房，主体结构均采用型钢连接（图 4-1-2），类似这样的结构在工程和生活中随处可见。

请同学们认真观察图 4-1-1、图 4-1-2 中圈住的部位，有什么发现。

图 4-1-1　钢结构厂房

图 4-1-2　型钢连接

任务思考

思考 1：连接件的受力特点是什么？
思考 2：连接件的破坏形式有哪几种？
思考 3：本任务主要研究哪几种破坏？

任务分析

第一步：分析受剪螺栓的受力特点。
第二步：分析受剪螺栓连接件的破坏形式。
第三步：本任务主要研究哪几种破坏？

相关知识

连接件的变形往往比较复杂，其本身尺寸又较小。在工程设计中，为了简化计算，通常采用工程实用计算方法，即按照连接的破坏可能性，采用能反映受力基本特征，并简化计算的假设，计算其名义应力，然后根据直剪试验的结果，确定其相应的许用应力，进行强度计算。以受剪螺栓为例，如图 4-1-3 所示，受剪螺栓连接件的破坏形式有螺杆剪断、孔壁压坏、钢板端部剪断、钢板拉断。螺栓连接的计算仅考虑**螺杆剪断**、**孔壁压坏**、**钢板拉断** 3 种破坏形式。

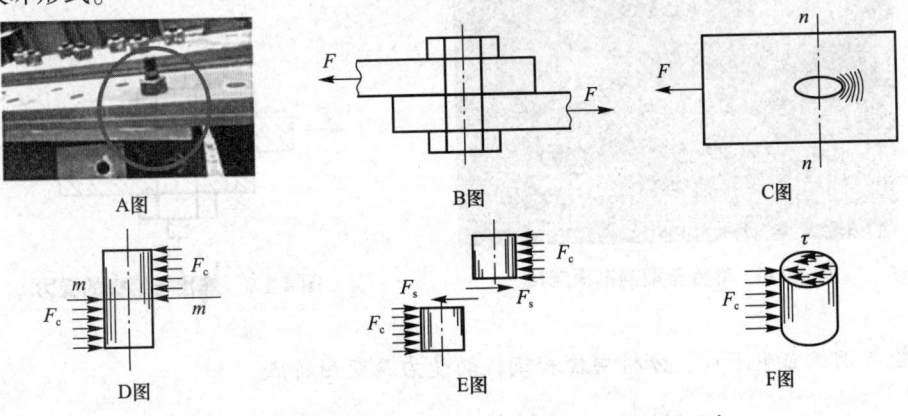

图 4-1-3　两块钢板用螺栓进行连接的受力及破坏形态

任务实施

分析步骤	图示	实施过程
第一步	图 4-1-4 型钢与型钢之间用螺栓连接	作用在构件两侧面上的横向外力的合力大小相等，方向相反，作用线相距很近，但不重合（图 4-1-4）
第二步		受剪螺栓连接的破坏形式有螺杆剪断、孔壁压坏、钢板端部剪断、钢板拉断（图 4-1-5）
第三步	图 4-1-5 型钢与螺栓的受力简图	螺栓连接的计算仅考虑螺杆剪断、孔壁压坏、钢板拉断 3 种破坏形式

巩固拓展

【案例描述】

某钢结构桥由螺栓与型钢钢板连接共同受力，如图 4-1-6、图 4-1-7 所示。

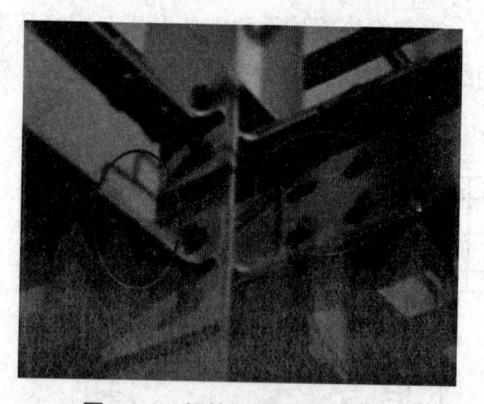

图 4-1-6 螺栓与型钢钢板连接

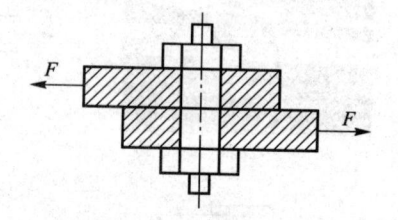

图 4-1-7 螺栓与钢板的受力

螺栓与钢板自重不计，分析螺栓和钢板的受力及变形特点。

【分析及实施】

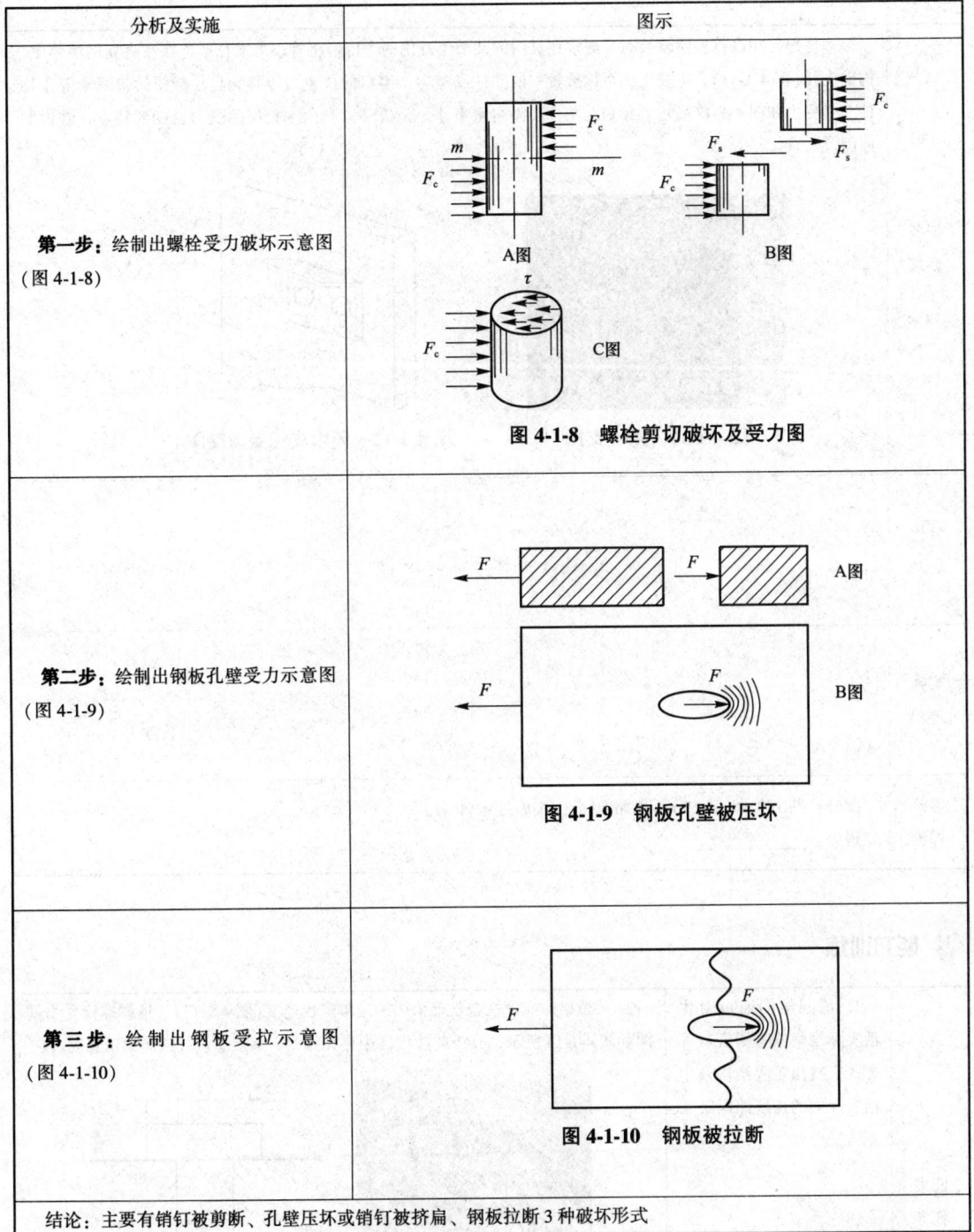

分析及实施	图示
第一步：绘制出螺栓受力破坏示意图（图 4-1-8）	A图、B图、C图 图 4-1-8 螺栓剪切破坏及受力图
第二步：绘制出钢板孔壁受力示意图（图 4-1-9）	A图、B图 图 4-1-9 钢板孔壁被压坏
第三步：绘制出钢板受拉示意图（图 4-1-10）	图 4-1-10 钢板被拉断

结论：主要有销钉被剪断、孔壁压坏或销钉被挤扁、钢板拉断3种破坏形式

【想一想 做一做】

在上述【案例】中，若钢板被拉断，属于什么变形破坏？运用什么知识进行计算？

微课：巩固练习拓展

巩固练习

任务 要求	很多住户，在进行房屋软装时，通常在进门的某个位置用两个铆钉将等边角木托架连接在直立的墙体上，构成支托(图4-1-11)，支托上面可以放置一些摆件或植物，铆钉的位置可以挂钥匙、轻便的包或伞等小物件。其受力如图4-1-12所示。铆钉与角木托架自重不计，分析铆钉和角木托架的受力及变形特点，并说明原因。  图 4-1-11　角木支托 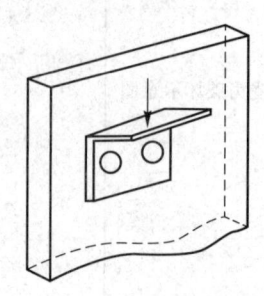　　图 4-1-12　角木支托受力简图
分析 思路	
实施 过程	
考核 评价	配分：共100分(其中分析思路50分，实施过程50分) 得分：_____

能力训练

能力 任务	1. 请同学们通过对生活实际观察或查阅资料等方式，找出工程结构及生活实际中的连接件现象	2. 某桥梁防撞护栏与基础采用的地脚螺栓连接(图4-1-13)，地脚螺栓受力简图如图4-1-14所示，分析此连接件中存在哪些破坏形态，并绘制出示意图。  图 4-1-13　防撞护栏用地脚螺栓连接 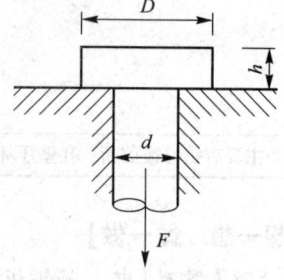　　图 4-1-14　地脚螺栓受力图

128

续表

能力展示				
能力评价	配分：50 分	得分：	配分：50 分	得分：
	总分：100 分		得分：_____	

测评与改进

评价项目	评分标准	配分	主体评价/分				诊断改进
			自评	互评	教师评	综合评	
素质	对工程结构物中连接的实际情况进行识别，培养主动观察、勤于思考的精神	30					
知识	能完全理解连接件的相关概念	30					
能力	1. 能正确辨别工程实际中的连接件。 2. 能正确分析连接件的受力特点。 3. 能分析连接件的变形特点	40					

总结与反思

任务2 计算连接件的剪切强度

任务目标

素质目标

1. 主动思考连接件剪切强度条件的运用。
2. 主动线上线下自主学习，拓展相关知识。

知识目标

1. 理解剪切的概念。
2. 掌握剪切面面积计算。

能力目标

1. 能计算连接件的剪应力。
2. 能掌握剪切强度条件。
3. 能运用剪切强度条件对连接件进行强度校核、截面尺寸设计、确定容许的最大荷载。

任务描述

在生活和工程实例中，有很多物体和结构都是采用型钢作为主要受力构件，而型钢与型钢之间通常采用螺栓连接，如图 4-2-1 所示。现取图中其中一个螺栓与型钢连接为例，作出其受力图，如图 4-2-2 所示。

图 4-2-1 型钢与型钢之间采用螺栓连接

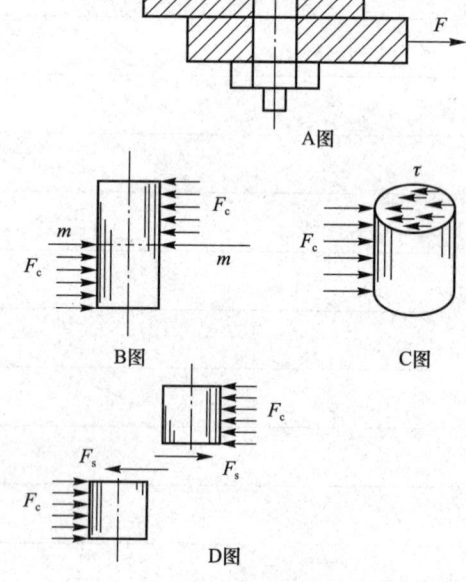

图 4-2-2 连接件的受力

请同学们观察图 4-2-1 中圈住的部位、图 4-2-2 中连接件的受力情况。

任务思考

思考1：钢板与螺栓主要受哪些力的作用？

思考2：钢板与螺栓主要产生怎样的变形？

思考3：什么原因使螺栓沿 m—m 截面发生相对错动？这样的破坏称为什么？

任务分析

第一步：是什么原因使螺栓沿 m—m 截面发生相对错动？

第二步：m—m 截面处会发生什么？称为什么？

第三步：使 m—m 截面发生相对错动的力是什么力？这个力在横截面上是如何分布和计算的？

第四步：构件不发生相对错动必须满足什么条件？该条件可以解决什么问题？

相关知识

知识点	图示	内容
1. 剪切的概念	A图	如图 4-2-3 所示，若螺栓变形过大，杆件将在两个外力作用面之间的某一截面 m—m 处被剪断，被剪断的截面称为剪切面
2. 剪力	B图　C图	沿截面作用的内力称为剪力，常用 F_s 表示。剪力是剪切面上分布内力的合力
3. 剪应力	D图 图 4-2-3　螺栓连接件的受力及变形	假设剪应力在剪切面上均匀分布，用 τ 表示： $$\tau = \frac{F_s}{A} \quad (4\text{-}2\text{-}1)$$ 式中，F_s 为剪切面上的剪力，单位为 N；A 为剪切面面积，单位为 m^2；τ 为剪应力，单位为 Pa
4. 剪切变形的强度条件	剪切的强度条件为 $$\tau_{max} = \frac{F_s}{A} \leq [\tau] \quad (4\text{-}2\text{-}2)$$ 式中，$[\tau]$ 为材料的许用切应力	应用该剪切强度条件，可以解决剪切变形的 3 类强度问题：校核强度、设计截面尺寸和确定许可荷载

任务实施

分析步骤	图示	实施过程
第一步	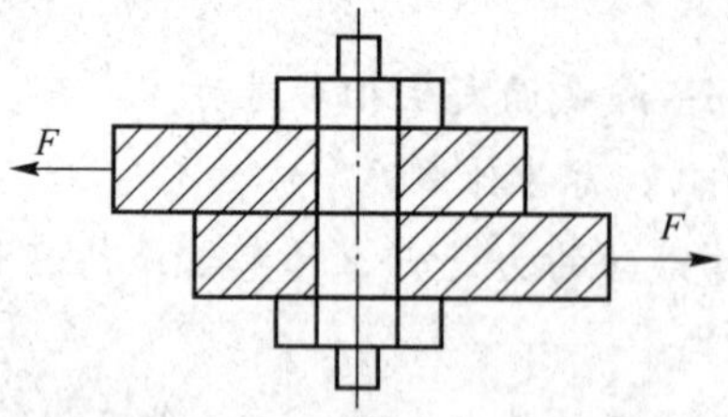 A图	如图 4-2-4 所示，剪切变形是受到一对垂直于杆轴方向的、大小相等、方向相反、作用线相距很近的外力 F 作用所引起的变形
第二步	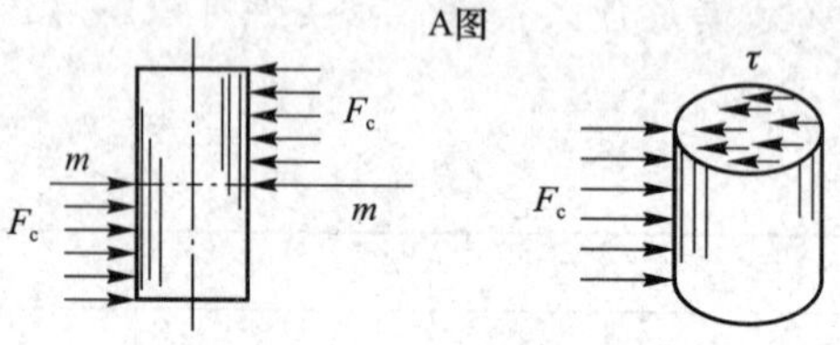 B图　C图	杆件将在两个外力作用面之间的某一截面 $m—m$ 处被剪断，被剪断的截面称为剪切面，面积用 A 表示
第三步	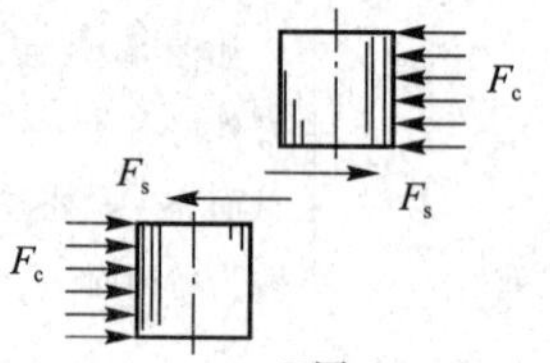 D图 图 4-2-4　螺栓连接件的受力及变形	使 $m—m$ 截面发生相对错动的力称为剪力，常用 F_s 表示。剪力在剪切面上是均匀分布的，即 $\tau = \dfrac{F_s}{A}$
第四步	构件不沿 $m—m$ 截面发生相对错动必须满足的条件，即剪切的强度条件为 $$\tau_{max} = \dfrac{F_s}{A} \leq [\tau]$$ 该条件可以解决剪切变形的 3 类强度问题，即校核强度、设计截面尺寸和确定许可荷载	

巩固拓展

【案例描述】

一型钢结构如图 4-2-5 所示，3 块钢的螺栓连接处的受力如图 4-2-6 所示，已知外力 $F = 200$ kN，板厚度 $t = 20$ mm，板与螺栓的材料相同，其许用切应力 $[\tau] = 80$ MPa，试设计螺栓的直径。

图 4-2-5　型钢与型钢之间用螺栓连接

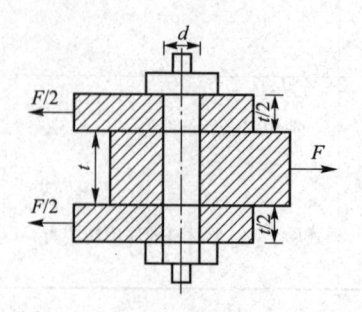

图 4-2-6　型钢与螺栓连接的受力图

【分析及实施】

分析步骤	图示
第一步：计算剪切面上的剪力 $F_s = \dfrac{F}{2} = \dfrac{200}{2} = 100(\text{kN})$ **第二步**：计算剪切面面积 $A = \pi r^2 = \pi d^2/4$	螺栓剪切受力分析如图 4-2-7 所示。 A图　　　　B图 图 4-2-7　螺栓剪切受力分析

第三步：由剪切强度条件可得 $A \geqslant \dfrac{F_s}{[\tau]} = \dfrac{100 \times 10^3}{80} = 1\,250(\text{mm}^2)$

第四步：由 $A = \pi r^2 = \pi d^2/4$，计算得 $d = 28.22$ mm，由于要取整，所以取 $d = 30$ mm

结论：由剪切强度条件计算，进行取整后，该连接件中螺栓的直径 $d = 30$ mm

【想一想　做一做】

上述【案例】中，如果已知连接件的 $[\sigma] = 180$ MPa，你运用什么知识计算钢板的抗拉强度？请写出分析步骤。

微课：巩固练习拓展

巩固练习

任务要求	某小区的健身器材骑车座板、靠板与支架立柱之间各采用 4 个铆钉连接，如图 4-2-8 所示。现以座板与支架之间的连接为例，将其逆时针旋转 90°，其受力简图如图 4-2-9 所示。已知座板、支架、铆钉的材料相同，$F = 200$ kN，座板与支架的宽度与厚度相等，宽度 $b = 500$ mm，厚度 $t = 18$ mm，铆钉的许用切应力 $[\tau] = 200$ MPa，试设计铆钉的直径。

图 4-2-8　骑车座板和靠板与支架立柱用螺栓连接　　图 4-2-9　骑车座板与立柱的受力简图

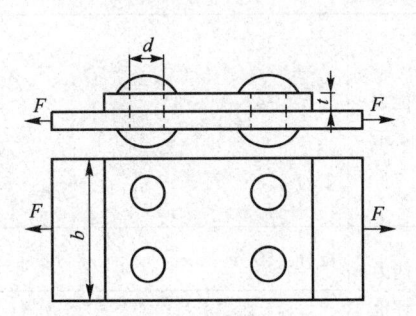

续表

分析思路	
实施过程	
考核评价	配分：共100分（其中分析思路50分，实施过程50分） 得分：_____

能力训练

能力任务	1. 桥梁挂篮施工使用的滑模中，经常用螺栓将钢板连接起来共同承受荷载，如图 4-2-10 所示。现将钢板与螺栓的受力简化，如图 4-2-3 中 B 图所示。已知：螺栓直径 $d = 24$ mm，每块板的厚度 $t = 12$ mm，拉力 $F = 27$ kN，螺栓许应力 $[\tau] = 60$ MPa。试对螺栓做强度校核。 图 4-2-10　钢板与螺栓连接的受力	2. 某桥梁防撞护栏地脚螺栓受力如图 4-2-11 所示，且 $D = 30$ mm，$h = 10$ mm，$d = 22$ mm，$[\tau] = 120$ MPa。试求销钉可以承受的最大拉力 F_{max}。 图 4-2-11　地脚螺栓的受力简图
能力展示		
能力评价	配分：50分　　得分：_____	配分：50分　　得分：_____
	总分：100分　　　　　　　　　　　　　　得分：_____	

测评与改进

评价项目	评分标准	配分	主体评价/分				诊断改进
			自评	互评	教师评	综合评	
素质	1. 主动思考连接件剪切强度条件的运用。 2. 主动线上线下自主学习，拓展相关知识	30					
知识	1. 能完全理解连接件的剪力、剪切面的概念。 2. 能完全掌握切应力的概念及计算	30					
能力	1. 能正确分析出连接件的剪力及剪切面。 2. 能正确写出剪切强度条件。 3. 能熟练运用剪切强度条件进行强度校核、设计截面尺寸、确定容许的最大荷载	40					

总结与反思

任务3　计算连接件的挤压强度

任务目标

素质目标

1. 积极主动思考连接件挤压强度条件的运用。
2. 主动线上线下自主学习,拓展相关知识。

知识目标

1. 理解挤压的概念。
2. 掌握挤压面面积及计算。

能力目标

1. 能计算连接件的挤压应力。
2. 能掌握挤压强度条件。
3. 能运用挤压强度条件对连接件进行强度校核、截面尺寸设计、确定容许的最大荷载。

任务描述

桥梁挂篮施工使用的滑模中,经常用螺栓将钢板连接起来共同承受荷载,如图4-3-1所示。现将钢板与螺栓的受力简化成图4-3-2,钢板的受力及变形如图4-3-3所示。

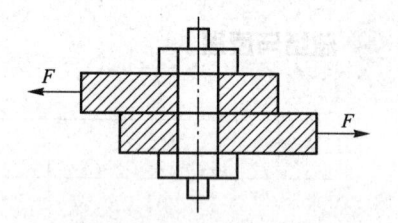

图4-3-2　钢板与螺栓的受力

图4-3-1　钢板与钢板采用螺栓连接

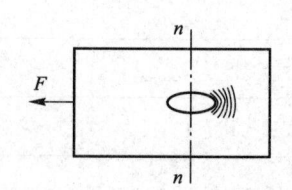

图4-3-3　钢板受力及变形图

请同学们观察图4-3-1中圈位连接部位,图4-3-2、图4-3-3中钢板与螺栓连接、钢板与螺栓受力及钢板受力和变形。

任务思考

思考1：连接件主要受到哪些外力作用?

思考2：钢板主要产生哪些变形和破坏?

思考3：什么原因使钢板孔壁边缘起"皱"、铆钉局部压"扁"、圆孔变成椭圆,从而出现连接松动的？

任务分析

第一步：什么是挤压？

第二步：是什么原因使连接件发生挤压的？

第三步：什么是挤压面？挤压面面积如何计算？

第四步：什么是挤压压力？什么是挤压应力？

第五步：什么是挤压破坏？

第六步：构件不发生挤压破坏必须满足什么条件？该条件可以解决什么问题？

相关知识

知识点	图示	内容
1. 挤压	螺栓连接件的受力及挤压变形如图4-3-4所示。 A图	在两构件的接触面上，因互相压紧会产生局部受压，称为挤压
2. 挤压力		作用于接触面的压力称为挤压力
3. 挤压破坏	B图　　C图	当挤压力过大时，孔壁边缘将受压起"皱"，铆钉局部压"扁"，使圆孔变成椭圆，连接松动，这就是挤压破坏
4. 挤压面面积	D图　　E图 图4-3-4　螺栓连接件的受力及挤压变形	两构件的接触面称为挤压面。A_c为挤压面的计算面积；当接触面为平面时，接触面的面积就是计算挤压面面积；当接触面为半圆柱面时，取圆柱体的直径平面作为计算挤压面面积
5. 挤压应力	挤压面上的压应力称为挤压应力。假设挤压应力在挤压面上均匀分布，用σ_c表示，即 $$\sigma_c = \frac{F_s}{A_c} \qquad (4\text{-}3\text{-}1)$$	式中，F_s为挤压面上的挤压力，单位为N；A_c为挤压面面积，单位为m^2；σ_c为挤压应力，单位为Pa

续表

知识点	图示	内容
6. 挤压变形的强度条件	挤压的强度条件为 $$\sigma_{c\,max}=\frac{F_s}{A_c}\leq[\sigma_c] \quad (4\text{-}3\text{-}2)$$ 式中，$[\sigma_c]$ 为材料的许用挤压应力	应用该挤压强度条件，可以解决挤压变形的3类强度问题，即校核强度、设计截面尺寸和确定许可荷载

任务实施

分析步骤	图示	实施过程
第一步	螺栓连接件的受力及挤压变形如图 4-3-5 所示。 A图	构件在受剪切的同时，在两构件的接触面上，因互相压紧会产生局部受压，称为挤压
第二步		作用在钢板上的拉力 F，通过钢板与铆钉的接触面传递给铆钉，使连接件在接触面上产生了挤压
第三步	B图　C图　D图　E图 **图 4-3-5　螺栓连接件的受力及挤压变形**	两构件的接触面称为挤压面。当接触面为平面时，接触面的面积就是计算挤压面面积；当接触面为半圆柱面时，取圆柱体的直径平面作为计算挤压面面积：$A_c=t\cdot d$，其中，t 为钢板厚度，d 为铆钉直径
第四步	作用于连接件两构件接触面上的压力称为挤压压力。挤压压力在挤压面上分布集度的大小称为挤压应力，即 $\sigma_c=\dfrac{F_s}{A_c}$		
第五步	在连接件中，当挤压压力过大时，孔壁边缘将受压起"皱"，铆钉局部压"扁"，使圆孔变成椭圆，连接松动，这就是挤压破坏		
第六步	为了保证挤压变形构件能安全、可靠地工作，必须使构件的工作挤压应力小于或等于材料的许用挤压应力，即挤压强度条件为 $\sigma_{c\,max}=\dfrac{F_s}{A_c}\leq[\sigma_c]$；应用挤压强度条件可以解决挤压变形的3类强度问题，即校核强度、设计截面尺寸和确定许可荷载		

巩固拓展

【案例描述】

一型钢结构，图 4-3-6 所示 3 块型钢的螺栓连接处，受力图如图 4-3-7 所示。已知外力 $F=200\ \text{kN}$，板厚度 $t=20\ \text{mm}$，板与螺栓的材料相同，许用挤压应力 $[\sigma_c]=200\ \text{MPa}$。试设计螺栓的直径。

图 4-3-6 型钢结构图

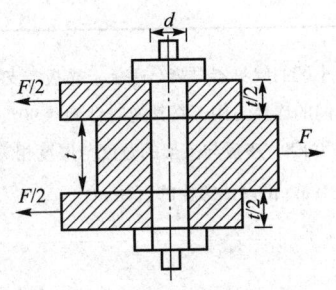

图 4-3-7 型钢与螺栓的受力图

【分析及实施】

分析及实施	图示
第一步：计算挤压面上的挤压力 $F_c = F = 200\ \text{kN}$	螺栓挤压受力分析如图 4-3-8 所示。
第二步：计算挤压面面积：由于挤压面是一个半圆柱面，挤压面面积：$A_c = t \cdot d = 20 \times d = 20d$	A图　B图　C图　D图　E图　图 4-3-8 螺栓挤压受力分析

第三步：由挤压强度条件可得 $A_c \geq \dfrac{F_c}{[\sigma_c]} = \dfrac{200 \times 10^3}{200} = 1\ 000\ (\text{mm}^2)$

第四步：由 $A_c = t \cdot d = 20 \times d = 20d$，计算得出 $d \geq \dfrac{A_c}{20} = \dfrac{1\ 000}{20} = 50\ (\text{mm})$

结论：由挤压强度条件计算，计算得该连接件中螺栓的直径 $d = 50\ \text{mm}$

【想一想　做一做】

上述【案例】中，如果已知连接件材料的容许应力$[\sigma]$ = 180 MPa、容许剪切应力$[\tau]$ = 80 MPa 和$[\sigma_c]$ = 200 MPa，如何确定连接件中螺栓的直径？请写出分析步骤。

微课：巩固练习拓展

巩固练习

任务要求	某小区的健身器材骑车座板、靠板与支架立柱之间各采用4个铆钉连接，如图4-2-8所示。现以座板与支架之间的连接为例，将其逆时针旋转90°，其受力简图如图4-2-9所示。已知座板、支架、铆钉的材料相同，F = 200 kN，座板与支架的宽度与厚度相等，宽度b = 500 mm，厚度t = 18 mm，铆钉的许用挤压应力$[\sigma_c]$ = 380 MPa。试设计螺栓的直径。
分析思路	
实施过程	
考核评价	配分：共100分(其中分析思路50分，实施过程50分) 得分：_____

能力训练

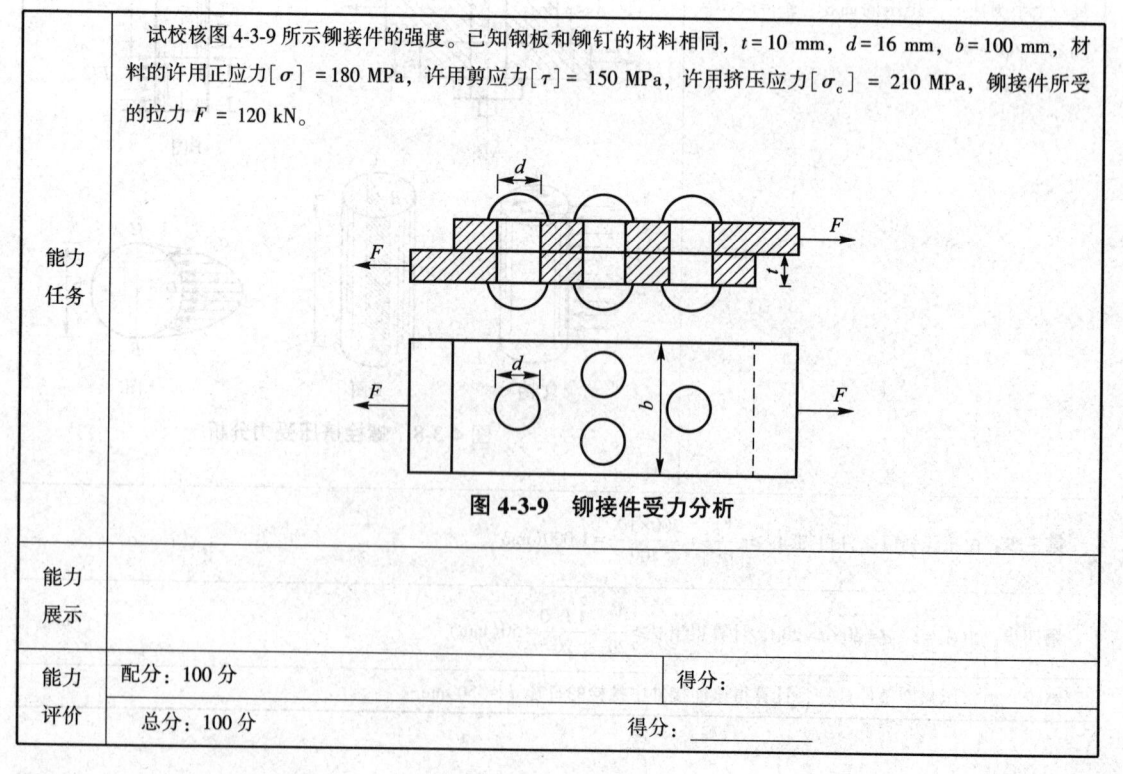

能力任务	试校核图4-3-9所示铆接件的强度。已知钢板和铆钉的材料相同，t = 10 mm，d = 16 mm，b = 100 mm，材料的许用正应力$[\sigma]$ = 180 MPa，许用剪应力$[\tau]$ = 150 MPa，许用挤压应力$[\sigma_c]$ = 210 MPa，铆接件所受的拉力F = 120 kN。 图 4-3-9　铆接件受力分析
能力展示	
能力评价	配分：100分　　　　　　　　　　　得分： 总分：100分　　　　　　　　　　　得分：

测评与改进

评价项目	评分标准	配分	主体评价/分				诊断改进
			自评	互评	教师评	综合评	
素质	1. 主动思考连接件挤压强度条件的运用。 2. 主动线上线下自主学习，拓展相关知识	30					
知识	1. 能完全理解连接件的挤压压力、挤压面的概念。 2. 能完全掌握挤压应力的概念及计算	30					
能力	1. 能正确分析连接件的挤压压力、挤压面及计算挤压面面积。 2. 能正确计算挤压应力，写出挤压强度条件。 3. 能熟练运用挤压强度条件进行强度校核、设计截面尺寸、确定容许的最大荷载	40					

总结与反思

模块小结

一、连接件的受力情况及破坏形态
1. 作用在构件两侧面上的横向外力的合力大小相等，方向相反，作用线相距很近，但不重合。
2. 受剪螺栓连接的破坏形式有螺杆剪断、孔壁压坏、钢板端部剪断、钢板拉断。
3. 螺栓连接的计算仅考虑螺杆剪断、孔壁压坏、钢板拉断 3 种破坏形式。

二、连接件的剪切强度计算
1. 若螺栓变形过大，杆件将在两个外力作用面之间的某一截面 m—m 处被剪断，被剪断的截面称为剪切面。
2. 沿截面作用的内力称为剪力，常用 F_s 表示。剪力是剪切面上分布内力的合力。
3. 假设剪应力在剪切面上均匀分布，用 τ 表示：

$$\tau = \frac{F_s}{A}$$

式中　F_s——剪切面上的剪力（N）；
　　　A——剪切面面积（m^2）；
　　　τ——剪切应力（Pa）。

4. 剪切的强度条件为

$$\tau_{max} = \frac{F_s}{A} \leqslant [\tau]$$

式中　$[\tau]$——材料的许用切应力。

5. 应用该剪切强度条件，可以解决剪切变形的 3 类强度问题，即校核强度、设计截面尺寸和确定许可荷载。

三、连接件的挤压强度计算
1. 在两构件的接触面上，因互相压紧会产生局部受压，称为挤压。
2. 作用于接触面的压力称为挤压力。
3. 当挤压力过大时，孔壁边缘将受压起"皱"，铆钉局部压"扁"，使圆孔变成椭圆，连接松动，这就是挤压破坏。
4. 两构件的接触面称为挤压面。A_c 为挤压面的计算面积：当接触面为平面时，接触面的面积就是计算挤压面面积；当接触面为半圆柱面时，取圆柱体的直径平面作为计算挤压面面积。
5. 挤压面上的压应力称为挤压应力，假设挤压应力在挤压面上均匀分布，用 σ_c 表示，即

$$\sigma_c = \frac{F_c}{A_c}$$

式中　F_s——挤压面上的挤压力（N）；
　　　A_c——挤压面面积（m^2）；
　　　σ_c——挤压应力（Pa）。

6. 挤压的强度条件为

$$\sigma_{c\,max} = \frac{F_c}{A_c} \leqslant [\sigma_c]$$

式中　$[\sigma_c]$——材料的许用挤压应力。

7. 应用该挤压强度条件，可以解决挤压变形的 3 类强度问题，即校核强度、设计截面尺寸和确定许可荷载。

模块检测

（总分 100 分）

一、填空题（每空 2 分，共 30 分）

1. 连接件构件中剪切的受力特点是作用在构件两侧面上的横向外力的合力_____、_____、_____。
2. 受剪螺栓连接件的破坏形式有_____、_____、_____、_____。
3. 剪力在剪切面上是_____分布的，计算公式为_____。
4. 挤压压力在挤压面上分布集度的大小，称为_____，计算公式为_____。
5. 当接触面为平面时，接触面的面积就是_____；当接触面为半圆柱面时，取圆柱体的直径平面作为计算挤压面面积，即_____。
6. 连接件的计算主要是进行_____和_____两个方面。

二、选择题（每题 2 分，共 10 分）

1. 应用挤压强度条件可以解决挤压变形的 3 类强度问题，不包括（　　）。
   A. 强度校核　　　　　　　　　　B. 截面尺寸设计
   C. 确定最大挤压压力　　　　　　D. 确定容许的最大荷载
2. 剪切强度条件可以解决剪切变形的 3 类强度问题，不包括（　　）。
   A. 确定最大剪应力　　　　　　　B. 截面尺寸设计
   C. 强度校核　　　　　　　　　　D. 确定容许的最大荷载
3. 在连接件中，当接触面为柱面时，挤压面面积为（　　）。
   A. 实际挤压面面积　　　　　　　B. 实际挤压面面积在直径平面上的投影
   C. 半圆柱面面积　　　　　　　　D. 横截面面积
4. 受剪螺栓连接件的破坏形式有 4 种，其中主要研究的破坏形式不包含（　　）。
   A. 螺杆剪断　　　　　　　　　　B. 孔壁压坏
   C. 钢板拉断　　　　　　　　　　D. 扭转变形
5. 当挤压力过大时，孔壁边缘将受压起"皱"，铆钉局部压"扁"，使圆孔变成椭圆，连接松动，这就是（　　）。
   A. 剪切破坏　　　　　　　　　　B. 受拉破坏
   C. 挤压破坏　　　　　　　　　　D. 塑性破坏

三、判断题（对的打"√"，错的打"×"，每题 2 分，共 10 分）

1. （　）挤压就是压缩。
2. （　）为了保证剪切变形构件在工作时安全可靠，必须使构件的工作切应力小于或等于材料的许用挤压应力。
3. （　）为了保证挤压变形构件能安全、可靠地工作，必须使构件的工作挤压应力小于或等于材料的许用正应力。
4. （　）实际的挤压面面积等于计算挤压面面积。
5. （　）为了简化计算，通常假定剪应力在剪切面上是均匀分布的。

四、综合题(每道题 25 分,共 50 分)

1. 如图 1 所示,一螺钉受拉力 F 作用,螺钉头的直径 $D=32$ mm,$h=12$ mm,螺钉杆的直径 $d=20$ mm,$[\tau]=120$ MPa,许用挤压应力 $[\sigma_c]=300$ MPa,$[\sigma]=160$ MPa。试计算螺钉可承受的最大拉力 F_{max}。

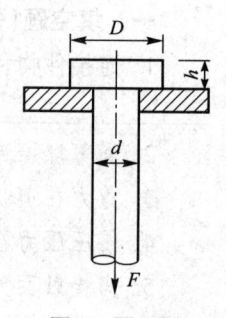

图 1 题 1 图

2. 如图 2 所示,铆接头受拉力 $F=30$ kN 作用,上下钢板尺寸及材料相同,厚度 $t=20$ mm,宽度 $b=100$ mm,铆钉直径 $d=40$ mm,许用应力 $[\sigma]=100$ MPa,铆钉的 $[\tau]=130$ MPa,$[\sigma_c]=80$ MPa,试校核该铆接头强度。

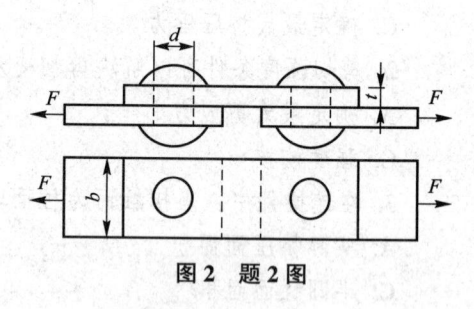

图 2 题 2 图

模块 5 圆轴扭转计算

学习任务

对于杆件系结构,扭转是杆件变形的一种基本形式。工程中,通常将以扭转变形为主要变形形式的圆形杆件统称为轴,也称圆轴扭转。在路桥工程结构物中,产生扭转变形的杆件截面不仅包括圆形截面,还有箱形、矩形、I 形等。本模块中,以最简单的圆形截面为入手点,认识扭转现象,分析使其变形的扭矩,结合杆件截面形状和材料强度,判定受扭构件的安全性问题。本模块学习任务依据知识学习由简单到复杂,技能训练由单一到综合的逻辑与能力形成规律分解为如下两个任务。

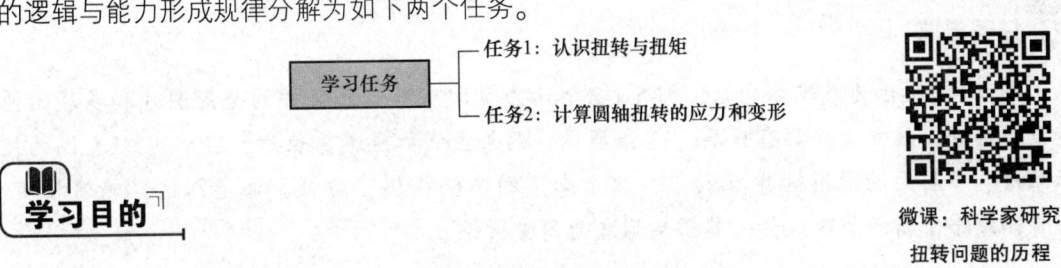

学习任务
— 任务1:认识扭转与扭矩
— 任务2:计算圆轴扭转的应力和变形

微课:科学家研究扭转问题的历程

学习目的

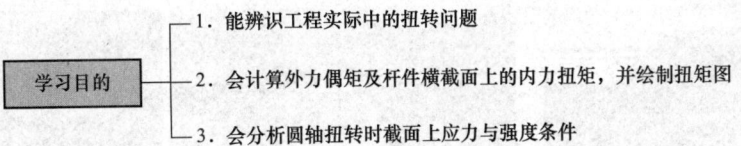

学习目的
1. 能辨识工程实际中的扭转问题
2. 会计算外力偶矩及杆件横截面上的内力扭矩,并绘制扭矩图
3. 会分析圆轴扭转时截面上应力与强度条件

学习引导

为培养学生透过扭转变形现象,正确分析杆件受矩与变形的关系,从而获得解决扭转类杆件使用需求的实际问题的能力,本模块通过如下思维导图进行学习引导。

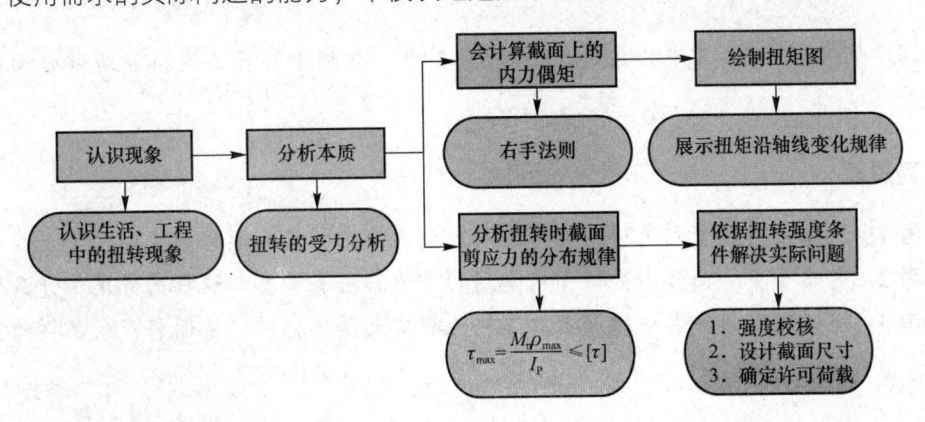

认识现象 → 分析本质
- 认识生活、工程中的扭转现象
- 扭转的受力分析

会计算截面上的内力偶矩 → 绘制扭矩图
- 右手法则
- 展示扭矩沿轴线变化规律

分析扭转时截面剪应力的分布规律
$$\tau_{max} = \frac{M_t \rho_{max}}{I_P} \leq [\tau]$$

依据扭转强度条件解决实际问题
1. 强度校核
2. 设计截面尺寸
3. 确定许可荷载

任务 1　认识扭转与扭矩

任务目标

素质目标

培养善于观察、勤于思考、严谨分析、独立解决问题的能力。

知识目标

1. 理解杆件扭转与扭矩的概念。
2. 理解右手法则。
3. 理解扭矩图。

能力目标

1. 能辨别扭转杆件。
2. 能分析杆件扭矩分布规律并绘图。

任务描述

图 5-1-1 所示为汽车方向盘，图 5-1-2 所示为贵阳市黔春立交桥的全景图片和多层的匝道设计部分，该立交桥共有五层、11 条匝道，两条主线加匝道总长为 5 270 m，以较高的技术难度、多层面的通道为东往西来、北上南下的车辆提供了方便，四通八达，雄伟壮丽，为贵阳增添了新的美丽风景。其桥梁形式为简支梁桥。

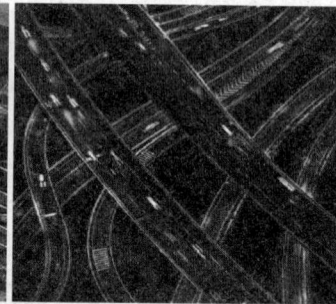

图 5-1-1　汽车方向盘　　　　　　　　图 5-1-2　贵阳市黔春立交桥

请同学们观察图 5-1-1 中的方向盘、图 5-1-2 中的贵阳市黔春立交桥匝道部分曲线桥的桥面板。

任务思考

思考 1：汽车方向盘受到怎样的外力作用？受力后它将产生怎样的变形？

思考 2：忽略自重，曲线部分桥面板受到的外力作用有哪些？这些力作用在什么位置？

思考 3：当作用在曲线部分桥面上的车辆为超重大型车辆时，桥面将产生怎样的变形？

任务分析

第一步：请同学们绘制汽车方向盘(不计自重)与桥面板的受力图(不计风荷载)。
第二步：分析受力图中荷载与杆件轴线的关系。
第三步：分析方向盘与桥面板主要产生的变形。

相关知识

1. 扭转的概念

在垂直于杆件轴线的两个平面内，作用一对大小相等、方向相反的力偶时，杆的任意截面将发生绕轴线的相对运动，这种变形形式称为**扭转**。

如图 5-1-3 所示，机动车方向盘在一对力偶(F、F')的作用下，将产生力偶矩 M，力偶矩作用在其轴 AB 上，使之成为受扭杆件。如图 5-1-4 所示，曲线桥由于转弯半径 R 的存在，有了曲率，重心未严格落在中轴线上，主梁任意截面在承受竖向荷载 F_R 时，必然绕中轴线产生力矩，形成扭矩 M 使其转动，扭转作用导致主梁的挠曲变形。

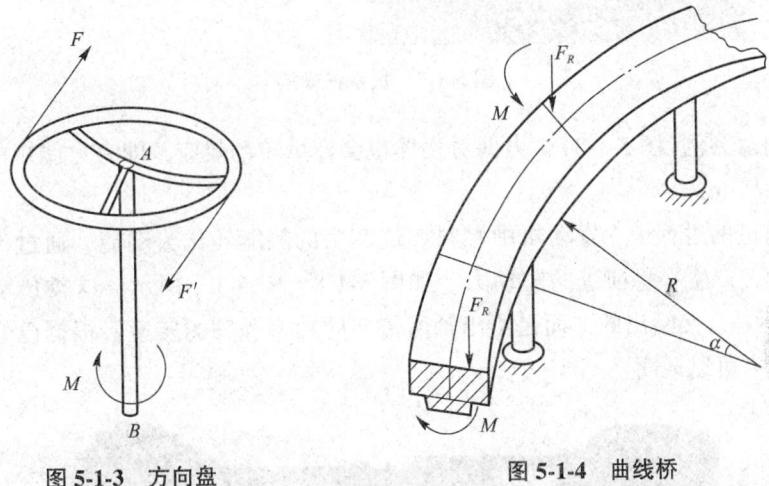

图 5-1-3　方向盘　　　　图 5-1-4　曲线桥

分析以上受扭杆件的特点，作用于垂直杆轴平面内的力偶使杆引起的变形，称为**扭转变形**。如图 5-1-5、图 5-1-6 所示的圆轴，圆杆表面的纵向线变成了螺旋线，螺旋线的切线与原纵向线的夹角 γ 称为**剪切角**。杆件任意两横截面相对转动角，称为**扭转角**，截面 B 相对于截面 A 转动的角度 φ，称为**相对扭转角**，变形后，用 φ_{ab} 表示。以扭转变形为主要变形的圆形截面直杆称为**圆轴**。

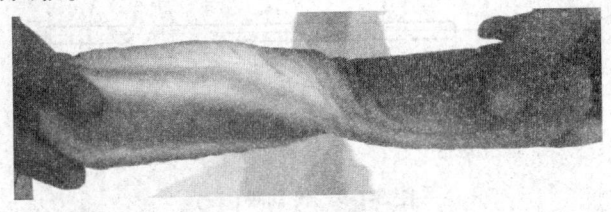

图 5-1-5　扭转圆轴

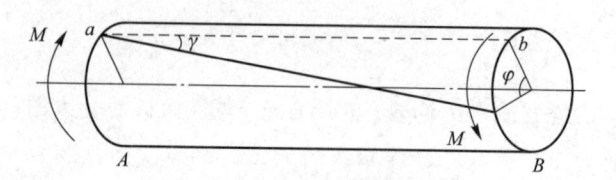

图 5-1-6　扭转圆轴

2. 扭矩

(1) 作用于杆件的外矩。作用于杆件(圆轴)上使其扭转的外部荷载有以下3种形式：

1) 前述课程中提到，以扳手拧螺栓为例(图5-1-7)，力能使物体产生转动，即力对同一物体上不通过作用线的一点将产生力矩，其值为 $M_o(F) = \pm F \cdot d$。

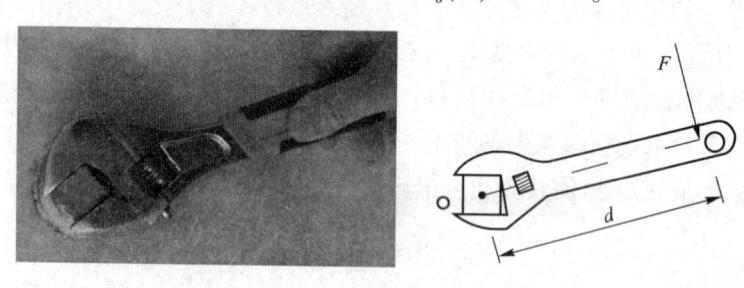

图 5-1-7　扳手拧螺栓

2) 以方向盘为例(图5-1-3)，力偶对物体也会产生转动效应，即有力偶矩的存在，其值 $M(F, F') = \pm F \cdot d$。

3) 汽车前进的过程中，发动机中燃料燃烧产生的热能转化为动能，通过传动系统将动能传递给车轮，产生平稳前进的驱动力。如图5-1-8、图5-1-9所示，这类传动构件轴上的外力偶矩 M 不是直接给出的，而是给出轴所传递的功率和轴的转速，根据已知的传递功率 N 和轴的转速，可以证明：

图 5-1-8　传动轴(一)

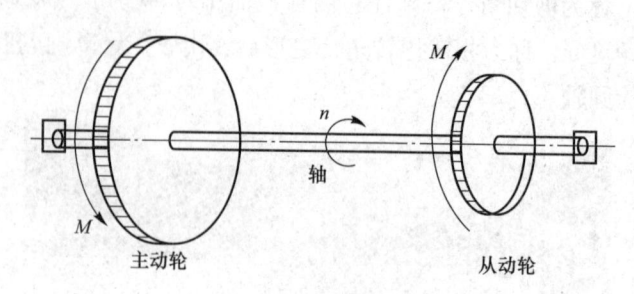

图 5-1-9　传动轴(二)

$$M = 9\,549 \times \frac{N}{n} \tag{5-1-1}$$

式中　M——作用在轴上的外力偶矩（N·m）；

　　　N——轴传递的功率（kW）；

　　　n——轴的转速（r/min）。

若功率的单位为马力（hp），则式（5-1-1）还应改写为

$$M = 7\,024 \times \frac{N}{n} \tag{5-1-2}$$

其中，图 5-1-7 中扳手和螺栓互为约束关系，可简化为铰支座，支座反力与作用在扳手另一端的外力形成力偶，这样的力矩也是力偶矩的一种，故根据以上分析可知，作用于杆件上使其扭转的外部荷载主要为力偶矩形式。

(2) 扭转时的内力——扭矩。当杆受到外力偶矩作用发生扭转变形时，在杆的截面上产生相应的内力，称为**扭矩**，用符号 T 表示。扭矩的常用单位是牛顿·米（N·m）或千牛顿·米（kN·m）。

扭矩可以利用截面法计算，图 5-1-10 所示单杠也为受扭圆轴，受外力偶矩 M_e，求距 A 端为 x 的任意截面 m—m 上的内力。

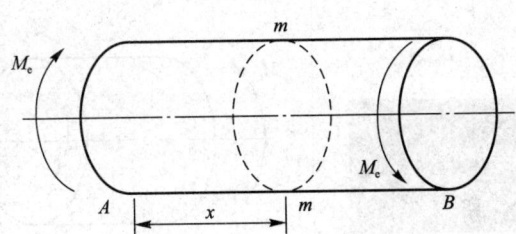

图 5-1-10　单杠及受力

解： 假设在 m—m 截面将圆轴截开，分别取左右两端作为研究对象（表 5-1-1）。

表 5-1-1　圆轴受力分析

研究对象	截面左段	截面右段
受力图		

续表

研究对象	截面左段	截面右段
分析过程	由于A端作用有外力偶矩M_e，为保持左段平衡，在截面m—m内，必存在内力偶矩T与之平衡。 【提示】T先假设与外力偶矩反向	由于B端作用有外力偶矩M_e，为保持右段平衡，在截面m—m内，必存在内力偶矩T'与之平衡，假设内力偶矩方向与M_e相反
计算结果	由平衡条件$\sum M_x = 0$，可得内力偶矩T和外力偶矩M_e的关系： $\sum M_x = 0$，$M_e - T = 0$，得$T = M_e$	由平衡条件$\sum M_x = 0$，可得内力偶矩T'和外力偶矩M_e的关系： $\sum M_x = 0$，$M_e - T' = 0$，得$T' = M_e$

同一截面上的T与T'数值相等，正负号也相同，**对扭矩正负号规定：自截面的外法线n向截面看，逆时针转向为正，顺时针转向为负，也称右手螺旋法则**，见表 5-1-2，伸出右手，如果用四指表示扭矩的转向，当拇指的指向与截面的外法线方向n相同时，**规定该扭矩为正；反之为负**。

表 5-1-2　右手螺旋法则

研究对象	图示	右手手势	扭矩正负
截面在右			+
截面在左			+

3. 扭矩图

为了清楚地表示扭矩沿轴线变化的规律，以便于确定危险截面，常用与轴线平行的x坐标表示横截面的位置，以与之垂直的坐标表示相应横截面的扭矩，把计算结果按比例绘制在图上，正值扭矩绘制在x轴上方，负值扭矩绘制在x轴下方。这种图形称为**扭矩图**。

【提示】 在实际工程中，有很多以扭转变形为主的杆件，但也有弯矩、剪力和扭矩同时作用，有时还有轴向力同时作用。本模块仅讨论扭矩带来的扭转变形。

任务实施

第一步：认识现象
方向盘受力图如图 5-1-3 所示，桥面板受力图如图 5-1-4 所示。

第二步：分析原因
荷载均作用在垂直于方向盘和桥面板轴线的平面内，距离轴线有一定力臂。

第三步：推理结果
方向盘将产生转动及其轴产生扭转变形。弯曲的梁在荷载的作用下会同时产生弯矩和扭矩，并且相互影响，使梁截面处于弯扭耦合作用的状态。

巩固拓展

【案例描述】
如图 5-1-11 所示，秋千的顶部横杆，在运动中受到下部旋转带来的外力偶矩、受立柱约束带来的力偶矩等多个荷载作用，请根据简图所示，绘制出其扭矩图。

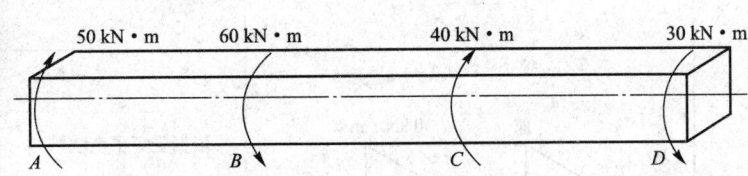

图 5-1-11 横杆及其受矩简图

【分析及实施】
第一步：分段并取截面。
第二步：依据受矩平衡原则，计算截面扭矩。

1. 分段取截面

扭矩受外力偶矩影响而产生的变化，故依据外力偶矩作用位置，扭矩计算需要分为 AB 段、BC 段和 CD 段，在这 3 段内任意位置取 3 个截面Ⅰ—Ⅰ、Ⅱ—Ⅱ、Ⅲ—Ⅲ，如图 5-1-12 所示。

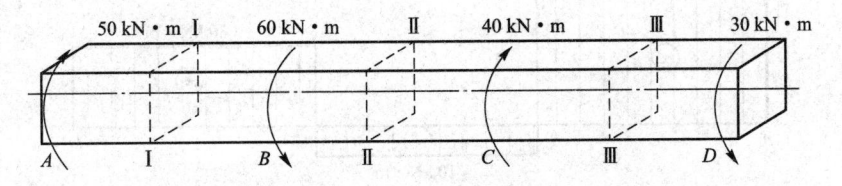

图 5-1-12 分段取截面

2. 取脱离体作为研究对象，计算扭矩

截面两侧均可作为研究对象，其结果是相同的(表5-1-3)。

表 5-1-3　脱离体受力分析与计算

研究对象	受力图	计算分析	结果
Ⅰ—Ⅰ 左段	（50 kN·m 示意图）【提示】T_1依据右手法则假定正方向	依据受矩平衡法则知 $\sum M_x = 0$ 则 $T_1 - 50\ \text{kN·m} = 0$ 【提示】内外矩同时计算，可遵循外矩逆时针为正方式	$T_1 = 50\ \text{kN·m}$
Ⅱ—Ⅱ 左段	（50 kN·m, 60 kN·m 示意图）	依据受矩平衡法则知 $\sum M_x = 0$ 则 $T_2 + 60 - 50 = 0$	$T_2 = -10\ \text{kN·m}$
Ⅲ—Ⅲ 右段	（30 kN·m 示意图）	依据受矩平衡法则知 $\sum M_x = 0$ 则 $30 - T_3 = 0$	$T_3 = 30\ \text{kN·m}$

3. 绘制扭矩图

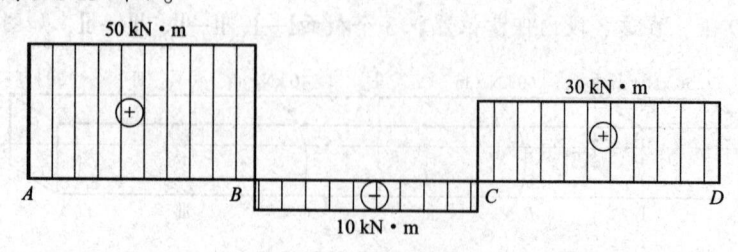

扭矩图如图 5-1-13 所示。

图 5-1-13　扭矩图

巩固练习

任务要求	杆件所受外力偶矩如图 5-1-14 所示，试计算其扭矩。 难点：固定端约束是否有外力偶矩？ 图 5-1-14　受扭圆轴（10 kN·m，20 kN·m，50 kN·m） 微课：巩固练习
分析思路	
实施过程	
考核评价	配分：共 100 分（其中分析思路 50 分，实施过程 50 分） 得分：_____

能力训练

能力任务	1. 请同学们通过实际观察或查阅资料等方式，找出至少 2 项工程结构中的扭转现象。	2. 图 5-1-15 所示的传动轴，转速 $n=300$ r/min，A 轮为主动轮，输入功率 $N_A=10$ kW，B、C、D 为从动轮，输出功率分别为 $N_B=4.5$ kW，$N_C=3.5$ kW，$N_D=2.0$ kW，试计算此轴扭矩。 图 5-1-15　受扭传动轴
能力展示		
能力评价	配分：50 分　　得分： 总分：100 分	配分：50 分　　得分： 得分：_____

测评与改进

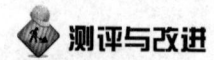

评价项目	评分标准	配分	主体评价/分				诊断改进
			自评	互评	教师评	综合评	
素质	初步具备观察和分析工程现象的意识	30					
知识	1. 能完全理解扭转与扭矩的概念。 2. 能理解右手法则。 3. 能理解扭矩图	30					
能力	1. 能正确辨别扭转杆件和构件。 2. 能正确分析杆件扭转分布规律并绘图	40					

总结与反思

任务 2　计算圆轴扭转的应力和变形

任务目标

素质目标

培养善于观察、勤于思考、严谨分析、独立解决问题的能力。

知识目标

理解扭转变形截面应力。

能力目标

1. 能进行截面应力计算。
2. 能分析扭转杆件的剪应力分布。
3. 能根据构件材料属性,进行强度校核;并据此解决扭转类工程问题。

任务描述

1940 年 11 月 7 日,美国华盛顿州的塔科马海峡上正在建设塔科马海峡大桥,大桥为悬索桥,中跨 853 m,在建造最后阶段,大桥在微风的吹拂下会出现晃动甚至扭曲变形的情况,汽车随着桥面的扭动一会儿消失一会儿又出现,在远低于设计风速(19 m/s,相当于八级大风)的情况下发生强烈的风致振动,桥面经历了 70 min 振幅不断增大的扭转振,最终桥面折断坠落到峡谷中。

请同学们对比图 5-2-1、图 5-2-2 建设中的和破坏后的大桥图片,观察破坏的位置。

图 5-2-1　建设中的塔科马海峡大桥　　　　图 5-2-2　破坏的塔科马海峡大桥

任务思考

思考 1:大桥破坏的位置是哪里?是怎样的破坏形态?

思考 2:大桥破坏的原因是什么?

任务分析

第一步:请同学们绘制桥面板横断面的扭转受力图。

第二步:分析扭转变形下,桥面板内部的应力分布。

第三步:分析桥面破坏的主要原因。

相关知识

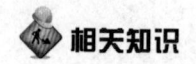

1. 扭转时横截面上的应力

受扭转变形杆件通常为轴类零件,其横截面大多是圆形的,所以任务目的是介绍圆轴扭转,且圆轴截面形式较为简单,易于讨论扭转应力的计算。

取一实心等直圆轴如图 5-2-3 所示。在圆轴表面绘制一些与轴线平行的纵向线和与轴线垂直的圆周线,将圆轴表面划分为许多小矩形。然后在圆轴两端施加外力矩 M,使圆轴发生扭转变形,如图 5-2-4 所示。可以观察到如下现象:

图 5-2-3 实心圆轴

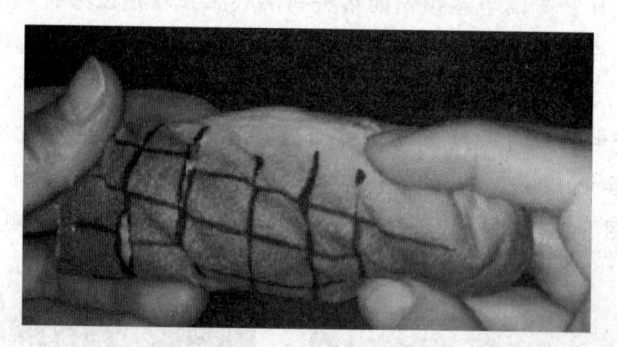

图 5-2-4 扭转后的实心圆轴

(1)各圆周线的形状、大小及两圆周线间的距离都没有改变,只是绕杆轴转了一个角度。

(2)所有纵向线都倾斜了同一个角度 γ,圆轴表面的小矩形变形为平行四边形。

故可做出平面假设:圆轴扭转变形后其横截面仍保持为平面,像刚性圆盘一样绕轴线转动,相邻横截面之间发生错动。并由此推断圆轴扭转时横截面上没有正应力 σ,只有垂直于半径方向的剪应力 τ,如图 5-2-5 所示。

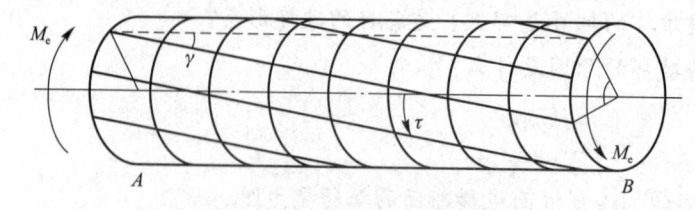

图 5-2-5 扭转后的实心圆轴示意

2. 扭转时横截面上的应力计算

静力学理论研究认定：距离圆心为 ρ 处取一微面积 dA，如图 5-2-6 所示，圆轴扭转的剪应力 τ 的计算可采用以下计算公式：

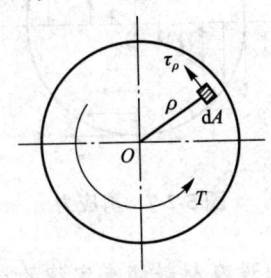

图 5-2-6 微面积 dA

$$\tau_\rho = \frac{T}{I_P}\rho \tag{5-2-1}$$

式中 I_P——截面的极惯性矩，$I_P = \int_A \rho^2 dA$。圆轴与空心圆轴的极惯性矩见表 5-2-1。

表 5-2-1 圆轴与空心圆轴的极惯性矩

截面形状	截面示意图	I_P 计算公式
圆形，直径 D		$I_P = \int_A r^2 dA = \dfrac{\pi D^4}{32}$
环形，外环直径 D，内环直径 d		$I_P = \dfrac{\pi}{32}(D^4 - d^4)$

根据式(5-2-1)可以发现，一定扭矩 T 作用在圆形截面（截面的极惯性矩为 I_P）杆件时，剪应力沿半径方向按直线规律变化，如图 5-2-7 所示，最大剪应力发生在最外圆周处，即在 $\rho_{max} = \dfrac{D}{2}$ 处。于是

$$\tau_{max} = \frac{T\rho_{max}}{I_P}$$

令

$$W_P = \frac{I_P}{\rho_{max}} = \frac{I_P}{D/2} \tag{5-2-2}$$

则

$$\tau_{max} = \frac{T}{W_P} \tag{5-2-3}$$

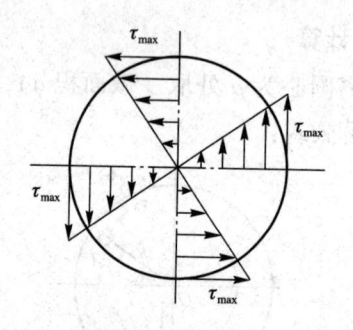

图 5-2-7 剪应力

【提示】 式(5-2-1)是在平面假设及材料胡克定律的前提下推导出来的,只适用于等直圆轴在弹性范围内的计算,对于非圆截面杆不再适用。

3. 圆轴扭转时的强度计算

基于圆轴材料的自身强度,为了保证轴的正常工作,轴内最大剪应力不应超过材料的许用剪应力$[\tau]$,所以圆轴扭转时的强度条件为

$$\tau_{max}=\frac{T_{max}}{W_P}\leqslant[\tau] \tag{5-2-4}$$

式中 $[\tau]$——材料的许用剪应力,各种材料的许用剪应力可查阅有关手册。

根据强度条件,可以对轴进行3个方面的计算,即强度校核、设计截面尺寸和确定许用荷载。

任务实施

第一步:观察现象

桥面板主要受到桥墩的支持力N、重力和风力等的综合作用F,以及由此产生的力偶矩M_e的作用,如图 5-2-8 所示。

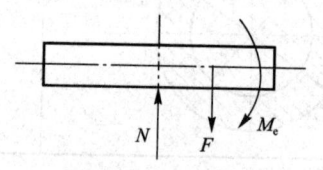

图 5-2-8 桥面板受力

第二步:分析原因

扭转产生平行于截面的剪应力。

第三步:推理结果

剪应力超出容许值,导致桥面板断开。

巩固拓展

【案例描述1】

图 5-2-9 所示为一钢制圆轴,受一对外力偶的作用,其力偶矩 $M_e=4$ kN·m,已知轴的

直径 $d=70$ mm，许用剪应力 $[\tau]=60$ MPa。试对该轴进行强度校核。

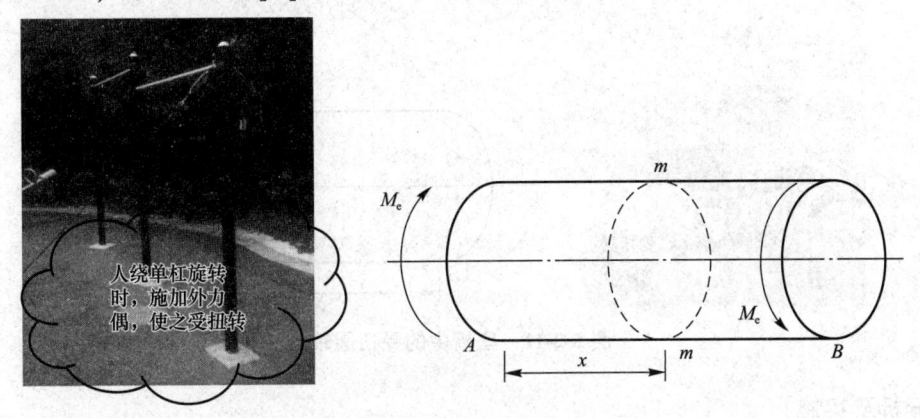

图 5-2-9 单杠及其受矩图

【分析及实施】

第一步：分段并取截面，依据受矩平衡原则，计算截面扭矩。

第二步：依据公式，计算截面应力。

第三步：依据截面强度条件，校核杆件强度。

1. 分段取截面，计算扭矩 T

取圆轴 AB 上，距离 A 端 x 的截面 m—m，取截面左侧为研究对象，如图 5-2-10 所示，依据力矩平衡原则进行计算，可知

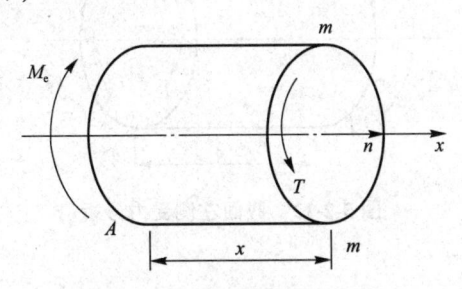

图 5-2-10 截面左侧受力分析

$$T=M_e$$

2. 应力计算

圆轴受扭时最大剪应力发生在横截面的边缘上，按式(5-2-3)计算，得

$$\tau_{max}=\frac{T}{W_P}=\frac{M_e}{\frac{\pi D^3}{16}}=\frac{4\times10^6\times16}{3.14\times70^3}=59.4(\text{MPa})$$

3. 强度校核

$$\tau_{max}=59.4 \text{ MPa}<[\tau]=60 \text{ MPa}$$

故轴满足强度要求。

【案例描述 2】

图 5-2-11 所示座椅的下部座椅腿为一钢制圆轴，受一对外力偶的作用，其力偶矩 $M_e=$

4 kN·m，圆轴许用剪应力$[\tau]$=60 MPa。试确定圆轴的直径。

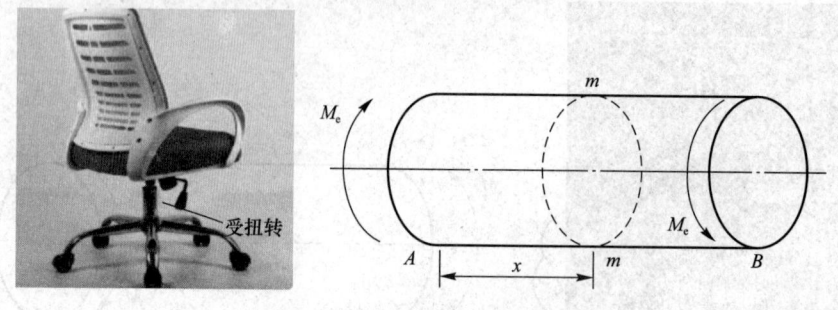

图 5-2-11　座椅中的受扭圆轴

【分析及实施】

第一步：分段并取截面，依据力矩平衡原则，计算截面扭矩。
第二步：依据公式，计算截面应力。
第三步：依据截面强度条件，拟订截面尺寸。

1. 分段取截面，计算扭矩 T

如图 5-2-12 所示，取圆轴 AB 上，距离 A 端 x 的截面 m—m，取截面左侧为研究对象，依据力矩平衡原则进行计算，可知 $T=M_e=4$ kN·m。

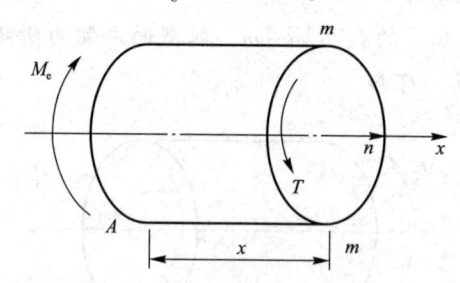

图 5-2-12　截面左侧受力分析

2. 应力计算

圆轴受扭时最大剪应力发生在横截面的边缘上，按式(5-2-3)计算，得

$$\tau_{max} = \frac{T}{W_P} = \frac{T}{\frac{\pi D^3}{16}} = \frac{4 \times 10^6 \times 16}{3.14 \times D^3} = 20.38 \times 10^6 \times \frac{1}{D^3}$$

3. 强度校核，尺寸拟订

$$\tau_{max} = 20.38 \times 10^6 \times \frac{1}{D^3} \leq [\tau] = 60 \text{ MPa}$$

计算可得 $D \geq 69.8$ mm

故可取圆轴直径为 $D=70$ mm。

【提示】　案例一与案例二，同等大小外力偶矩下，一是强度校核问题，二是设计截面尺寸问题，是对受扭圆轴问题强度条件的不同应用方式。

巩固练习

任务要求	工程中常常会遇到非圆形截面杆件受扭转的情况(图5-2-13、图5-2-14),它们在扭转时,截面的变形情况是怎样的?请寻找身边的矩形截面杆件并对其进行扭转,并查阅资料,描述它们的变形情况和应力分布。  图 5-2-13 箱形截面梁 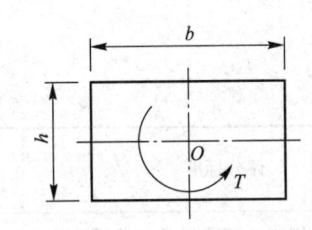　　图 5-2-14 矩形截面梁 微课:巩固练习
分析思路	
实施过程	
考核评价	配分:共100分(其中分析思路50分,实施过程50分) 得分:_____

能力训练

能力任务	1. 请同学们通过实际观察或查阅资料等方式,找出至少2项工程结构中的杆件受扭转变形而破坏的工程案例。	2. 一钢制空心轴杆件如图 5-2-15 所示,轴材料许用剪应力 $[\tau]=60$ MPa,空心圆外径为 70 mm,内径为 65 mm,试计算轴能承受的外力偶矩大小。  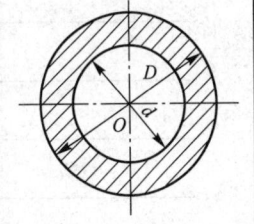 图 5-2-15 钢制空心轴杆件 【提示】 (1)此题考查受扭圆轴强度条件的第三种应用,确定许用荷载。 (2)与前两个案例相比,空心圆形与实心圆形轴的承载不同

续表

能力展示			
能力评价	配分：50分　　得分：	配分：50分	得分：
	总分：100分		得分：_____

📋 测评与改进

评价项目	评分标准	配分	主体评价/分				诊断改进
			自评	互评	教师评	综合评	
素质	培养善于观察、勤于思考、严谨分析、独立解决问题的能力	30					
知识	理解扭转变形截面应力	30					
能力	1. 能进行截面应力计算。 2. 能分析扭转杆件的剪应力分布。 3. 能根据构件材料属性，进行强度校核；并据此解决扭转类工程问题	40					

📋 总结与反思

_____
_____
_____
_____
_____
_____
_____
_____
_____
_____

模块小结

一、扭转与扭矩

1. 扭转的概念。在垂直于杆件轴线的两个平面内,作用一对大小相等、方向相反的力偶时,杆的任意截面将发生绕轴线的相对运动,这种变形形式称为扭转。

2. 扭矩。当杆受到外力偶矩作用发生扭转变形时,在杆的截面上产生相应的内力,称为扭矩。

对扭矩正负号规定:自截面的外法线向截面看,逆时针转向为正,顺时针转向为负。也称右手螺旋法则。

3. 扭矩图。为了清楚地表示扭矩沿轴线变化的规律,以便于确定危险截面,常用与轴线平行的 x 坐标表示横截面的位置,以与之垂直的坐标表示相应横截面的扭矩,把计算结果按比例绘制在图上,正值扭矩画在 x 轴上方,负值扭矩画在 x 轴下方。这种图形称为扭矩图。

二、扭转强度计算

1. 最大剪应力。圆轴扭转最大剪应力 τ_{max} 发生在最外圆周处,即在 $\rho_{max}=D/2$ 处。于是

$$\tau_{max} = \frac{M_n \rho_{max}}{I_P}$$

2. 圆轴扭转时的强度条件。为了保证轴的正常工作,轴内最大剪应力不应超过材料的许用剪应力 $[\tau]$,所以圆轴扭转时的强度条件为

$$\tau_{max} = \frac{M_{max}}{W_n} \leqslant [\tau]$$

式中 $[\tau]$——材料的许用剪应力,各种材料的许用剪应力可查阅有关手册。

3. 圆轴扭转时的强度计算。根据强度条件,可以对轴进行3个方面的计算,即强度校核、设计截面尺寸和确定许用荷载。

模块检测

（总分 100 分）

一、填空题（每空 3 分，共 24 分）

1. 受扭构件所受的外力偶矩的作用面与杆轴线_____。
2. 受扭圆轴的横截面的内力是_____，应力是_____。
3. 实心圆轴横截面上_____处剪应力最大，中心处剪应力_____。
4. 扭转应力公式 $\tau_\rho = \dfrac{T}{I_P}\rho$ 适用_____或_____截面直杆。
5. 材料相同的两根圆轴，一根为实心轴，直径为 D_1；另一根为空心轴，内径为 d_2，外径为 D_2，$\dfrac{d_2}{D_2}=\alpha$。若两轴横截面上的扭矩 T 和最大剪应力 τ_{max} 均相同，则两轴的横截面面积之比 $\dfrac{A_1}{A_2}=$_____。

二、选择题（每题 5 分，共 20 分）

1. 如图 1 所示，传动轴主动轮 B 的输入功率为 $N_B=50$ kW，从动轮 A、C、D、E 的输出功率分别为 $N_A=20$ kW，$N_C=5$ kW，$N_D=10$ kW，$N_E=15$ kW。则轴上最大扭矩 T_{max} 出现在(　　)。

   A. BA 段　　　　B. AC 段　　　　C. CD 段　　　　D. DE 段

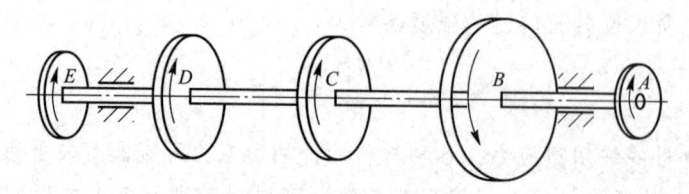

   图 1　题 1 图

2. 图示受扭圆轴横截面上的剪应力分布图正确的是(　　)。

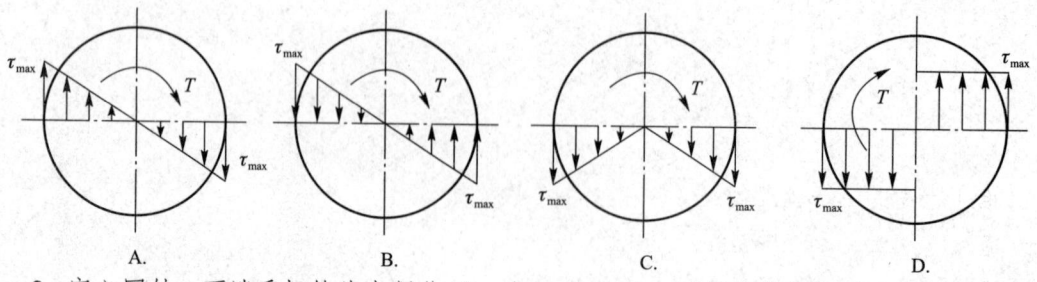

   A.　　　　B.　　　　C.　　　　D.

3. 实心圆轴，两端受扭转外力偶作用。直径为 D 时，设轴内的最大剪应力为 τ，若轴的直径改为 $2D$，其他条件不变，则轴内的最大剪应力变为(　　)。

   A. 8τ　　　　B. $\tau/8$　　　　C. 16τ　　　　D. $\tau/16$

4. 扭转应力计算公式 $\tau_\rho = \dfrac{T}{I_P}\rho$ 的适用范围是(　　)。

A. 各种等截面直杆　　　　　　　　B. 实心或空心圆截面直杆

C. 矩形截面直杆　　　　　　　　　D. 多边形截面直杆

三、判断题(每题 4 分，共 20 分)

1. (　) 受扭圆轴(实心或空心)横截面上的最小剪应力一定等于零。
2. (　) 当材料和横截面面积相同时，空心圆轴的抗扭承载能力大于实心圆轴。
3. (　) 在扭转外力偶矩作用处，扭矩图发生突变。
4. (　) 受扭圆轴横截面上，半径相同的点的剪应力大小也相同。
5. (　) 空心和实心圆轴横截面面积相同时，空心圆轴的 I_P 和 W_n 值较大。

四、综合题(每题 18 分，共 36 分)

1. 变截面受扭圆轴所受外力偶矩如图 2 所示，试计算其扭矩及剪应力。

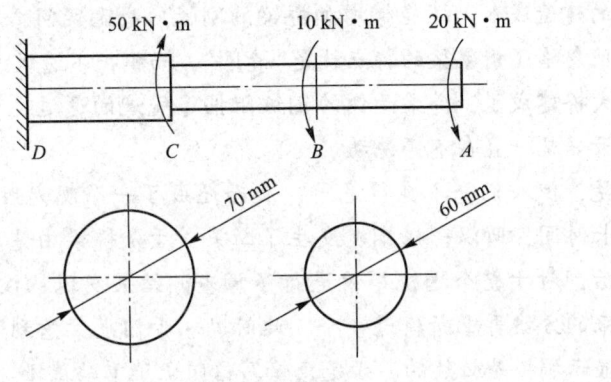

图 2　题 1 图

【提示】　同等大小扭矩下，不同截面尺寸对应的最大剪应力不同。

2. 一钢制空心轴，受外力偶矩 $M_e = 6$ kN·m，杆件许用剪应力 $[\tau] = 65$ MPa，若内外直径比 $\alpha = \dfrac{d}{D} = \dfrac{2}{3}$，试求轴的直径。

力学小故事

卡门涡街与塔科马海峡大桥

一代大师冯·卡门通过观察插入小河中心的圆木发现，水流在受到圆木的阻碍后，会在流过圆木之后形成交错推进的旋涡。简单描绘就是，水流先是快速从圆木左侧通过，并在通过后形成一个下旋旋涡，然后水流又会快速通过圆木右侧，将第一个形成的旋涡推远，进而形成一个上旋旋涡，就这样，水流交错从圆木两侧通过并形成旋涡，这些旋涡又会被新形成的旋涡推远，冯·卡门将这种现象称为"卡门涡街"(图 3)。

图 3　卡门涡街

卡门涡街的出现会导致另一个现象的发生，那就是圆木的振动。

圆木为什么会振动呢？这是由于"伯努利原理"。伯努利原理说明在流动的液体或气体中，流体的流动速度越快，则压强越小；反之流动速度越慢，则压强越大。当卡门涡街现象发生时，水流先快速从圆木左侧流过，此时圆木左侧的流速快，所以压强小，而右侧的流速慢，所以压强大，于是圆木会被向左推；然后水流又快速通过圆木右侧，于是右侧压强小，而左侧压强大，于是圆木又会被向右推，在这种左右力量的相互作用下，圆木就产生了振动。

塔科马海峡大桥是一座十分壮观的海峡大桥，其长度达到了 1 524 m，但是桥面宽度只有 11.9 m，可以说整座桥是又细又长，这就为其日后被风吹毁埋下第一个隐患。

悬索大桥一般会在桥梁两侧安装桁架梁，这是一个基本配置，而塔科马海峡大桥也不例外，在它的原始设计中的确存在着一个 7.6 m 的桁架梁，但是由于经费紧张，当时著名的悬索桥设计师莫伊塞夫就将其改为了 2.4 m 的钢板。莫伊塞夫认为，这样改动不仅能够极大地降低桥梁的建造成本，还能够增加桥梁的刚性。毫无疑问，莫伊塞夫的看法是完全正确的，只不过他忽略了桁架梁的特点就是"透风"，而钢板不透风。

不久之后，大桥建成了，桥梁两侧的钢板阻挡了气流的通过，于是卡门涡街现象出现了，大桥从建成开始就一直在不停晃动。

桥梁虽然在晃，但人们并不觉得危险，反而还成了一个观光胜地，直到 4 个月之后，由于桥梁晃了太长时间，所以一根钢缆发生了断裂，于是桥梁由晃动转为扭动，最终垮塌了。大桥垮塌之后，对于整个塌桥事故进行了调查，结果发现从设计到建造都没有问题，于是决定按照原来的方案再重新建造一个，此时冯·卡门也注意到了这件事情，并进行了计算，计算结果显示塌桥是必然的，于是急忙写信阻止了重蹈覆辙。

在使用中，桥梁受到的荷载相互耦合叠加，加上设计不足，造成了这个事故，值得我们借鉴。

模块 6　梁弯曲内力与强度计算

学习任务

本模块研究杆件在外力作用下的弯曲变形，主要分析杆件弯曲变形的内力与强度计算。本模块按照工程结构分析外力→内力→应力→强度的学习主线组织教学内容。因此，本模块学习任务依据知识学习由简单到复杂，技能训练由单一到综合的逻辑与能力形成规律分解为如下 6 个任务。

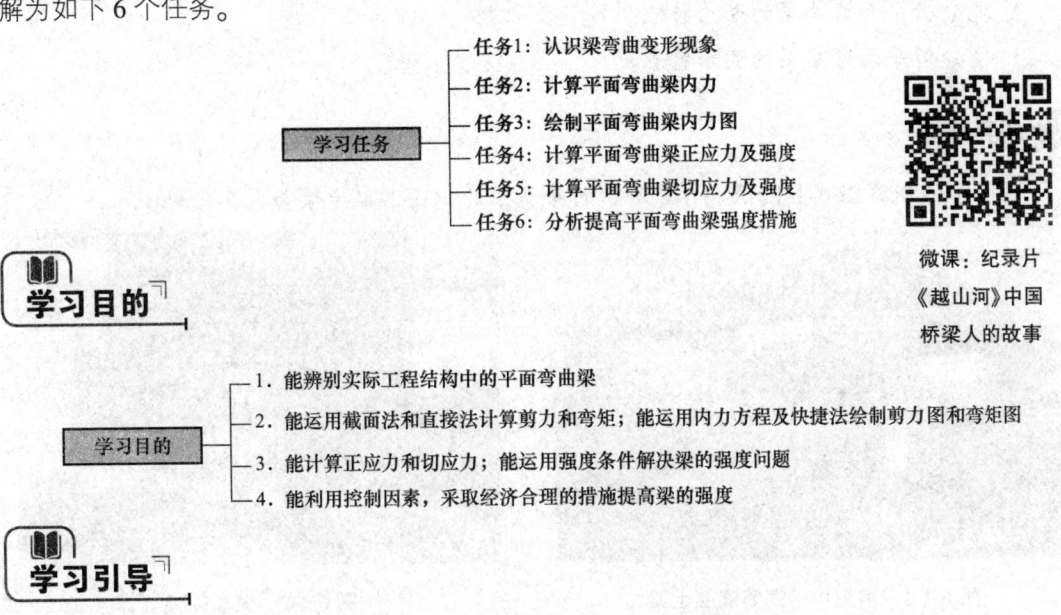

学习任务
- 任务1：认识梁弯曲变形现象
- 任务2：计算平面弯曲梁内力
- 任务3：绘制平面弯曲梁内力图
- 任务4：计算平面弯曲梁正应力及强度
- 任务5：计算平面弯曲梁切应力及强度
- 任务6：分析提高平面弯曲梁强度措施

微课：纪录片《越山河》中国桥梁人的故事

学习目的

学习目的
1. 能辨别实际工程结构中的平面弯曲梁
2. 能运用截面法和直接法计算剪力和弯矩；能运用内力方程及快捷法绘制剪力图和弯矩图
3. 能计算正应力和切应力；能运用强度条件解决梁的强度问题
4. 能利用控制因素，采取经济合理的措施提高梁的强度

学习引导

为培养学生透过梁弯曲变形现象，正确分析梁的受力与强度关系，从而获得解决梁弯曲变形力学实际问题的能力，本模块通过如下思维导图进行学习引导。

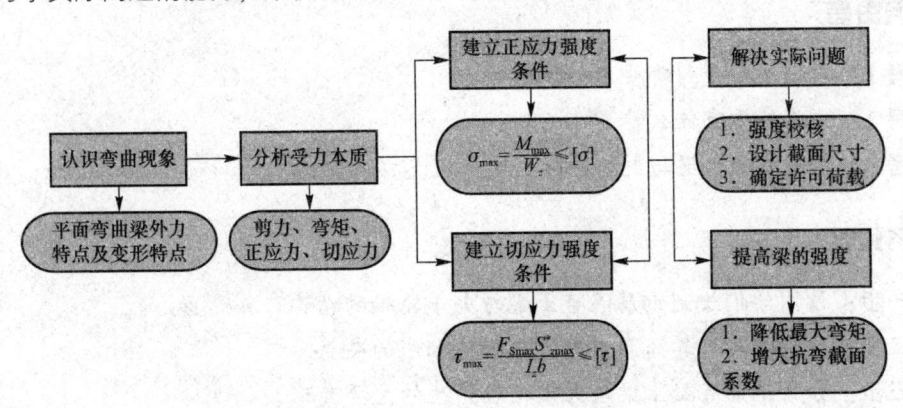

认识弯曲现象 → 分析受力本质 → 建立正应力强度条件 $\sigma_{max}=\dfrac{M_{max}}{W_z}\leq[\sigma]$ → 解决实际问题
- 平面弯曲梁外力特点及变形特点
- 剪力、弯矩、正应力、切应力
- 建立切应力强度条件 $\tau_{max}=\dfrac{F_{Smax}S^*_{zmax}}{I_z b}\leq[\tau]$

解决实际问题：
1. 强度校核
2. 设计截面尺寸
3. 确定许可荷载

提高梁的强度：
1. 降低最大弯矩
2. 增大抗弯截面系数

任务1 认识梁弯曲变形现象

任务目标

素质目标

培养主动观察事物、积极思考问题、深度分析问题的能力。

知识目标

1. 理解平面弯曲的概念。
2. 掌握梁的分类。

能力目标

1. 能辨别工程结构中的平面弯曲梁。
2. 能分析平面弯曲梁的受力特点。
3. 能分析平面弯曲梁的变形特点。

任务描述

请同学们观察图 6-1-1、图 6-1-2 所示的房屋中的钢筋混凝土梁与火车轮轴。

图 6-1-1 房屋中的钢筋混凝土梁　　　　图 6-1-2 火车轮轴

任务思考

思考1：它们主要受到哪些外力作用？

思考2：这些外力有什么特点？

思考3：钢筋混凝土梁与火车轮轴主要产生怎样的变形？

任务分析

第一步：请同学们绘制钢筋混凝土梁与火车轮轴的结构计算简图。

第二步：分析结构计算简图中外力与杆件轴线的关系。

第三步：分析钢筋混凝土梁与火车轮轴产生的主要变形。

相关知识

1. 弯曲变形和平面弯曲

弯曲变形是土木工程中最常见的一种基本变形。例如，房屋建筑中的楼面梁[图 6-1-3(a)]，受到楼面荷载和梁自重的作用，将发生弯曲变形；阳台挑梁[图 6-1-3(b)]、梁式桥的主梁[图 6-1-3(c)]等都是以弯曲变形为主的构件。

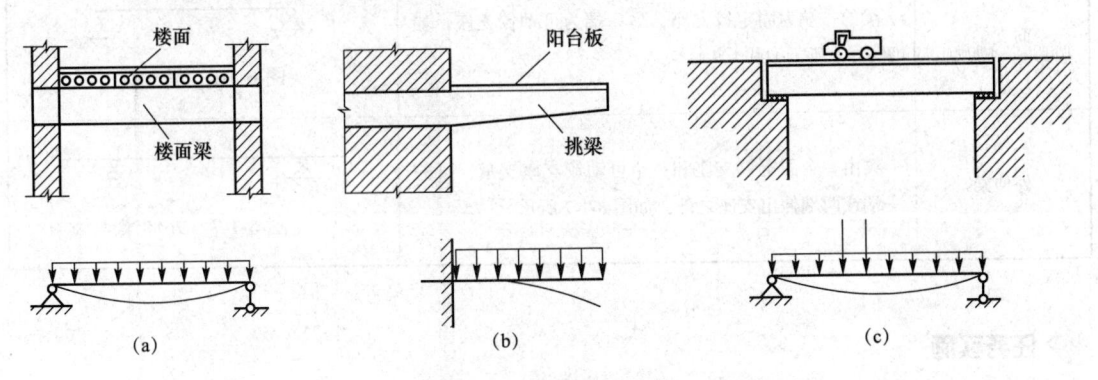

图 6-1-3 弯曲变形构件
(a)楼面梁；(b)阳台挑梁；(c)梁式桥的主梁

弯曲变形的受力特点是**杆件受到垂直于其轴线的外力即横向力或受到位于轴线平面内的外力偶作用**；变形特点是**杆的轴线由直线变为曲线**。以弯曲变形为主要变形的杆件称为梁。

工程中常见梁的横截面往往至少有一根纵向对称轴，该对称轴与梁轴线组成的平面称为梁的**纵向对称平面**，当梁上所有外力(包括荷载和反力)均作用在此纵向对称平面内时，梁轴线变形后的曲线也在此纵向对称平面内，这种弯曲称为**平面弯曲**。图 6-1-4 所示为梁在外力作用下产生平面弯曲的过程。平面弯曲是工程中最常见、最基本的弯曲问题。本模块将主要讨论等截面直梁的平面弯曲问题。

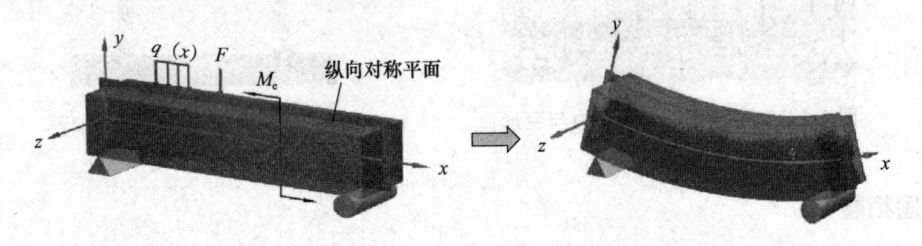

图 6-1-4 梁在外力作用下产生平面弯曲的过程

2. 梁的类型

以梁的支座反力能否用静力学平衡条件完全确定为原则，把梁分为静定梁和超静定梁两类。工程中单跨静定梁按其支座情况可分为悬壁梁、简支梁、外伸梁 3 种类型，见表 6-1-1。

表 6-1-1　单跨静定梁分类

单跨静定梁类型	特点	图示
悬臂梁	梁的一端为固定端，另一端为自由端，如图 6-1-5 所示	图 6-1-5　悬臂梁
简支梁	梁的一端为固定铰支座，另一端为可动铰支座，如图 6-1-6 所示	图 6-1-6　简支梁
外伸梁	梁由一个固定铰支座和一个可动铰支座支承，梁的一端或两端伸出支座之外，如图 6-1-7 所示	图 6-1-7　外伸梁

任务实施

第一步：结构计算简图

第二步：外力与杆件轴线的关系

结构中外力作用线垂直于杆件轴线，且外力位于结构的纵向对称平面内。

第三步：结构产生的主要变形

因为钢筋混凝土梁与火车轮轴所受外力符合平面弯曲的特点，所以结构主要产生弯曲变形，如图 6-1-8、图 6-1-9 所示。

图 6-1-8　钢筋混凝土梁受力与变形　　图 6-1-9　火车轮轴受力与变形

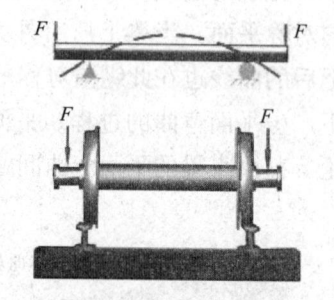

巩固拓展

【案例描述】

一起重机大梁如图 6-1-10 所示，请分析起重机大梁的受力及变形特点。

【分析及实施】

第一步：受力特点。 根据图中起重机大梁实际工作状态，起重机大梁可简化为一根简支梁，受到自重及起吊重物的作用，自重可看成在全梁均匀分布，荷载集度为 q，起吊重物对大梁施加竖直向下的作用力 F，所有外力包括支座反力都作用在大梁的纵向对称平面内，受力图如图 6-1-11 所示。

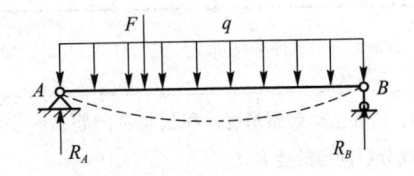

图 6-1-10　起重机大梁　　　　图 6-1-11　起重机大梁受力及变形

第二步：变形特点。因为起重机大梁所受外力满足平面弯曲特点，所以起重机大梁产生平面弯曲变形。

巩固练习

任务要求	房屋建筑中的楼面梁、阳台挑梁属于哪种类型的梁？绘制出其受力图，并阐述受力特点及变形特点	微课：巩固练习
分析思路		
实施过程		
考核评价	配分：共100分（其中分析思路50分，实施过程50分） 得分：_____	

能力训练

能力任务	1. 请阐述平面弯曲梁的纵向对称平面与所受外力之间的关系	2. 弯曲变形梁的轴线可以是上凸变形，也可以是下凸变形吗？请举例说明
能力展示		
能力评价	配分：50分　　　得分：	配分：50分　　　得分：
	总分：100分　　　　　　　得分：_____	

171

测评与改进

评价项目	评分标准	配分	主体评价/分				诊断改进
			自评	互评	教师评	综合评	
素质	1. 具备主动观察事物、积极思考问题、深度分析问题的能力。 2. 具备主动学习习惯，善于总结学习方法	30					
知识	1. 能理解平面弯曲的概念。 2. 能掌握梁的分类	30					
能力	1. 能正确辨别工程结构中的平面弯曲梁。 2. 能正确分析平面弯曲梁的受力特点。 3. 能正确分析平面弯曲梁的变形特点	40					

总结与反思

任务2 计算平面弯曲梁内力

任务目标

素质目标

1. 培养善于思考、寻求规律的能力。
2. 培养深入探究、勇于创新的精神。

知识目标

1. 理解剪力和弯矩的概念。
2. 掌握剪力和弯矩的符号规律。
3. 掌握截面法计算剪力和弯矩的步骤。
4. 掌握直接计算法的规律。

能力目标

1. 能运用截面法计算平面弯曲梁的内力。
2. 能运用直接法计算平面弯曲梁的内力。

任务描述

图 6-2-1 所示为一简支梁桥,梁桥的梁结构受到车辆荷载、自重及支座约束等外力的作用。

图 6-2-1 简支梁桥

任务思考

思考:怎样计算梁在外力作用下产生的内力?

任务分析

第一步:平面弯曲梁的内力是什么?
第二步:内力在受力图中怎么表示?
第三步:如何计算内力?

相关知识

1. 平面弯曲梁的内力——剪力、弯矩

分析简支梁上任一横截面 m—m 上的内力。用截面法分析平面弯曲梁的内力,具体步骤及过程见表 6-2-1。

表 6-2-1 截面法分析平面弯曲梁内力

步骤	具体过程及图示
步骤一 一分为二	假想用一平面在横截面 m—m 处把梁一分为二,如图 6-2-2 所示。 图 6-2-2 截取杆件
步骤二 取一弃一	取其中任一部分为研究对象,如取左段为研究对象,如图 6-2-3 所示。 图 6-2-3 取左段为研究对象
步骤三 绘制受力图	1. 左段满足平衡状态,既不能移动,也不能转动。 2. 为使左段满足 $\sum F_y = 0$,横截面 m—m 上必然有与 F_{RA} 等值、平行且反向的内力 F_S 存在,这个内力 F_S 称为**剪力**。 3. 因 F_{RA} 对横截面 m—m 的形心点 O 有一个力矩 $F_{RA}x$ 的作用,为使左段满足 $\sum M_O = 0$,横截面 m—m 上必然有一个与此力矩大小相等、转向相反的内力偶矩 M 存在,这个内力偶矩 M 称为**弯矩**,如图 6-2-4 所示。 图 6-2-4 受力图
步骤四 平衡求解	用静力学平衡条件列平衡方程,根据已知外力计算出内力

结论:梁发生弯曲变形产生的内力有剪力 F_S 和弯矩 M 两种。

【注意】 剪力的单位通常为 N 或 kN,弯矩的单位通常为 N·m 或 kN·m。

2. 剪力、弯矩的正、负号规定

为了使从左、右两段梁求得同一横截面上的剪力 F_S 和弯矩 M 具有相同的正负号,同时依据工程习惯要求,对剪力和弯矩的正负号做如下规定,具体要求见表 6-2-2。

表 6-2-2　剪力与弯矩正负号规定

内力	正负号规定	图示
剪力	使梁段有顺时针转动趋势的剪力为正，如图 6-2-5(a)所示；反之使梁段有逆时针转动趋势的剪力为负，如图 6-2-5(b)所示。 【提示】　左上右下剪力为正(左或右指截断面在研究对象的左侧或右侧)	图 6-2-5　剪力正负号 (a)正；(b)负
弯矩	使梁段产生下侧受拉(或者下凸变形)的弯矩为正，如图 6-2-6(a)所示；反之使梁段产生上侧受拉(或者上凸变形)的弯矩为负，如图 6-2-6(b)所示。 【提示】　左顺右逆弯矩为正(左或右指截断面在研究对象的左侧或右侧)	图 6-2-6　弯矩正负号 (a)正；(b)负

【总结】
1. 计算梁的内力时，先在受力图中假定内力为正。
2. 弯矩计算结果为正，表示此段梁的变形为下凸变形；计算结果为负，表示此段梁的变形为上凸变形

任务实施

第一步：认识平面弯曲梁的内力
平面弯曲梁的内力有剪力和弯矩两种。

第二步：内力在受力图中的表示
内力在受力图中先假定为正。

第三步：截面法计算内力
用截面法计算内力，正确绘制受力图，用静力学平衡条件列方程，根据已知外力计算出内力。

巩固拓展

1. 用截面法计算指定横截面上的剪力和弯矩

【案例描述】

外伸梁在房屋及桥梁结构中广泛使用，图 6-2-7 所示为房屋结构中的外伸梁。现有一外伸梁 AB 的结构受力简图如图 6-2-8 所示，请用截面法计算指定横截面 D 上的剪力和弯矩。

图 6-2-7 房屋结构中的外伸梁

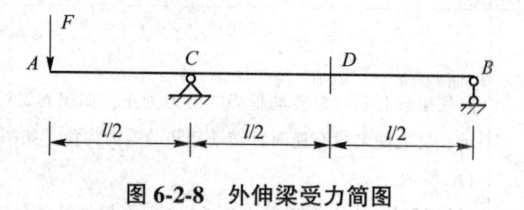

图 6-2-8 外伸梁受力简图

【分析及实施】

第一步：求支座反力 F_{RC} 和 F_{RB}。受力图如图 6-2-9 所示，由平衡方程：

$$\sum M_C = 0 \Rightarrow F_{RB}l + F\frac{l}{2} = 0$$

$$\sum M_B = 0 \Rightarrow -F_{RC}l + F\frac{3l}{2} = 0$$

解得

$$F_{RB} = -\frac{F}{2}(\uparrow)$$

$$F_{RC} = \frac{3F}{2}(\uparrow)$$

第二步：用截面法计算 D 截面上的剪力 F_{SD} 和弯矩 M_D。将梁 AB 沿横截面 D 截开，如取右段为研究对象绘制受力图，如图 6-2-10 所示。在右段受力图上展示内力 F_{SD} 和 M_D，先假定内力方向为正。

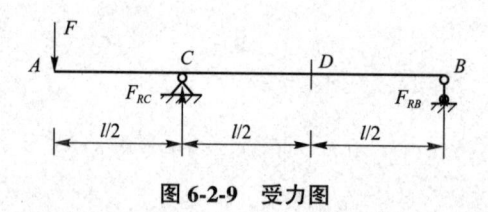

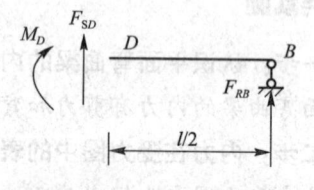

图 6-2-9 受力图

图 6-2-10 右段受力图

由静力学平衡条件：

$$\sum F_y = 0 \Rightarrow F_{SD} + F_{RB} = 0$$

$$\sum M_O = 0 \Rightarrow -M_D + F_{RB}\frac{l}{2} = 0 \text{（矩心 } O \text{ 为 } D \text{ 截面的形心）}$$

解得

$$F_{SD} = \frac{F}{2}$$

$$M_D = -\frac{Fl}{4}$$

求得 F_{SD} 为正值，说明右段 D 截面上剪力的实际方向与假定的方向相同；求得 M_D 为负值,说明右段 D 截面上弯矩的实际方向与假定的方向相反,也表示 D 截面右段梁产生上凸变形。

2. 用直接法计算指定横截面上的剪力和弯矩

通过总结规律,省去绘制受力图和列平衡方程,直接根据外力计算梁内力,称为剪力和弯矩的**直接计算法**。直接法具体过程及计算公式见表 6-2-3。

表 6-2-3 剪力和弯矩的直接计算法

内力直接计算法	具体过程	计算公式
剪力直接计算法	梁内任一横截面上的剪力 F_S 的大小等于该横截面一侧(左侧或右侧)与横截面平行的所有外力的代数和,如式(6-2-1)。 【注意】 若外力对所求截面产生顺时针方向转动趋势时,等式右边取正号(顺转剪力正);反之,取负号	$F_S = \sum F_{左}$ 或 $F_S = \sum F_{右}$ (6-2-1)
弯矩直接计算法	梁内任一横截面上的弯矩 M 的大小等于该横截面一侧(左侧或右侧)所有外力对该截面形心的力矩的代数和,如式(6-2-2)。 【注意】 将所求截面位置假想固定,若外力矩使所求梁段产生下凸变形,等式右边取正号(下凸弯矩正);反之,取负号	$M = \sum M_O(F_{左})$ 或 $M = \sum M_O(F_{右})$ (矩心 O 为截面的形心) (6-2-2)

巩固练习

任务要求	请同学们想一想运用直接法计算梁的内力要注意哪些问题?请用直接法计算上面案例分析中的外伸梁指定截面处的剪力和弯矩 微课:巩固练习
分析思路	
实施过程	
考核评价	配分:共 100 分(其中分析思路 50 分,实施过程 50 分) 得分:_____

能力训练

能力任务	图 6-2-11 所示为火车轮轴受到火车车厢作用的示意图，请同学们分别用截面法及直接法计算轮轴 AB 段受到的剪力和弯矩的大小。 图 6-2-11　火车轮轴受作用示意
能力展示	
能力评价	总分：100 分　　　　　　　　　　　得分：_____

测评与改进

评价项目	评分标准	配分	主体评价/分				诊断改进
			自评	互评	教师评	综合评	
素质	1. 具备善于思考、寻求规律的能力。 2. 具备深入探究、勇于创新的精神	30					
知识	1. 能正确理解剪力和弯矩的概念。 2. 能掌握剪力和弯矩的符号规律。 3. 能掌握截面法计算剪力和弯矩的步骤。 4. 能正确理解直接计算法的规律	30					
能力	1. 能熟练运用截面法计算平面弯曲梁的内力。 2. 能熟练运用直接法计算平面弯曲梁的内力	40					

总结与反思

任务3 绘制平面弯曲梁内力图

任务目标

素质目标
1. 培养发现问题、分析问题、寻找规律、解决问题的能力。
2. 培养善于学习、坚持不懈、深入探究、勇于创新的精神。

知识目标
1. 理解剪力图、弯矩图的概念及作用。
2. 掌握内力图绘制步骤。
3. 掌握荷载与剪力方程、弯矩方程之间的微分关系。
4. 掌握荷载与剪力图、弯矩图之间的规律。

能力目标
1. 能建立内力方程。
2. 能运用内力方程绘制剪力图、弯矩图。
3. 能依据规律,运用快捷法绘制剪力图、弯矩图。

任务描述

吊单杠是同学们很熟悉的运动,如图 6-3-1 所示。当人对单杠施加竖直向下的荷载后,单杠就相当于一根梁。

任务思考

思考:如想知道此时单杠产生最大内力的位置及大小,应怎样解决这个问题?

图 6-3-1 吊单杠

任务分析

第一步:借鉴已有的学习经验,杆件基本变形是通过什么方式直观表示最大内力的?
第二步:寻求一种表示内力变化规律的方法。
第三步:依据内力变化规律找出最大内力位置及大小。

相关知识

1. 剪力图、弯矩图的作用

为了计算梁的强度和刚度问题,除要计算指定截面的剪力和弯矩外,还必须了解剪力与弯矩沿梁轴线变化的规律,并找出梁上最大剪力与最大弯矩,明确它们在梁上横截面的具体位置。因此,可以使用**剪力图**和**弯矩图**形象、直观地表示剪力和弯矩沿梁轴线的变化规律。

2. 剪力方程、弯矩方程

一般情况下,梁横截面上的内力(剪力和弯矩)随截面位置 x 的不同而变化,若横截面

的位置用沿梁轴线的坐标 x 来表示，则各横截面的剪力和弯矩都可以表示为横截面位置 x 的函数，即

$$F_S = F_S(x)$$
$$M = M(x)$$

以上两式分别称为**剪力方程**和**弯矩方程**。通常把剪力方程和弯矩方程叫作梁的**内力方程**，内力方程可以表明梁的内力沿梁轴线的变化规律。

3. 绘制剪力图、弯矩图的方法及步骤

绘制方法是依据剪力方程和弯矩方程，按照适当的比例绘制出剪力图和弯矩图；绘制步骤与前面轴力图及扭矩图类似。相关注意事项如下所示。

（1）以梁横截面沿轴线的位置为横坐标 x，以横截面上的剪力或弯矩为纵坐标。

（2）正剪力画在 x 轴上方，负剪力画在 x 轴下方；正弯矩画在 x 轴下方，负弯矩画在 x 轴上方。

（3）一般要求剪力图和弯矩图与梁的计算简图对齐，并标注图名（F_S 图、M 图）、控制点内力值、内力正负号，坐标轴可以省略不画。

任务实施

第一步：直观表示最大内力的方式

杆件基本变形通常通过内力图直观表示其最大内力。

第二步：表示内力变化规律的方法

用剪力方程和弯矩方程表示梁的内力沿梁轴线变化规律，任务中的单杠就是一根梁。

第三步：依据内力方程及内力图确定最大内力位置及大小

依据内力方程即剪力方程和弯矩方程绘制内力图，通过剪力图和弯矩图就能确定剪力最大值和弯矩最大值，并确定最大值的横截面位置。

巩固拓展

1. 运用内力方程绘制内力图

【案例描述1】

建筑结构中常使用悬臂梁，图6-3-2所示为一房屋结构中的悬臂梁。假设一悬臂梁 AB 在自由端有集中力 F 作用，梁自重不计，如图6-3-3所示，试绘制梁 AB 的剪力图和弯矩图，并确定最大内力值。

图 6-3-2　房屋结构中的悬臂梁

图 6-3-3　悬臂梁结构计算简图

【分析及实施】

第一步：求剪力方程和弯矩方程。利用截面法求距悬臂梁左端 A 为 x 的横截面上[图 6-3-4(a)]的剪力和弯矩分别为

$$F_S(x) = -F(0 \leq x \leq l)$$
$$M(x) = -Fx(0 \leq x \leq l)$$

此两式即梁的剪力方程和弯矩方程。通过内力方程便可计算出梁上任意横截面的剪力和弯矩。

第二步：依据内力方程绘制剪力图和弯矩图。

(1)剪力方程是常数，所以剪力图是一条平行于梁轴线的直线段，因为是负值，绘制在横轴下方，如图 6-3-4(b)所示。

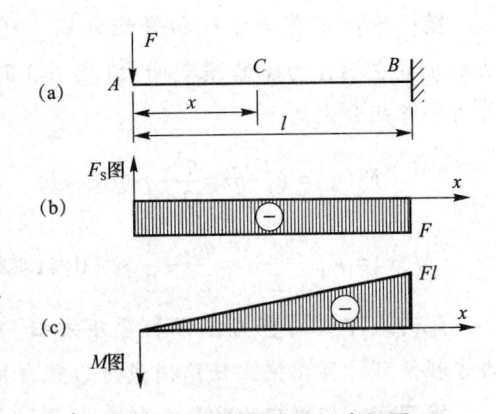

图 6-3-4 悬臂梁剪力、弯矩图
(a)受力分析；(b)剪力图；(c)弯矩图

(2)弯矩方程是关于 x 的一元一次函数，所以弯矩图是一条斜直线，只要确定任两个横截面上的内力值，一般选**控制截面**，就能找到这条直线上对应位置的两个点，就可以画出弯矩图，因为是负值，绘制在横轴上方，如图 6-3-4(c)所示。

【提示】 控制截面指梁上集中力作用处、分布荷载两端作用处、分布荷载中间作用处、外力偶作用处。

控制截面剪力及弯矩值见表 6-3-1。

第三步：通过内力图能确定：全梁剪力值相等，F_S 绝对值等于 F，最大弯矩在 B 截面处，M_{max} 绝对值等于 Fl。

表 6-3-1 控制截面内力值

控制截面	剪力	弯矩
A 截面($x=0$)	$-F$	0
B 截面($x=l$)	$-F$	$-Fl$

【案例描述 2】

图 6-3-5 所示为一单跨简支梁桥，如只考虑桥梁自重，其他荷载不计，图 6-3-6 所示为此桥的梁结构计算简图，绘制梁 AB 的剪力图和弯矩图，并确定最大内力值。

图 6-3-5 单跨简支梁桥

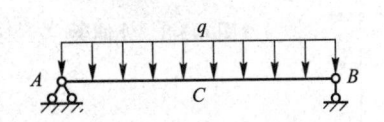

图 6-3-6 梁结构计算简图

【分析及实施】

第一步：求剪力方程和弯矩方程。利用截面法求距梁左端 A 为 x 的横截面上 [图 6-3-7(a)] 的剪力和弯矩分别为

$$F_S(x) = F_A - qx = \frac{ql}{2} - qx \quad (0 < x < l)$$

$$M(x) = F_A x - \frac{q}{2}x^2 = \frac{ql}{2}x - \frac{1}{2}qx^2 \quad (0 \leq x \leq l)$$

此两式即梁的剪力方程和弯矩方程。通过内力方程便可计算出梁上任意横截面的剪力和弯矩。

第二步：依据内力方程绘制剪力图和弯矩图。

(1) 剪力方程是关于 x 的一元一次函数，所以剪力图是一条斜直线，确定控制截面 A、B 的剪力值，绘制出剪力图，如图 6-3-7(b) 所示。

(2) 弯矩方程是关于 x 的一元二次函数，所以弯矩图是一抛物线，需要确定至少 3 个横截面上的弯矩值，选取控制截面 A、B、C（跨中截面），依据内力方程计算出弯矩值，绘制出弯矩图，如图 6-3-7(c) 所示。

控制截面剪力及弯矩值见表 6-3-2。

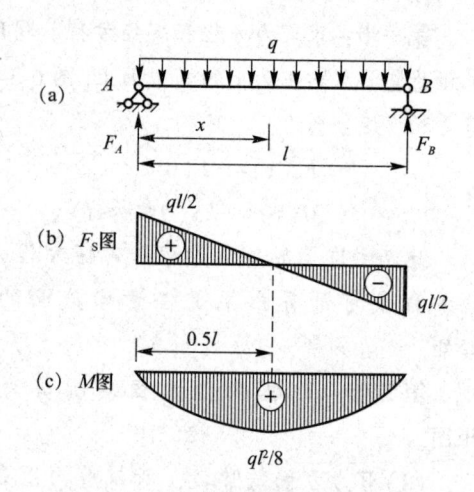

图 6-3-7 单跨简支梁剪力、弯矩图
(a) 受力分析；(b) 剪力图；(c) 弯矩图

表 6-3-2 控制截面内力值

控制截面	剪力	弯矩
A 截面 ($x=0$)	$ql/2$	0
B 截面 ($x=l$)	$-ql/2$	0
C 截面 ($x=l/2$)	0	$ql^2/8$

第三步：通过内力图能确定：全梁最大剪力值在 A 和 B 截面，F_{Smax} 绝对值等于 $ql/2$，最大弯矩值在跨中截面 C 处，M_{max} 等于 $ql^2/8$。

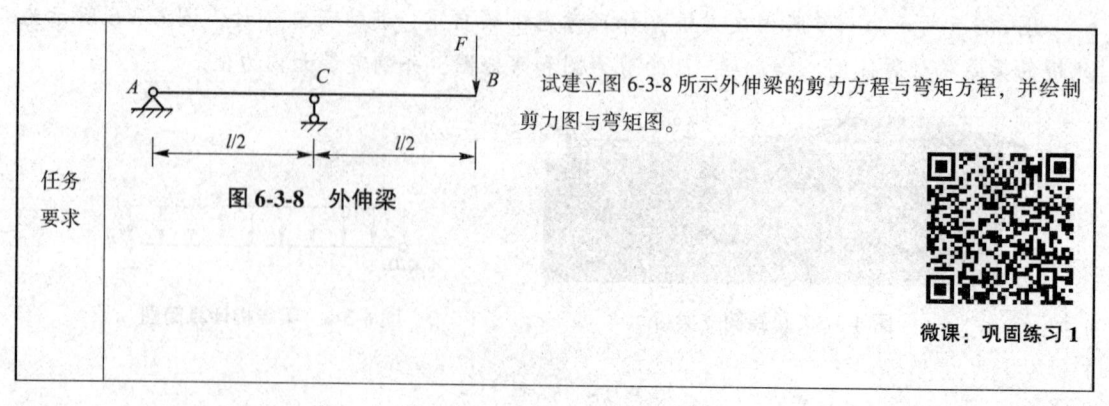

巩固练习1

任务要求	图 6-3-8 外伸梁 试建立图 6-3-8 所示外伸梁的剪力方程与弯矩方程，并绘制剪力图与弯矩图。 微课：巩固练习1

分析思路	
实施过程	
考核评价	配分：共100分(其中分析思路50分，实施过程50分) 得分：_____

2. 运用快捷法绘制内力图

（1）$q(x)$、$F_S(x)$、$M(x)$之间的微分关系。内力图是依据内力方程绘制出来的，力学领域的专家针对不同的荷载，对内力函数深入研究发现了分布荷载$q(x)$、剪力$F_S(x)$、弯矩$M(x)$三者之间的微分关系，见表6-3-3。掌握这些规律有助于我们更方便、更快捷地绘制内力图。

表6-3-3　$q(x)$、$F_S(x)$、$M(x)$三者之间的微分关系

$q(x)$、$F_S(x)$、$M(x)$关系	结论	函数关系
$q(x)$、$F_S(x)$微分关系	1. 梁上任一横截面上的剪力对x的一阶导数等于作用在该截面上的分布荷载集度。 2. 几何意义：剪力图上某点切线的斜率等于相应截面处的分布荷载集度	$\dfrac{dF_S(x)}{dx}=q(x)$ (6-3-1)
$F_S(x)$、$M(x)$微分关系	1. 梁上任一横截面上的弯矩对x的一阶导数等于作用在该截面上的剪力。 2. 几何意义：弯矩图上某点切线的斜率等于相应截面上的剪力	$\dfrac{dM(x)}{dx}=F_S(x)$ (6-3-2)
$q(x)$、$M(x)$微分关系	1. 梁上任一横截面上的弯矩对x的二阶导数等于该截面处的分布荷载集度。 2. 几何意义：弯矩图上某点的曲率等于相应截面处的分布荷载集度，即由分布荷载集度的正负可以确定弯矩图的凹凸方向	$\dfrac{d^2M(x)}{dx^2}=q(x)$ (6-3-3)

（2）依据微分关系总结F_S图、M图与荷载之间的变化规律。利用弯矩、剪力与荷载集度之间的微分关系及其几何意义，可总结出F_S图、M图与荷载之间的变化规律，见表6-3-4，以此校核或绘制梁的剪力图和弯矩图。

表6-3-4　F_S图、M图与荷载之间的变化规律

【1】无分布荷载作用的梁段，即$q(x)=0$	F_S图	M图
由于$q(x)=0$，相当于$F_S(x)$的一阶导数等于零，$F_S(x)$为常数，因此剪力图为与梁轴线平行的直线；由于$F_S(x)$为常数，相当于$M(x)$的一阶导数等于常数，$M(x)$为一元一次函数，因此弯矩图为斜直线，斜率随F_S而定	水平直线 $F_S>0$ ⊕ 或 $F_S<0$ ⊖	$F_S>0$ 斜直线 $F_S>0$　$F_S<0$ 或

续表

【2】均布荷载作用的梁段，即 $q(x)=C$(常数)	F_S 图	M 图
由于 $q(x)=C$(常数)，相当于 $F_S(x)$ 的一阶导数等于常数，$F_S(x)$ 为一元一次函数，因此剪力图为斜直线，斜率随 q 值而定；由于 $F_S(x)$ 为一元一次函数，相当于 $M(x)$ 的一阶导数等于一元一次函数，$M(x)$ 为一元二次函数，因此弯矩图为二次抛物线。当 $q>0$ 时，弯矩图为上凸曲线，当 $q<0$ 时，弯矩图为下凸曲线。在 $F_S(x)=0$ 的横截面处是弯矩图的极值点，对应弯矩的极值	$q(x)=C>0$ 上斜直线 $q(x)=C<0$ 下斜直线	$q(x)=C>0$ 上凸抛物线 $q(x)=C<0$ 下凸抛物线
【3】梁上集中力 F 作用处	F_S 图	M 图
在集中力作用处剪力图发生突变，突变值等于该集中力值，并且当从左向右作剪力图时，突变方向与该集中力方向一致；弯矩图在集中力作用处有尖角	$\}F$	F 处有尖角
【4】梁上集中力偶 M_o 作用处	F_S 图	M 图
在集中力偶作用处剪力图没有发生变化；弯矩图发生突变，突变值等于该集中力偶值	无变化	$\}M_o$

(3) 快捷法绘制剪力图和弯矩图。运用 F_S 图、M 图与荷载之间的变化规律，能快速、简捷地绘制梁的剪力图和弯矩图，称为**快捷法**。快捷法绘制剪力图与弯矩图的主要步骤见表 6-3-5。

表 6-3-5　快捷法绘制剪力图与弯矩图步骤

步骤	具体过程
第一步：计算支座反力	运用静力学平衡条件计算支座反力(悬臂梁有时可不用求)
第二步：分段	根据梁上的荷载情况，将梁分成若干段无荷载段和均布荷载段，各段的两端为控制截面
第三步：计算控制截面内力值	将每段控制截面的内力值用截面法或直接法求出。水平求一个值；斜直线求两个值；抛物线除要求两端的控制截面内力值外，一般还要找均布荷载作用长度中点处的截面，求出其内力值，如有极值，要将极值求出
第四步：绘制内力图	运用 F_S 图、M 图与荷载之间的变化规律，绘制出剪力图和弯矩图

【注意】　运用 F_S 图、M 图与荷载之间的变化规律绘制内力图时，是从梁的左侧往右侧的顺序绘制的。

【案例描述 3】

图 6-3-9 所示为外伸梁式双杠。已知一外伸梁尺寸及荷载如图 6-3-10 所示，请运用快捷法作梁的剪力图和弯矩图。

图 6-3-9　外伸梁式双杠

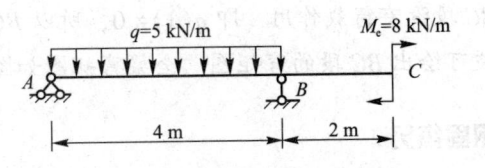

图 6-3-10　外伸梁结构计算简图

【分析及实施】

第一步：计算支座反力。支座反力如图 6-3-11(a)所示，由静力学平衡条件得
$$F_{RA} = 8 \text{ kN}(\uparrow)$$
$$F_{RB} = 12 \text{ kN}(\uparrow)$$

第二步：分段。梁上外力将梁分为两段，即 AB 段和 BC 段。

第三步：计算控制截面内力值。AB 段及 BC 段控制截面内力值见表 6-3-6。

表 6-3-6　AB 段、BC 段控制截面内力值

控制截面	剪力 F_S	弯矩 M
A 截面 ($x=0$)	$F_{SA右} = 8$ kN	$M_A = 0$
B 截面 ($x=4$ m)	$F_{SB左} = -12$ kN $F_{SB右} = 0$	$M_B = -8$ kN·m
C 截面 ($x=6$ m)	0	$M_{C左} = -8$ kN·m
D 截面 ($x=1.6$ m)	0	$M_{极值} = 6.4$ kN·m

【注意】　因为 AB 段中弯矩图为二次抛物线，所以还应求出 $F_S = 0$ 的 D 截面位置，以确定弯矩的极值。

设 D 截面距梁左端点 A 为 x，因为在 x 处截面上剪力为零，有
$$F_{Sx} = F_{RA} - qx = 0$$
$$x = \frac{F_{RA}}{q} = \frac{8 \times 10^3}{5 \times 10^3} = 1.6 \text{ (m)}$$

AB 段内在剪力为零的截面 D 处弯矩有极值，为
$$M_{极值} = F_{RA} \times 1.6 - \frac{1}{2} q \times 1.6^2 = 6.4 \text{ (kN·m)}$$

第四步：绘制内力图。

(1) 作剪力图。由以上各段控制截面的剪力值并结合微分关系，便可绘出全梁剪力图，如图 6-3-11(b) 所示。

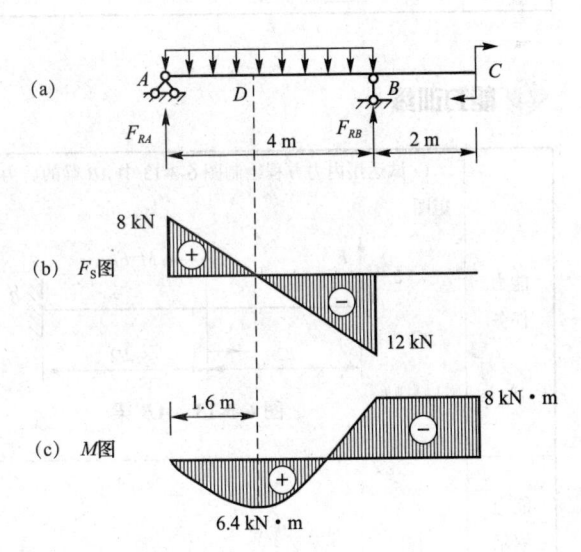

图 6-3-11　外伸梁剪力、弯矩图
(a) 支座反力；(b) 剪力图；(c) 弯矩图

185

（2）作弯矩图。AB段作用有向下的均布荷载，即 $q(x)=$ 常数 <0，所以AB段的弯矩图为下凸二次抛物线，由分段处 M_A 及 M_B 的值及剪力为零处的 $M_{极值}$，便可绘出AB段的弯矩图；BC段没有荷载作用，即 $q(x)=0$，所以BC段的弯矩图为直线，由分段处 M_B 或 M_C 的值，便可绘出BC段的弯矩图。全梁弯矩图如图6-3-11（c）所示。

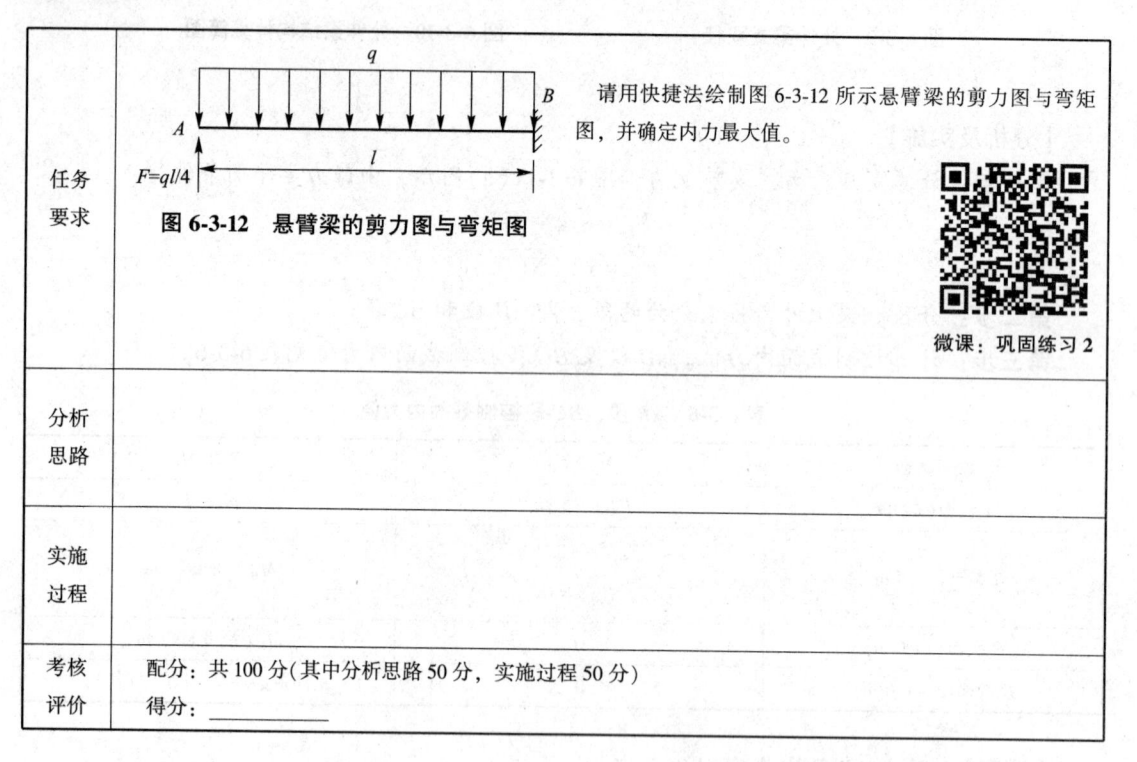

巩固练习2

任务要求	图6-3-12 悬臂梁的剪力图与弯矩图 请用快捷法绘制图6-3-12所示悬臂梁的剪力图与弯矩图，并确定内力最大值。 微课：巩固练习2
分析思路	
实施过程	
考核评价	配分：共100分（其中分析思路50分，实施过程50分） 得分：

能力训练

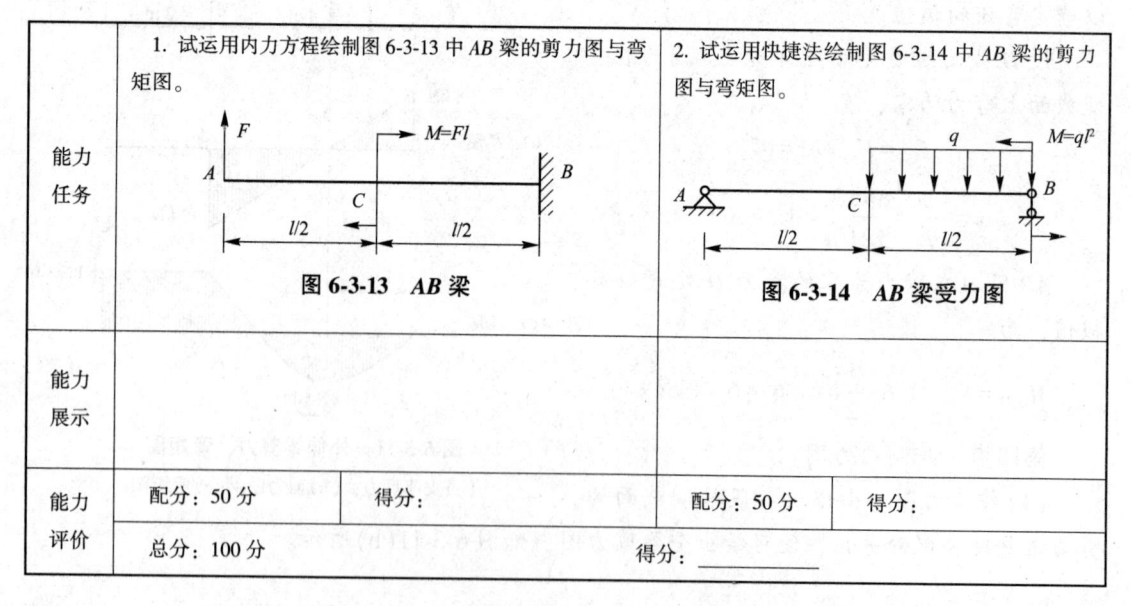

能力任务	1. 试运用内力方程绘制图6-3-13中AB梁的剪力图与弯矩图。 图6-3-13 AB梁	2. 试运用快捷法绘制图6-3-14中AB梁的剪力图与弯矩图。 图6-3-14 AB梁受力图
能力展示		
能力评价	配分：50分　　得分：	配分：50分　　得分：
	总分：100分	得分：

测评与改进

评价项目	评分标准	配分	自评	互评	教师评	综合评	诊断改进
素质	1. 具备发现问题、分析问题、寻找规律、解决问题的能力。 2. 具备善于学习、坚持不懈、深入探究、勇于创新的精神	30					
知识	1. 能理解剪力图、弯矩图概念及作用。 2. 能正确掌握内力图绘制步骤。 3. 能熟练掌握荷载与剪力方程、弯矩方程之间的微分关系。 4. 能熟练掌握荷载与剪力图、弯矩图之间的规律	30					
能力	1. 能正确建立内力方程。 2. 能熟练运用内力方程绘制剪力图、弯矩图。 3. 能依据规律，熟练运用快捷法绘制剪力图、弯矩图	40					

总结与反思

任务4　计算平面弯曲梁正应力及强度

任务目标

素质目标

1. 培养积极思考问题、分析问题、解决问题的能力。
2. 培养善于学习、坚持不懈、深入探究、勇于创新的精神。

知识目标

1. 理解纯弯曲的概念。
2. 理解正应力分布规律及计算公式。
3. 理解正应力强度条件。

能力目标

1. 能运用正应力计算公式计算正应力。
2. 能运用正应力强度条件解决强度问题。

任务描述

图 6-4-1 所示为安全工作的桥梁。桥梁等结构物能安全正常使用是因为满足强度、刚度和稳定性要求。

图 6-4-1　工作中的桥梁

任务思考

思考：怎样分析梁结构的强度问题？

任务分析

第一步：需要找出梁结构工作中所受内力最大的位置。

第二步：因为结构破坏是从结构中某一点开始，然后逐渐扩展，因此要计算出内力最大截面处的最大应力点。

第三步：依据最大应力和结构的许用应力建立强度条件，从而进行强度分析。

相关知识

1. 纯弯曲

通常情况下,梁发生平面弯曲会同时产生剪力和弯矩。因此,梁的横截面上同时产生剪力对应的**切应力**与弯矩对应的**正应力**,这种弯曲变形称为**横力弯曲**(或剪切弯曲)。在特殊情况下,梁上某段只有弯矩而无剪力,只产生正应力,这种弯曲变形称为**纯弯曲**。如图 6-4-2 所示,简支梁 CD 段就为纯弯曲变形,在 CD 段内的弯矩 $M=Fa=$ 常数,而剪力 F_S 等于零。

2. 假设与推理

【做一做 看一看】

做试验:在梁段表面画纵向直线及横向线,施加荷载使梁段处于纯弯曲状态,如图 6-4-3 所示。

观现象:(1)变形前梁上与纵向直线垂直的横向线在变形后仍为直线,并且仍然与变形后的梁轴线(简称挠曲线)保持垂直,但相对转过一个角度。

(2)变形前互相平行的纵向直线,变形后均变为圆弧线,并且上部的纵线缩短,下部的纵线伸长,其间必存在一长度不变的过渡层,此层称为**中性层**。中性层与横截面的交线称为**中性轴**,如图 6-4-4 所示。

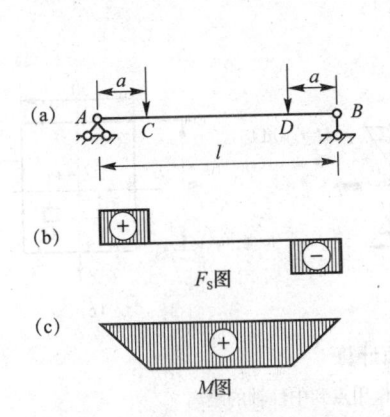

图 6-4-2 简支梁剪力、弯矩图
(a)受力分析;(b)剪力图;(c)弯矩图

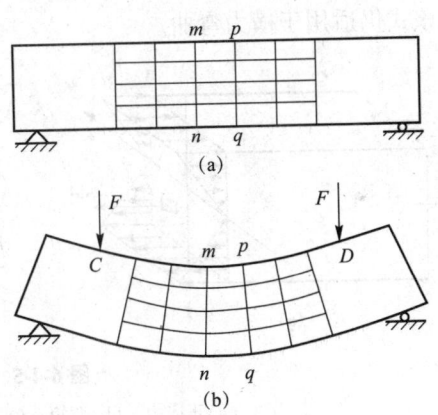

图 6-4-3 纯弯曲

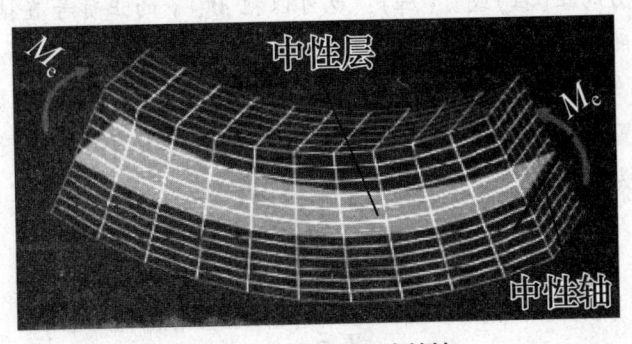

图 6-4-4 中性层和中性轴

结论：（1）平面假设——梁变形后，横截面仍然保持平面，仍然与梁轴线保持垂直。

（2）单向受力假设——把梁看成由无数根纵向纤维组成，则梁变形后各纤维只受拉伸或压缩作用，不存在相互挤压。

3. 正应力计算公式

依据纯弯曲梁变形特点及假设推理，得到正应力分布规律的结论如下：

梁横截面上各点的正应力 σ 大小与该点到中性轴 z 的距离 y 成正比，即以中性轴 z 为分界线，沿截面高度呈线性分布，中性层上各点的正应力为零，在距中性轴等距离的各点处正应力相等，如图6-4-5（a）所示。

纯弯曲梁横截面弯矩 M 是由各点的正应力合成的结果，如图6-4-5（b）所示，其任一点处正应力的计算公式如下：

$$\sigma = \frac{My}{I_z} \tag{6-4-1}$$

式中 σ——纯弯曲梁横截面上某点的正应力；

M——纯弯曲梁横截面上的弯矩；

y——正应力作用点到中性轴的距离，如图6-4-5（c）所示；

I_z——截面对中性轴 z 的**惯性矩**。

应指出：式（6-4-1）虽然是在纯弯曲的情况下建立的，但当梁的跨度和梁高度之比大于5时，该式仍适用于横力弯曲。

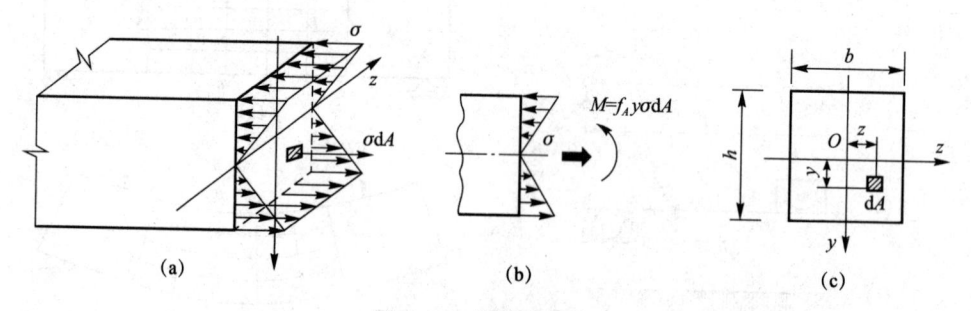

图6-4-5 梁截面计算
（a）正应力；（b）弯矩；（c）正应力作用点到中性轴的距离

【提示】 在使用式（6-4-1）时，可以先以 M、y 的绝对值代入计算应力的大小，然后根据弯矩变形判断应力的正（拉）或负（压）；也可以把 M、y 的正负号直接代入计算应力的大小，直接判断应力的正（拉）或负（压）。

由式（6-4-1）可知，对整个等截面梁来讲，最大正应力应发生在弯矩最大的横截面上，距中性轴最远的位置，一侧为最大拉应力，另一侧为最大压应力，如图6-4-5所示。因此，最大应力值可表示为

$$\sigma_{max} = \frac{M_{max} y_{max}}{I_z} \tag{6-4-2}$$

令

$$W_z = \frac{I_z}{y_{max}}$$

则最大正应力可改写为

$$\sigma_{max} = \frac{M_{max}}{W_z} \tag{6-4-3}$$

式中　W_z——截面对中性轴 z 的**抗弯截面系数**，它只与梁的截面形状和尺寸有关，是衡量截面抗弯能力的一个几何量，常用单位是 mm³ 或 m³。

【注意】　若梁的横截面对称于中性轴，则最大拉应力与最大压应力的值相等；若梁的横截面不对称于中性轴，如 T 形截面梁，由于 $y_上 \neq y_下$，则最大拉应力与最大压应力的值不相等。

4. 截面图形的几何性质

构件的截面都是具有一定几何形状的平面图形，与截面形状、尺寸有关的几何量叫作截面的几何性质，如面积、形心等。截面的几何性质是影响构件承载能力的重要因素之一。

由式(6-4-1)可知，弯曲正应力计算与惯性矩 I_z 有关。截面惯性矩 I_z 与抗弯截面系数 W_z 一样是只与截面的形状及尺寸相关的几何量。对于矩形、圆形和圆环形等常见简单截面的惯性矩和抗弯截面系数见表 6-4-1。各种标准型钢截面的惯性矩和抗弯截面系数可从型钢表中查得，详见附录。

表 6-4-1　常见简单截面的惯性矩和抗弯截面系数

截面	惯性矩	抗弯截面系数
圆形（直径 d）	$I_z = \dfrac{\pi d^4}{64}$	$W_z = \dfrac{\pi d^3}{32}$
矩形（$b \times h$）	$I_z = \dfrac{bh^3}{12}$	$W_z = \dfrac{bh^2}{6}$
圆环形（外径 D，内径 d）	$I_z = \dfrac{\pi D^4}{64}(1-\alpha^4)$　$\alpha = \dfrac{d}{D}$	$W_z = \dfrac{\pi D^3}{32}(1-\alpha^4)$　$\alpha = \dfrac{d}{D}$
空心矩形（外 $b_0 \times h_0$，内 $b \times h$）	$I_z = \dfrac{b_0 h_0^3}{12} - \dfrac{bh^3}{12}$	$W_z = \left(\dfrac{b_0 h_0^3}{12} - \dfrac{bh^3}{12}\right) / (h_0/2)$

5. 正应力强度条件

为了保证梁具有足够的强度，能安全可靠工作，必须满足梁内最大工作应力 σ_{max} 不超过材料的许用应力 $[\sigma]$，许用应力的值可在有关设计规范中查得。

对于等截面直梁，弯曲正应力强度条件为

$$\sigma_{max} = \frac{M_{max}}{W_z} \leq [\sigma] \tag{6-4-4}$$

对于抗拉强度和抗压强度不同的材料，则要求梁的最大拉应力 σ_{max}^+ 不超过材料的许用拉应力 $[\sigma^+]$，最大压应力 σ_{max}^- 不超过材料的许用压应力 $[\sigma^-]$，即

$$\sigma_{max}^+ \leq [\sigma^+] \tag{6-4-5}$$

$$\sigma_{max}^- \leq [\sigma^-] \tag{6-4-6}$$

运用正应力强度条件，可以解决工程实际中梁的强度校核、设计截面尺寸和确定许可荷载 3 类问题。具体过程见表 6-4-2。

表 6-4-2 弯曲变形梁 3 类强度问题应用

强度问题	问题描述	强度条件
强度校核	已知梁的材料、横截面形状、尺寸及所受荷载，校核梁是否安全	$\sigma_{max} = \dfrac{M_{max}}{W_z} \leq [\sigma]$
设计截面尺寸	已知梁承受的荷载及所用材料，确定梁横截面尺寸。先计算抗弯截面系数，再由梁的截面形状确定截面的具体尺寸	$W_z \geq \dfrac{M_{max}}{[\sigma]}$
确定许可荷载	已知梁的材料和截面尺寸，可按强度条件确定梁能承受的最大荷载。先计算梁的最大弯矩，再由最大弯矩与荷载的关系计算许可荷载	$M_{max} \leq W_z [\sigma]$

任务实施

第一步：计算最大内力
这里只针对纯弯曲变形梁，首先计算梁结构工作时受到的最大弯矩。

第二步：计算最大应力
运用正应力计算公式计算最大弯矩截面处的最大正应力。

第三步：建立强度条件
因为要保证桥梁能安全可靠工作，依据梁内最大工作应力 σ_{max} 不超过材料的许用应力 $[\sigma]$ 建立强度条件，从而进行强度分析，解决强度问题。

巩固拓展

1. 计算梁的正应力

【案例描述 1】

图 6-4-6 所示为一横截面为矩形的悬臂梁 AB，梁长为 l，在自由端作用一集中力 F，已

知 $h=0.18$ m, $b=0.12$ m, $y=0.06$ m, $a=2$ m, $F=1.5$ kN, 计算 C 截面上 K 点的正应力。

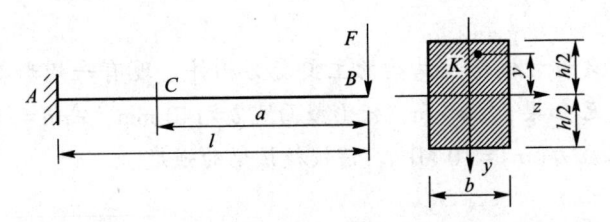

图 6-4-6 悬臂梁 AB

【分析及实施】

第一步：计算 C 截面上的弯矩。
$$M_C=-Fa=-1.5\times10^3\times2=-3\times10^3(\text{N}\cdot\text{m})$$

第二步：计算截面对中性轴的惯性矩。
$$I_z=\frac{bh^3}{12}=\frac{0.12\times0.18^3}{12}=0.583\times10^{-4}(\text{m}^4)$$

第三步：运用正应力计算公式。将 M_C、I_z、y 代入正应力计算公式，则有
$$\sigma_K=\frac{M_C}{I_z}y=\frac{-3\times10^3}{0.583\times10^{-4}}\times(-0.06)=3.09\times10^6(\text{Pa})=3.09\text{ MPa}$$

K 点的正应力为正值，表明其为拉应力。

巩固练习 1

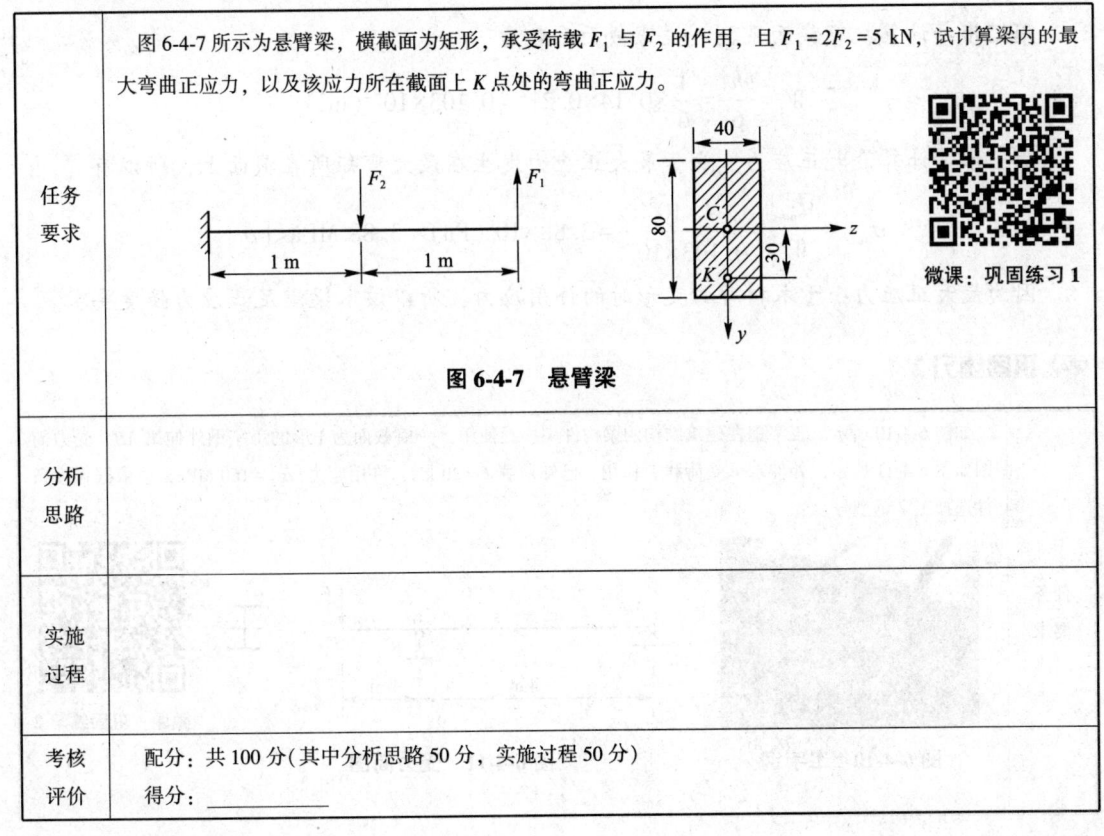

任务要求	图 6-4-7 所示为悬臂梁，横截面为矩形，承受荷载 F_1 与 F_2 的作用，且 $F_1=2F_2=5$ kN，试计算梁内的最大弯曲正应力，以及该应力所在截面上 K 点处的弯曲正应力。 **图 6-4-7 悬臂梁**
分析思路	
实施过程	
考核评价	配分：共 100 分(其中分析思路 50 分，实施过程 50 分) 得分：_____

2. 运用正应力强度条件

【案例描述2】

图6-4-8所示木梁为古代房屋结构的主要受力构件。现有一矩形截面的简支木梁 AB，如图6-4-9(a)所示，已知梁长 $l=4$ m，矩形截面宽 $b=140$ mm，高 $h=210$ mm，$q=2$ kN/m，弯曲时木材的许用正应力 $[\sigma]=10$ MPa，请校核该梁的强度。

图6-4-8 木梁支撑的房屋

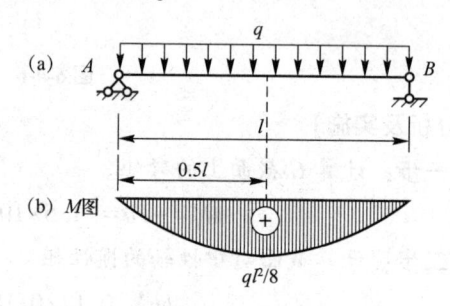

图6-4-9 简支木梁
(a)受力分析；(b)弯矩图

【分析及实施】

第一步：计算最大弯矩。绘制梁的弯矩图，如图6-4-9(b)所示。由梁的弯矩图可以看出，梁中最大弯矩发生在跨中截面上，其值为

$$M_{max} = \frac{1}{8}ql^2 = \frac{1}{8} \times 2 \times 10^3 \times 4^2 = 4 \times 10^3 (\text{N} \cdot \text{m})$$

第二步：计算抗弯截面系数。抗弯截面系数为

$$W_z = \frac{bh^2}{6} = \frac{1}{6} \times 0.14 \times 0.21^2 = 0.103 \times 10^{-2} (\text{m}^3)$$

第三步：计算最大正应力。由于最大正应力发生在最大弯矩所在截面上，所以有

$$\sigma_{max} = \frac{M_{max}}{W_z} = \frac{4 \times 10^3}{0.103 \times 10^{-2}} = 3.88 \times 10^6 (\text{Pa}) = 3.88 \text{ MPa} < [\sigma]$$

因为最大正应力小于木材弯曲变形时的许用应力，所以该木梁满足正应力强度要求。

巩固练习2

任务要求	如图6-4-10所示，工字钢在建筑结构的梁构件中广泛使用。一横截面为 I 形的工字钢外伸梁 AB，受力简图如图6-4-11所示，外伸端承受荷载 F 作用。已知荷载 $F=20$ kN，许用应力 $[\sigma]=160$ MPa，请依据强度条件选择工字钢型号。

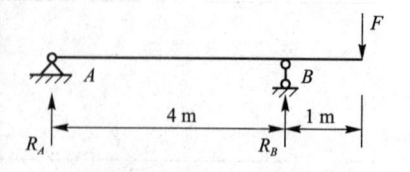

图6-4-10 工字钢　　图6-4-11 受力简图

微课：巩固练习2

续表

分析思路	
实施过程	
考核评价	配分：共100分(其中分析思路50分，实施过程50分) 得分：_____

能力训练

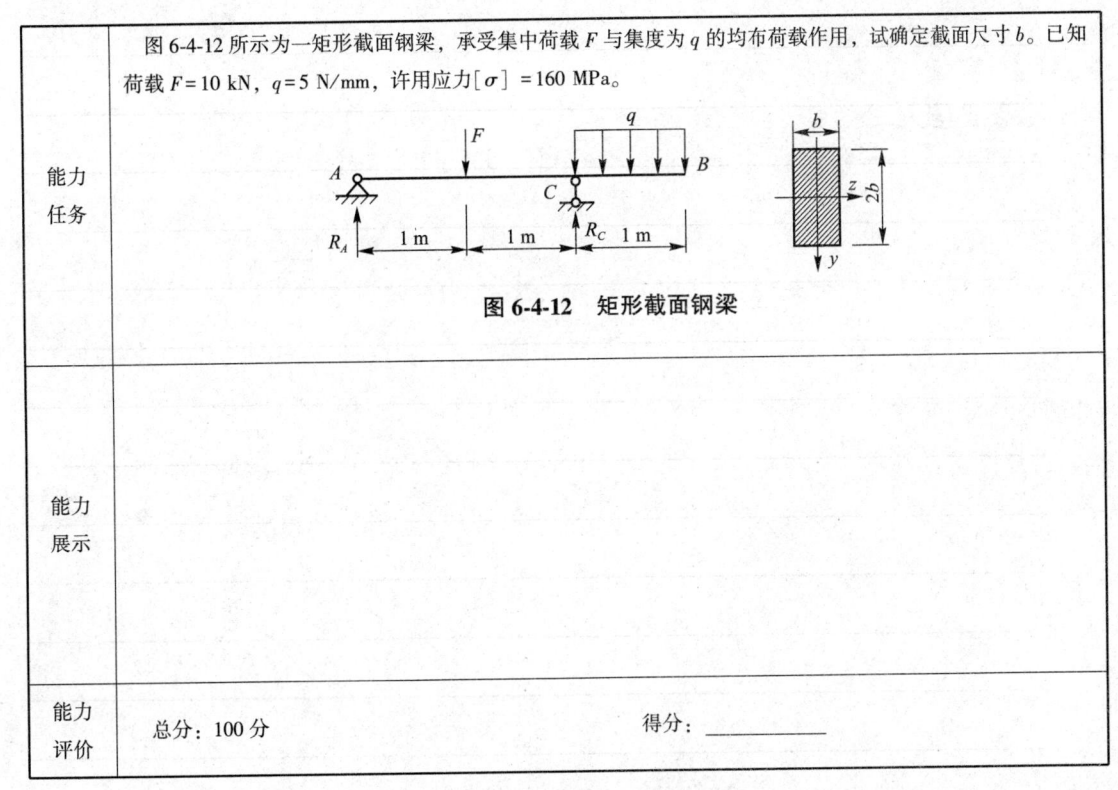

能力任务	图 6-4-12 所示为一矩形截面钢梁，承受集中荷载 F 与集度为 q 的均布荷载作用，试确定截面尺寸 b。已知荷载 $F=10$ kN，$q=5$ N/mm，许用应力 $[\sigma]=160$ MPa。 图 6-4-12　矩形截面钢梁
能力展示	
能力评价	总分：100分　　　　　　　　　　　　　得分：_____

测评与改进

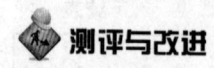

评价项目	评分标准	配分	主体评价/分				诊断改进
			自评	互评	教师评	综合评	
素质	1. 具备积极思考问题、分析问题、解决问题的能力。 2. 具备善于学习、坚持不懈、深入探究、勇于创新的精神	30					
知识	1. 能理解纯弯曲的概念。 2. 能理解正应力分布规律及计算公式。 3. 能理解正应力强度条件	30					
能力	1. 能熟练运用正应力计算公式计算正应力。 2. 能熟练运用正应力强度条件解决强度问题	40					

总结与反思

任务 5　计算平面弯曲梁切应力及强度

任务目标

知识目标
1. 了解切应力分布规律及常用截面梁的切应力计算公式。
2. 理解切应力强度条件。

能力目标
1. 能运用切应力计算公式计算切应力。
2. 能运用切应力强度条件解决强度问题。

素质目标
1. 培养积极思考问题、分析问题、解决问题的能力。
2. 培养善于学习、坚持不懈、深入探究、勇于创新的精神。

任务描述

图 6-5-1 所示为桥梁工程中的预制 T 梁，通常梁的强度计算由正应力强度条件控制，但有些情况下，切应力强度条件是控制主要因素。

图 6-5-1　桥梁工程中的预制 T 梁

任务思考

思考 1：在哪些情况下，切应力强度条件是梁的主要控制因素？
思考 2：怎样分析切应力强度条件？

任务分析

第一步：可通过查阅相关资料了解切应力。
第二步：怎样计算切应力？
第三步：怎样建立切应力强度条件？

> **相关知识**

梁在横力弯曲时，横截面上除产生弯矩 M 外，还有剪力 F_S，对应于剪力 F_S 有切应力 τ 产生。切应力 τ 的合成结果为剪力 F_S，τ 与 F_S 的关系如图 6-5-2 所示。

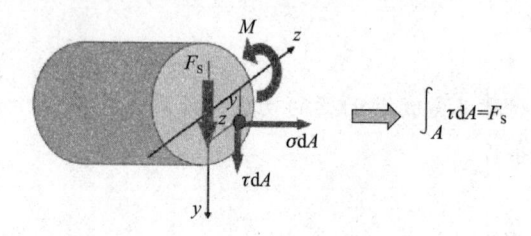

图 6-5-2 切应力与剪力的关系

1. 常见截面梁的切应力

（1）矩形截面梁的切应力。图 6-5-3(a)、(b) 所示的矩形截面梁，高度为 h，宽度为 b，发生横力弯曲，设横截面上各点切应力均与侧边平行，即平行于剪力 F_S，并沿截面宽度均匀分布，即距中性轴等距离的各点的切应力相等，则切应力的计算公式为

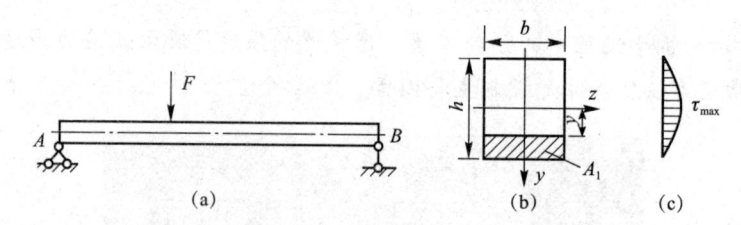

图 6-5-3 矩形截面梁切应力
(a) 梁；(b) 矩形截面；(c) 切应力

$$\tau = \frac{F_S S_z^*}{I_z b} \tag{6-5-1}$$

式中　F_S——横截面上的剪力；

　　　S_z^*——横截面上所求切应力点处横截面宽度外侧面积[图 6-5-3(b) 所示 A_1]对中性轴 z 的静矩；

　　　I_z——横截面对中性轴 z 的惯性矩；

　　　b——所求切应力点处横截面宽度。

矩形截面梁横截面上切应力沿梁高按二次抛物线规律分布。在截面上、下边缘处，$\tau=0$，而在中性轴上（$y=0$）的切应力有最大值， 如图 6-5-3(c) 所示。最大切应力计算公式为

$$\tau_{max} = \frac{3}{2} \cdot \frac{F_S}{A} \tag{6-5-2}$$

由此可知，矩形截面梁横截面上的最大切应力值等于截面上平均切应力值的 1.5 倍。

知识加油站

什么是静矩？

静矩是属于截面几何性质的一个几何量。依据图 6-5-4 所示，如处于直角坐标系中有任一图形 ABCD，其面积为 A，形心为 e，形心 e 的坐标为 (z_e, y_e)。则面积 A 与坐标 y_e 的乘积称为图形 ABCD 对 z 轴的静矩，计为 S_z；面积 A 与坐标 z_e 的乘积称为图形 ABCD 对 y 轴的静矩，计为 S_y，即

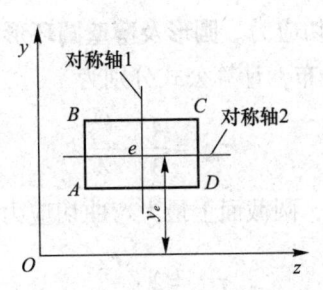

图 6-5-4 直角坐标系图形

$$S_z = Ay_e \tag{6-5-3}$$
$$S_y = Az_e \tag{6-5-4}$$

静矩是对一定的坐标轴而言的，同一图形对不同的坐标轴，其静矩会不同，静矩的常用单位是 cm^3 或 mm^3。

结论：平面图形对某轴的静矩等于其面积与其形心坐标（形心到该轴的距离）的乘积。

(2) I 形截面梁的切应力。I 形截面由上下翼缘和中间腹板组成，如图 6-5-5(a) 所示。翼缘的切应力比腹板切应力小很多，一般忽略不计。这里只讨论腹板上的弯曲切应力。

腹板是一狭长的矩形，因此，**腹板的弯曲切应力计算用矩形截面弯曲切应力计算公式(6-5-1)**。

【注意】 在与翼缘的交接处，S_z^* 为该处以外的翼缘面积对中性轴的静矩。因为所求切应力的点是腹板上的点，所以 b 是腹板的宽度。

I 形截面腹板的弯曲切应力分布按抛物线规律分布，最大切应力 τ_{max} 仍发生在截面的中性轴上，如图 6-5-5(b) 所示。

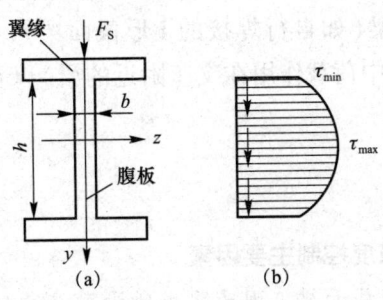

图 6-5-5 I 形截面梁
(a) I 形截面；(b) 切应力

腹板上的切应力接近均匀分布，因此中性轴上最大切应力可表示为

$$\tau_{max} \approx \frac{F_S}{A_{腹}} \tag{6-5-5}$$

式中，$A_{腹}=bh$，为腹板的面积。

（3）T形截面梁的切应力。T形截面可看成是由两个矩形组成，下面的狭长矩形与I形截面的腹板相似，腹板上的切应力计算参照I形截面梁，**最大切应力仍然发生在腹板的横截面中性轴上。**

（4）圆形及圆环形截面梁的切应力。**圆形及薄壁圆环形截面的最大竖向切应力也都发生在中性轴上，并沿中性轴均匀分布**，计算公式分别为

圆形截面：
$$\tau_{max} = \frac{4}{3} \cdot \frac{F_S}{A} \tag{6-5-6}$$

式中，A 为圆形截面面积。可见，圆截面上最大弯曲切应力为平均切应力的1.33倍。

薄壁圆环形截面：
$$\tau_{max} = 2 \cdot \frac{F_S}{A} \tag{6-5-7}$$

式中，A 为薄壁圆环形截面面积，$A = \pi(D^2-d^2)/4$，其中，D 为大圆直径，d 为小圆直径。可见，薄壁圆环形截面上最大弯曲切应力为平均切应力的2倍。

结论：梁的最大切应力一定位于最大剪力所在的横截面上，一般在该截面的中性轴上各点处。对于不同形状的截面，τ_{max} 的统一表达式为

$$\tau_{max} = \frac{F_{Smax} S^*_{zmax}}{I_z b} \tag{6-5-8}$$

式中 S^*_{zmax} ——中性轴一侧的面积对中性轴的静矩；

  b ——横截面在中性轴处的宽度。

2. 梁的切应力强度条件

横力弯曲梁工作时，梁产生的最大切应力不大于材料许用切应力，因此，强度条件为

$$\tau_{max} = \frac{F_{Smax} S^*_{zmax}}{I_z b} \leq [\tau] \tag{6-5-9}$$

式中 $[\tau]$——材料的许用切应力，可在相关设计规范中查得。

对于一般的长细比较大的梁，其主要应力是正应力，因此，通常只需进行梁的正应力强度计算。但对于薄壁截面梁（如自行焊接的I形截面梁），或弯矩较小而剪力很大的梁（如长细比较小的粗短梁、集中荷载作用在支座附近的梁）以及木梁等，梁的切应力强度条件就是主要控制因素。

任务实施

第一步：切应力作为梁强度控制主要因素

在实际工程中，对于薄壁截面梁，因为腹板所受剪应力较大；粗短梁及集中荷载作用在支座附近的梁，因为弯矩较小而剪力较大；木梁因为顺纹抗剪切性能力差等情况，切应力是控制梁强度条件的主要因素。

第二步：计算切应力

根据不同截面梁，选取对应的切应力计算公式计算切应力。

第三步：建立切应力强度条件

依据结构所受最大切应力不大于材料许用切应力建立强度条件，针对具体的强度问题如强度校核、截面尺寸设计、确定许可荷载等进行具体分析。

巩固拓展

【案例描述1】

一矩形截面简支梁如图6-5-6所示。已知：$l=3$ m，$h=160$ mm，$b=100$ mm，$y=40$ mm，$F=3$ kN，求 m—m 截面上 K 点的切应力。

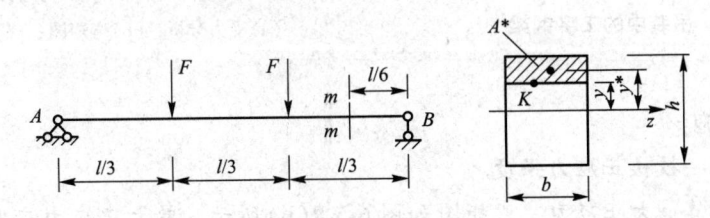

图6-5-6 矩形截面简支梁

【分析及实施】

第一步：计算 m—m 截面上的剪力（具体计算过程同学们自行完成）。

$$F_S = 3 \text{ kN}$$

第二步：计算截面对中性轴的惯性矩 I_z。

$$I_z = \frac{bh^3}{12} = \frac{0.1 \times 0.16^3}{12} = 0.341 \times 10^{-4} (\text{m}^4)$$

第三步：计算面积 A^* 对中性轴的静矩 S_z。

$$A^* = (h/2 - y) \times b = 0.04 \times 0.1 = 0.4 \times 10^{-2} (\text{m}^2)$$

$$y^* = \frac{h/2 - y}{2} + y = 0.02 + 0.04 = 0.06 (\text{mm})$$

$$S_z = A^* y^* = 0.4 \times 10^{-2} \times 0.06 = 0.24 \times 10^{-3} (\text{m}^3)$$

第四步：计算 K 点的切应力 τ。

$$\tau = \frac{F_S S_z}{I_z b} = \frac{3 \times 10^3 \times 0.24 \times 10^{-3}}{0.341 \times 10^{-4} \times 0.1} = 0.21 \times 10^6 (\text{Pa}) = 0.21 \text{ MPa}$$

【案例描述2】

图6-5-7所示为桥梁施工中正在吊装的工字钢梁。一外伸工字钢梁 AD 如图6-5-8所示，其型号为22a，已知：$l=6$ m，$F=30$ kN，$q=6$ kN/m，材料的许用应力 $[\sigma]=170$ MPa，$[\tau]=100$ MPa，试校核梁的强度。

图 6-5-7　吊装中的工字钢梁

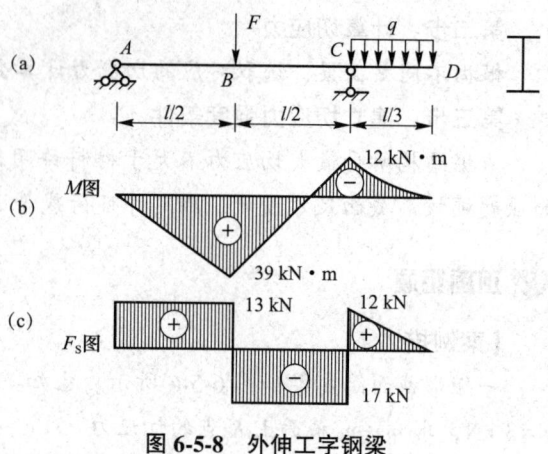

图 6-5-8　外伸工字钢梁
(a)受力分析；(b)弯矩图；(c)剪力图

【分析及实施】

第一阶段——校核正应力强度

第一步：计算最大正应力。弯矩图如图 6-5-8(b)所示，最大正应力应发生在最大弯矩的截面上。查型钢表可知

$$W_z = 309 \text{ cm}^3 = 0.309 \times 10^{-3} \text{ m}^3$$

则最大正应力为

$$\sigma_{max} = \frac{M_{max}}{W_z} = \frac{39 \times 10^3}{0.309 \times 10^{-3}} = 126 \times 10^6 (\text{Pa}) = 126 \text{ MPa}$$

第二步：校核正应力强度条件。因为 $\sigma_{max} = 126$ MPa $< [\sigma] = 170$ MPa，所以工字钢梁满足正应力强度条件。

第二阶段——校核切应力强度

第一步：计算最大切应力。剪力图如图 6-5-8(c)所示，最大切应力应发生在最大剪力的截面上。查型钢表可知

$$I_z : S_z = 18.9 \text{ cm} = 0.189 \text{ m}$$

腹板横截面宽度：

$$d = 7.5 \text{ mm} = 0.0075 \text{ m}$$

则最大切应力为

$$\tau_{max} = \frac{F_{Smax} S_z}{I_z d} = \frac{17 \times 10^3}{0.189 \times 0.0075} = 12 \times 10^6 (\text{Pa}) = 12 \text{ MPa}$$

第二步：校核切应力强度条件。因为 $\tau_{max} = 12$ MPa $< [\tau] = 100$ MPa，所以工字钢梁满足切应力强度条件。

因为此工字钢梁正应力强度条件及切应力强度条件均满足要求，所以此梁安全。

巩固练习

任务要求	图6-5-9所示为一矩形截面悬臂梁,在自由端受集中力 F 作用。假设 l、b、h 均已知,计算最大正应力 σ_{max} 与最大切应力 τ_{max}。 图6-5-9 矩形截面梁　　　　　　　　　　　微课:巩固练习
分析思路	
实施过程	
考核评价	配分:共100分(其中分析思路50分,实施过程50分) 得分:_____

能力训练

能力任务	图6-5-10所示为简支梁,其横截面为20a号工字钢。已知:$l = 2.1$ m,$a = 0.3$ m,$b = 0.4$ m,$F_1 = 50$ kN,$F_2 = 100$ kN,$[\sigma] = 160$ MPa,$[\tau] = 80$ MPa,试校核此梁的强度。 图6-5-10 简支梁
能力展示	
能力评价	总分:100分　　　　　　　　　　　　　　得分:_____

203

测评与改进

评价项目	评分标准	配分	主体评价/分				诊断改进
			自评	互评	教师评	综合评	
素质	1. 具备积极思考问题、分析问题、解决问题的能力。 2. 具备善于学习、坚持不懈、深入探究、勇于创新的精神	30					
知识	1. 知道切应力分布规律及常用截面梁的切应力计算公式。 2. 能正确理解切应力强度条件	30					
能力	1. 能正确运用切应力计算公式计算切应力。 2. 能正确运用切应力强度条件解决强度问题	40					

总结与反思

任务6 分析提高平面弯曲梁强度措施

任务目标

素质目标
培养思考问题、分析问题、解决问题的能力。

知识目标
理解提高平面弯曲梁强度控制因素及具体措施。

能力目标
能对简单强度问题进行分析并制定解决方法。

任务描述

图6-6-1所示为桥梁施工中正在吊装的箱梁。在实际工程中，T形截面、I形截面、箱形截面常被设计为大型桥梁的梁横截面形式。

图 6-6-1 吊装中的箱梁

任务思考

思考：针对平面弯曲梁强度问题，这些截面形式有哪些优势？

任务分析

第一步：平面弯曲梁强度主要由什么因素决定？
第二步：针对不同因素采取具体措施。

相关知识

提高平面弯曲梁的强度是指在不增加或少增加材料的前提下，使结构承受更大的荷载而不发生强度失效。一般情况下，梁的强度主要取决于梁的正应力强度条件，即

$$\sigma_{max} = \frac{M_{max}}{W_z} \leq [\sigma]$$

由此可以看出，要提高梁的强度，相当于要降低梁在工作中的最大应力。可通过两个主要因素控制：一是降低最大弯矩；二是增大抗弯截面系数。依据理论支撑及工程实践经验，主要采取以下3个方面的措施。

1. 合理布置梁的支座和荷载，降低最大弯矩

(1) 当荷载一定时，若结构允许，应尽可能将梁上荷载分散布置。荷载布置与对应弯矩如图6-6-2所示。

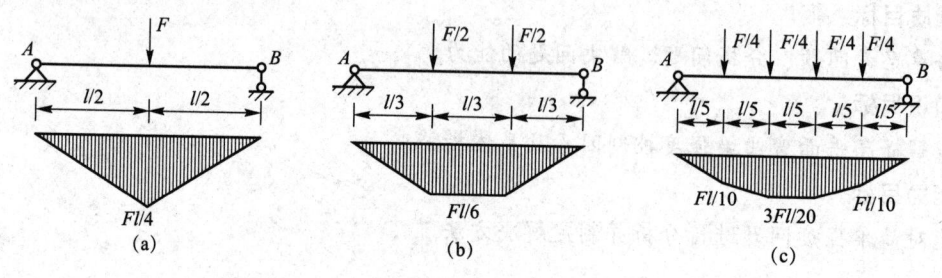

图 6-6-2　梁的荷载布置与对应弯矩(一)
(a)荷载居中；(b)(c)荷载分散

(2) 集中荷载尽量靠近支座。荷载布置与对应弯矩如图6-6-3所示。

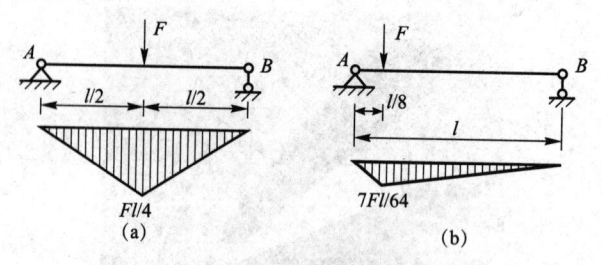

图 6-6-3　梁的荷载布置与对应弯矩(二)
(a)荷载居中；(b)荷载靠近支座

(3) 合理安排梁的支座或增加约束。支座及约束布置与对应弯矩如图6-6-4所示。

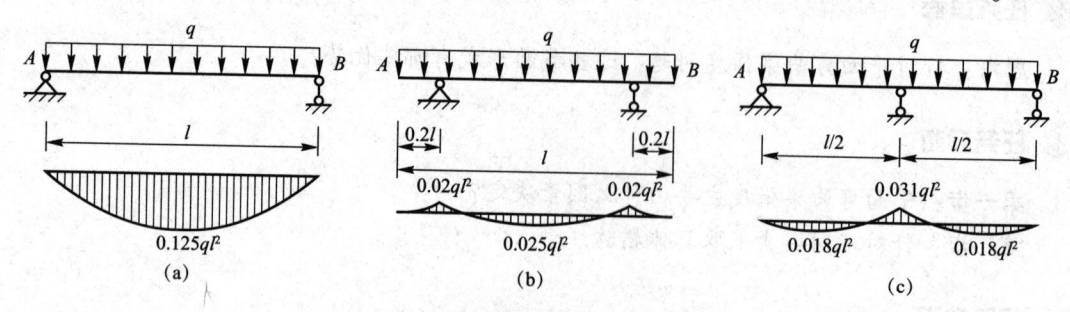

图 6-6-4　支座及约束布置与对应弯矩
(a)简支；(b)外伸；(c)三支座

2. 采用合理的截面，增大抗弯截面系数

在设计结构截面形状与尺寸时，应尽量在不增加材料即保持横截面面积不变的前提下，使抗弯截面系数增大。

（1）一般通过将材料移到远离中性轴的高应力区，使材料被充分利用。因此，薄壁截面比实心截面合理，截面竖放比截面平放合理。图 6-6-5 所示为工程中常见的 I 形、环形、箱形截面形式。

图 6-6-5　截面形式

（2）使截面形状与材料的力学性能相适应。理想状态是截面上的最大拉应力与最大压应力同时达到相应的许用应力。

1）对于塑性材料，宜采用与中性轴对称的截面，如矩形、I 形等。

2）对于脆性材料，因抗压强度大于抗拉强度，宜采用不对称于中性轴的横截面。如图 6-6-6 所示的一类截面，并使中性轴偏向受拉的一侧。当中性轴的位置满足：

$$\frac{y_1}{y_2}=\frac{[\sigma^+]}{[\sigma^-]}$$

这一条件时，截面上的最大拉应力和最大压应力同时接近许用应力。式中，$[\sigma^+]$ 和 $[\sigma^-]$ 分别表示材料的拉伸许用应力和压缩许用应力。

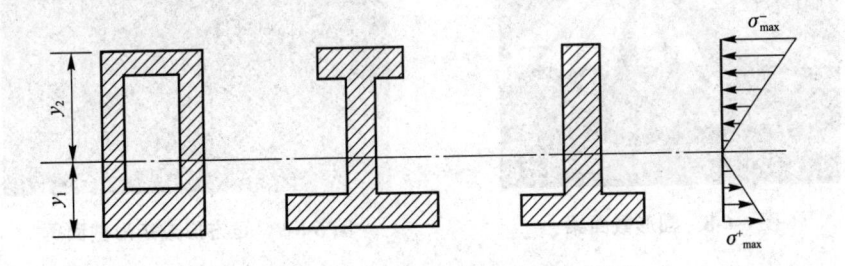

图 6-6-6　不对称于中性轴的横截面

3. 采用变截面，形成等强度梁

为了节省材料和减轻自重，可根据弯矩沿梁轴线变化情况，沿梁轴线改变截面的高度以适应梁内弯矩的变化，形成等强度梁，图 6-6-7(a) 所示为鱼腹梁，图 6-6-7(b) 所示为挑梁。

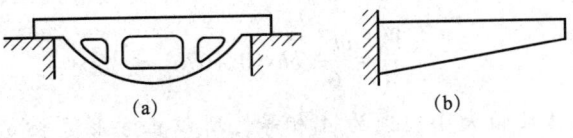

图 6-6-7　等强度梁
(a) 鱼腹梁；(b) 挑梁

任务实施

第一步：主要控制因素

平面弯曲梁强度主要控制因素是最大弯矩和抗弯截面系数。

第二步：具体措施

要提高梁的强度，需要降低最大弯矩和增大抗弯截面系数。桥梁结构常用T形、I形、箱形截面形式，这些截面形式将材料设置在离中性轴较远的高应力区，使材料被充分利用，抗弯截面系数得到很大程度的增大，从而有效地提高梁的抗弯、抗拉强度。

巩固拓展

合理设计截面

在实际工程中，设计梁的截面时常用弯曲截面系数与横截面面积的比值 W_z/A 来衡量梁截面的合理性与经济性。

【提示】 W_z/A 比值越大，则梁截面形式相对既合理又经济。

【案例描述】

图6-6-8所示为圆形截面梁，图6-6-9所示为正方形或矩形截面梁。现有圆形、正方形、矩形3种截面形式的梁，圆形直径为 d，正方形边长为 a，矩形高为 h、宽为 b，如果3种梁截面面积相等，均为 A，试比较它们的 W_z/A 比值，判定哪种截面的梁更合理经济。

图 6-6-8　圆形截面梁　　　　图 6-6-9　正方形或矩形截面梁

【分析及实施】

第一步：计算 W_z/A 比值。

圆形
$$\frac{W_z}{A} = \frac{\pi d^3}{32} / \frac{\pi d^2}{4} = 0.125d$$

正方形
$$\frac{W_z}{A} = \frac{a^3}{6} / a^2 = 0.167a$$

矩形
$$\frac{W_z}{A} = \frac{bh^2}{6} / bh = 0.167h$$

第二步：比较 W_z/A 比值大小。因为 A 相等，所以正方形边长 a 小于矩形高 h，故有 $0.167h > 0.167a > 0.125d$，这说明3种截面梁的经济合理性从大到小依次为矩形截面梁>正方形截面梁>圆形截面梁。

【注意】 截面的合理设计是依据弯曲正应力的分布规律。

弯曲正应力分布以中性轴为界，沿截面上、下高度线性递增。当上、下边缘的应力达到许用应力时，中性轴附近的应力远远小于许用应力。因此，将中性轴附近的材料移到离中性轴较远处，就能大大提高梁的承载能力。圆形截面恰恰不符合以上规则，矩形截面相对较好。

【提示】 若将矩形截面中性轴附近的材料移到距中性轴较远处，就可形成I形、槽形、箱形；圆形截面就可改进为空心圆环形。

巩固练习

任务 要求	图 6-6-10 所示为放置的储气罐，其支座均设置为外伸梁形式，请说明原因。 微课：巩固练习 图 6-6-10　放置的储气罐
分析 思路	
实施 过程	
考核 评价	配分：共100分(其中分析思路50分，实施过程50分) 得分：_____

能力训练

能力任务

一材料为灰铸铁的 T 形截面梁（图 6-6-11），在下面几种情况下，是正置好还是倒置好？请说明原因，并指出危险点的可能位置。

(1) 全梁的弯矩 $M>0$；

(2) 全梁的弯矩 $M<0$；

(3) 全梁的弯矩有 $M_1>0$ 和 $M_2<0$，且 $|M_2|>M_1$。

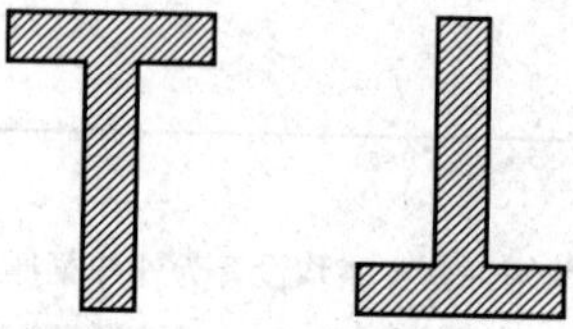

图 6-6-11　T 形截面梁
(a) 正置 T 梁；(b) 倒置 T 梁

能力展示

能力评价　总分：100 分　　　得分：_____

测评与改进

评价项目	评分标准	配分	主体评价/分				诊断改进
			自评	互评	教师评	综合评	
素质	具备积极思考问题、分析问题、解决问题的能力	30					
知识	能理解提高平面弯曲梁强度控制因素及具体措施	30					
能力	能对简单强度问题进行正确分析并制定有效的解决方法	40					

总结与反思

模块小结

一、内力计算问题

1. 平面弯曲梁截面上的内力有剪力和弯矩，内力计算用截面法。
2. 直接法计算内力：截面上的剪力等于截面一侧梁段上所有外力的代数和；截面上的弯矩等于截面一侧梁段上所有外力对截面形心力矩的代数和。
3. 内力符号规定：使梁段有顺时针转动趋势的剪力为正；使梁段产生下侧受拉的弯矩为正。

二、内力图绘制问题

1. 运用内力方程绘制：列出剪力方程和弯矩方程，再依据内力方程绘制剪力图和弯矩图。
2. 运用快捷法绘制：依据荷载、剪力图、弯矩图三者之间的规律直接作图。

三、应力计算及强度问题

1. 梁弯曲正应力计算及正应力强度条件表达式。

(1) 正应力计算公式：$\sigma = \dfrac{My}{I_z}$，应力的正负号由弯矩的正、负及点的位置判定。

(2) 正应力分布规律：横截面上各点的正应力大小以中性轴为分界线，分别沿截面上下高度呈线性递增分布，中性层上各点的正应力为零，距中性轴等距离的各点正应力相等。

(3) 中性轴通过截面形心，并将截面分为受拉和受压两个区域。

(4) 正应力强度条件：$\sigma_{max} = \dfrac{M_{max}}{W_z} \leqslant [\sigma]$。

(5) 运用正应力强度条件，可以解决梁的强度校核、设计截面尺寸和确定许可荷载三类问题。

2. 梁弯曲切应力计算及切应力强度条件表达式。

(1) 切应力计算公式：$\tau = \dfrac{F_S S_z^*}{I_z b}$。

(2) 切应力分布规律：以中性轴为分界线，沿截面高度呈抛物线变化，中性轴处切应力最大。

(3) 切应力强度条件：$\tau_{max} = \dfrac{F_{Smax} S_{zmax}^*}{I_z b} \leqslant [\tau]$。

四、提高梁弯曲强度问题

1. 依据正应力强度条件，主要通过降低梁最大弯矩和增大抗弯截面系数两个控制因素采取措施。
2. 提高梁弯曲强度三个方面的措施：一是合理布置梁的支座和荷载，以降低最大弯矩；二是采用合理的截面形式，以增大抗弯截面系数；三是采用变截面设计，形成等强度梁。

模块检测

（总分100分）

一、填空题（每空2分，共28分）

1. 梁平面弯曲产生的内力有_____和_____；纯弯矩梁的内力只有_____，没有_____。
2. 通常平面弯曲梁横截面上正应力大小在中性轴上为_____，在同一侧距中性轴距离相等的点正应力大小_____，与中性轴完全对称的横截面上下边缘正应力_____。
3. 梁上没有均布荷载作用的部分，剪力图为_____线，弯矩图为_____线。
4. 规定使梁产生下部受拉的弯矩为_____号，使梁产生下凸变形的弯矩为_____号。
5. 切应力的最大值通常发生在梁的_____。
6. 提高梁弯曲强度的控制因素有_____和_____。

二、选择题（每题2分，共10分）

1. 梁在集中力作用的截面处，（　　）。
   A. 剪力图有突变，弯矩图光滑连续　　　B. 剪力图有突变，弯矩图有尖角
   C. 弯矩图有突变，剪力图光滑连续　　　D. 弯矩图有突变，剪力图有尖角
2. 梁段上剪力图为斜线，其中一处 $F_S=0$，则该截面处弯矩有（　　）。
   A. 极值　　　　　　　　　　　　　　　B. 最大值
   C. 最小值　　　　　　　　　　　　　　D. 零
3. 梁在某一段内有竖直向下的均布荷载作用，则在该段内弯矩图为（　　）。
   A. 上凸曲线　　　　　　　　　　　　　B. 下凸曲线
   C. 水平线　　　　　　　　　　　　　　D. 斜直线
4. 对平面弯曲的粗短梁进行强度校核时，强度分析为（　　）。
   A. 只校核正应力强度，不校核剪应力强度
   B. 既校核正应力强度，也校核剪应力强度
   C. 不校核正应力强度，只校核剪应力强度
   D. 都可以
5. 对梁进行横截面设计时，在横截面面积相等的前提下，截面形式最经济合理的是（　　）。
   A. 矩形　　　　　　　　　　　　　　　B. 圆形
   C. 正方形　　　　　　　　　　　　　　D. I形

三、判断题（每题2分，共10分）

1. （　　）梁发生平面弯曲的必要条件是外力作用在纵向对称平面内。
2. （　　）在集中力作用下的悬臂梁，其最大弯矩发生在固定端截面上。
3. （　　）若梁在某一段内无荷载作用，则该段的弯矩图是一直线段。
4. （　　）顺时针转动的外力偶作用在梁上所产生的弯矩为正，反之为负。
5. （　　）把集中荷载布置为分布荷载可提高梁的强度。

四、综合题(第1题16分,第2题16分,第3题20分,共52分)

1. 图1所示为简支梁,绘制剪力图与弯矩图。

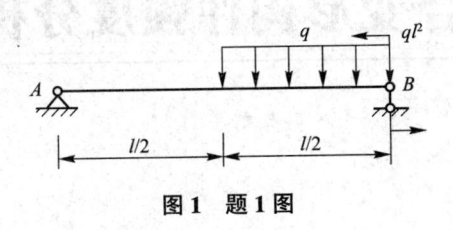

图1 题1图

2. 图2所示为梁,由22b槽钢制成,弯矩 $M=80$ N·m,并位于纵向对称面(x-y平面)内。试求梁内的最大弯曲拉应力与最大弯曲压应力。

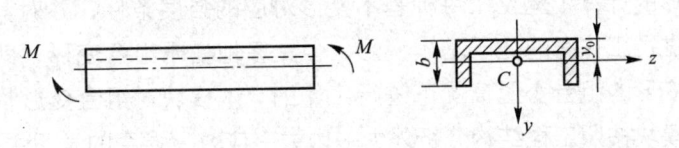

图2 题2图

3. 一截面为I形的外伸梁,如图3所示,工字钢型号为22a,已知 $l=6$ m,$F=30$ kN,$q=6$ kN/m,材料的许用正应力 $[\sigma]=170$ MPa,许用切应力 $[\tau]=100$ MPa,校核此梁是否安全。

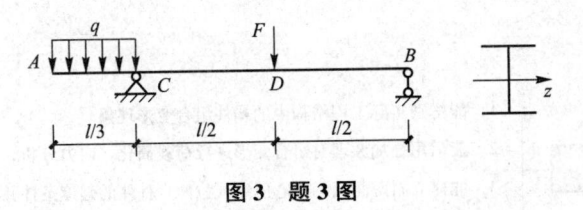

图3 题3图

模块 7　组合变形构件强度分析

📖 学习任务

模块 3 到模块 6 讨论了杆件在轴向拉（压）、剪切、扭转、平面弯曲 4 种基本变形时的内力、应力及变形的计算，建立了每种基本变形对应的强度条件，并对其进行应用。在实际工程中，杆件进行工作有的处于基本变形，但更多地处于组合变形，即杆件是处于两种或两种以上基本变形的组合变形情况下进行工作的。本模块对组合变形构件运用叠加原理进行强度分析，模块按照工程结构分析外力→内力→应力→强度的学习主线组织教学内容。因此，本模块学习任务依据知识学习由简单到复杂，技能训练由单一到综合的逻辑与能力形成规律分解为如下 3 个任务。

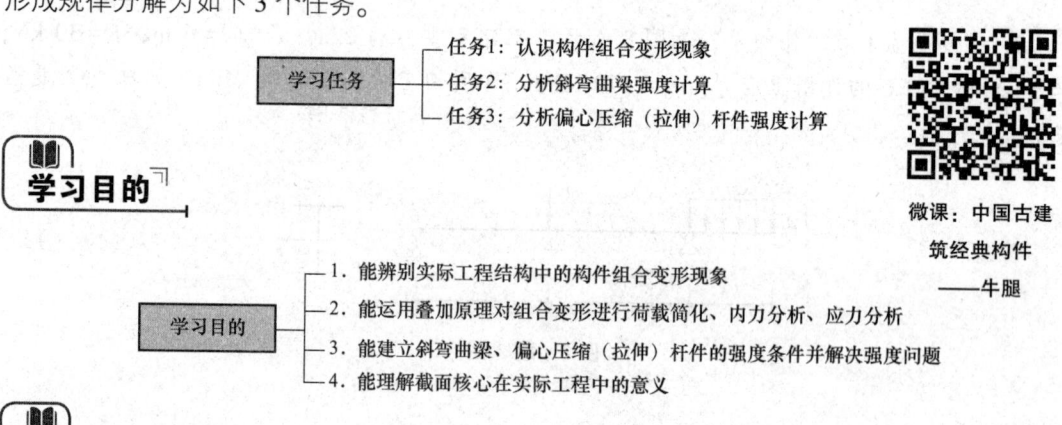

学习任务
- 任务1：认识构件组合变形现象
- 任务2：分析斜弯曲梁强度计算
- 任务3：分析偏心压缩（拉伸）杆件强度计算

微课：中国古建筑经典构件——牛腿

📖 学习目的

学习目的
1. 能辨别实际工程结构中的构件组合变形现象
2. 能运用叠加原理对组合变形进行荷载简化、内力分析、应力分析
3. 能建立斜弯曲梁、偏心压缩（拉伸）杆件的强度条件并解决强度问题
4. 能理解截面核心在实际工程中的意义

📖 学习引导

为培养学生透过构件组合变形现象，正确分析杆件受力与强度的关系，从而获得解决组合变形构件力学实际问题的能力，本模块通过如下思维导图进行学习引导。

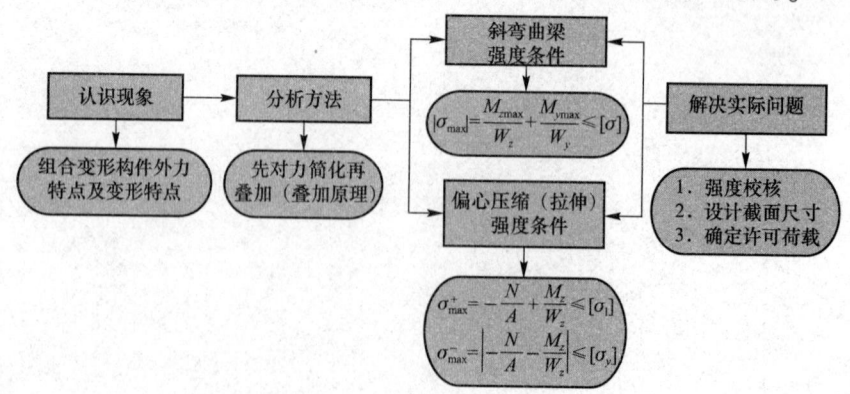

认识现象 → 分析方法 → 斜弯曲梁强度条件 / 偏心压缩（拉伸）强度条件 → 解决实际问题

- 组合变形构件外力特点及变形特点
- 先对力简化再叠加（叠加原理）

斜弯曲梁强度条件：
$$|\sigma_{max}| = \frac{M_{zmax}}{W_z} + \frac{M_{ymax}}{W_y} \leq [\sigma]$$

偏心压缩（拉伸）强度条件：
$$\sigma_{max}^+ = -\frac{N}{A} + \frac{M_z}{W_z} \leq [\sigma_l]$$
$$\sigma_{max}^- = \left|-\frac{N}{A} - \frac{M_z}{W_z}\right| \leq [\sigma_y]$$

解决实际问题
1. 强度校核
2. 设计截面尺寸
3. 确定许可荷载

任务1 认识构件组合变形现象

任务目标

素质目标

1. 培养主动观察事物、积极思考问题、深度分析问题的能力。
2. 培养文化自信及勇于创新的精神。

知识目标

1. 理解组合变形的概念。
2. 了解常见的组合变形类别。
3. 理解组合变形分析方法。

能力目标

能辨别工程结构中常见的组合变形构件。

任务描述

图 7-1-1～图 7-1-3 所示为中国明清建筑主要构件之一的牛腿，专业术语称"撑拱"，是房屋檐柱与横梁之间的撑木，主要作用是将建筑外挑木、檐与檩承受的力传递给檐柱，使外挑的屋檐更加稳固；牛腿的木雕造型优美，多层次透雕，具有独特的艺术风格。牛腿与柱合称为牛腿柱，牛腿柱彰显了中国古人的智慧与匠心。

图 7-1-1　人物题材牛腿　　　图 7-1-2　走兽题材牛腿　　　图 7-1-3　花鸟题材牛腿

任务思考

思考1：牛腿柱主要受哪些外力作用？

思考2：牛腿柱在外力作用下产生了怎样的变形？其受力与变形有哪些特点？

任务分析

第一步：绘制牛腿柱的结构计算简图。

第二步：分析牛腿柱的外力特点与变形特点。

相关知识

1. 组合变形的概念

在实际工程中，杆件所承受的荷载往往比较复杂，杆件所发生的变形会同时包含两种或两种以上的基本变形，这些变形形式所对应的应力或变形对杆件的强度或刚度产生同等重要的影响，而不能忽略其中的任何一种，这类变形称为**组合变形**。

2. 常见简单组合变形类别

(1) 轴向压缩与纯弯曲的组合。例如，在有起重机的厂房里，带有牛腿的柱子受到屋架及吊车梁传递的竖向荷载 F_1、F_2 作用，F_1、F_2 的作用线与上下柱的轴线都不重合，不属于轴向受压，属于偏心受压，如图 7-1-4 所示，最终可简化为轴向压缩与纯弯曲的组合变形。

(2) 斜弯曲或双向弯曲。例如，斜屋架上的 I 形钢檩条，受到屋面板上传来的荷载 F 作用，F 的作用线并不与工字钢的任一形心主轴 y 或 z 重合，F 不在梁的纵向对称平面内，所以引起的不是平面弯曲。将 F 沿两形心主轴 y 和 z 分解成两个分量，这两个分量分别引起 y 和 z 两个方向上的弯曲，如图 7-1-5 所示，这种情况称为斜弯曲或双向弯曲变形。

(3) 弯曲与扭转的组合。例如，图 7-1-6 所示为雨篷梁，一方面受到梁上墙传来的荷载，引起梁的弯曲；另一方面受到雨篷板传来的荷载，这部分荷载将引起梁的扭转变形，所以像雨篷梁这种情况可看作弯曲与扭转的组合变形。

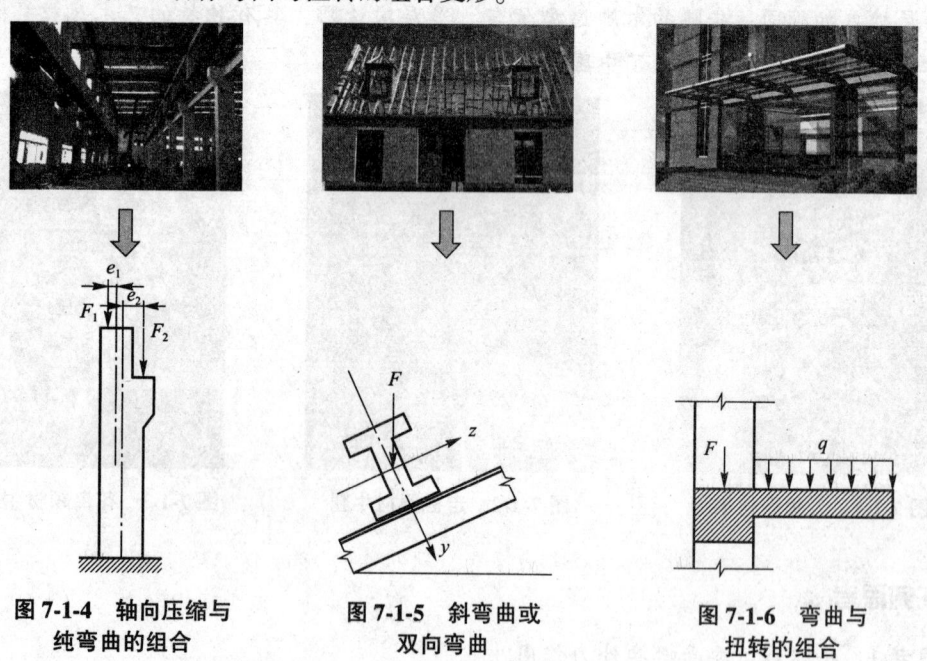

图 7-1-4 轴向压缩与纯弯曲的组合

图 7-1-5 斜弯曲或双向弯曲

图 7-1-6 弯曲与扭转的组合

任务实施

第一步：牛腿柱结构计算简图

任务中房屋建筑的牛腿柱结构计算简图与图 7-1-4 所示是一致的。

第二步：牛腿柱的外力特点与变形特点

房屋建筑的牛腿柱主要承受檐与檩传递的竖向荷载 F_1 及建筑外挑木传递的竖向荷载 F_2，F_1 与 F_2 的作用线与檐柱的轴线不重合，属于偏心受压，不属于基本变形形式。依据力的平移定理，可把偏心受压简化为轴向受压与纯弯矩的组合变形，即牛腿柱既受到压缩变形，也受到弯曲变形。

巩固拓展

组合变形构件强度分析方法——叠加法

叠加法分析组合变形构件强度问题主要分为4步。

(1)外力分析：将作用于组合变形杆件上的外力分解或简化为基本变形的受力方式。

(2)内力分析：分别对这些基本变形进行内力计算，确定危险截面。

(3)应力分析：计算每种内力对应的应力，将各基本变形同一点处的应力进行叠加，确定组合变形时各点的应力。

(4)建立强度条件：分析确定组合变形时危险点的应力，建立危险点的强度条件。

实践证明，在小变形和材料在弹性范围内工作的前提下，依据叠加原理分析构件的组合变形问题与实际情况基本符合。

【注意】 如果构件的变形超出了弹性范围，或虽未超出弹性范围但变形过大，叠加法就不适用了。

巩固练习

任务要求	请同学们观察并寻找实际生活中存在的组合变形杆件，举例说明其属于哪一种组合变形类别，并绘制结构计算简图 微课：巩固练习
分析思路	
实施过程	
考核评价	配分：共100分（其中分析思路50分，实施过程50分） 得分：_____

能力训练

能力任务	图7-1-7(a)所示为重力式挡土墙,假定挡土墙墙身受到包括自重在内的竖向荷载 G,墙背受到水平向右土压力 F,如图7-1-7(b)所示。请问挡土墙属于哪种组合变形?并说明原因。 (a) (b) **图7-1-7 重力式挡土墙及受力分析** (a)重力式挡土墙;(b)结构受力简图
能力展示	
能力评价	总分:100分　　　　　　　　　　　　　　　　得分:_____

测评与改进

评价项目	评分标准	配分	主体评价/分				诊断改进
			自评	互评	教师评	综合评	
素质	1. 具备主动观察事物、积极思考问题、深度分析问题的能力。 2. 具备文化自信及勇于创新的精神	30					
知识	1. 能正确理解组合变形的概念。 2. 能知道常见组合变形类别。 3. 能正确理解组合变形分析方法	30					
能力	能正确辨别工程结构中常见的组合变形构件	40					

总结与反思

任务 2　分析斜弯曲梁强度计算

任务目标

素质目标
培养寻找方法、探究问题的能力。

知识目标
理解斜弯曲外力分解、内力计算、应力计算、强度条件建立方法。

能力目标
能运用叠加法分析斜弯曲强度问题。

任务描述

斜房顶上的矩形截面木檩条，受竖直向下的均布荷载 q 作用，单根檩条受力简图如图 7-2-1(a)所示，檩条任一横截面受力如图 7-2-1(b)所示。

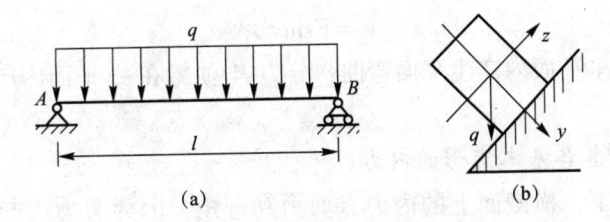

图 7-2-1　矩形截面木檩条
(a)单根檩条受力简图；(b)横截面受力简图

任务思考

思考：如已知木材许用应力、檩条截面尺寸、檩条长度、斜屋顶倾角等数据，怎样校核檩条的强度呢？

任务分析

第一步：辨别房屋檩条的变形类别。
第二步：依据具体的变形类别，采用对应的强度分析方法解决檩条强度问题。

相关知识

1. 斜弯曲的概念

如果梁上作用的外力通过截面形心，但没有作用在梁的纵向对称平面内，则梁产生的弯曲变形称为**斜弯曲**。

2. 斜弯曲梁的强度分析

斜弯曲梁强度分析方法为**叠加法**。现以横截面为矩形的悬臂梁为例来阐述整个过程。

如图 7-2-2 所示，矩形截面悬臂梁的梁轴线为 x 轴，横截面两个对称轴也即形心轴分别为 y 轴和 z 轴，梁的自由端受集中力 F 作用，F 的作用线通过横截面形心，与 y 轴的夹角为 φ。

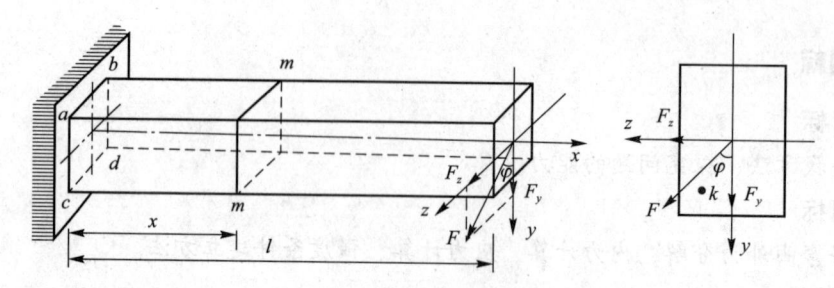

图 7-2-2 矩形截面悬臂梁

(1) 外力分析。

【提示】 使每个力或分力单独作用时，仅发生基本变形。

将 F 沿 y 轴和 z 轴分解为两个分力 F_y 和 F_z，有

$$\left.\begin{array}{l}F_y = F\cos\varphi \\ F_z = F\sin\varphi\end{array}\right\}$$

分力 F_y 使梁在 xy 平面内产生平面弯曲；分力 F_z 使梁在 xz 平面内产生平面弯曲。

(2) 内力分析。

【提示】 分别计算各基本变形的内力。

在 F_y 和 F_z 作用下，横截面上的内力有剪力和弯矩，因为剪力引起的切应力较小，故通常只计算弯矩引起的正应力。

在距固定端为 x 的任意横截面 m—m 上，由 F_y 产生的弯矩，如图 7-2-3(a)、(b) 所示：

$$M_z = F_y(l-x) = F\cos\varphi(l-x) = M\cos\varphi \text{（上拉、下压）}$$

F_z 产生的弯矩，如图 7-2-3(c)、(d) 所示：

$$M_y = F_z(l-x) = F\sin\varphi(l-x) = M\sin\varphi \text{（后拉、前压）}$$

式中，弯矩 $M = F(l-x)$ 表示 F 在横截面 m—m 产生的总弯矩。

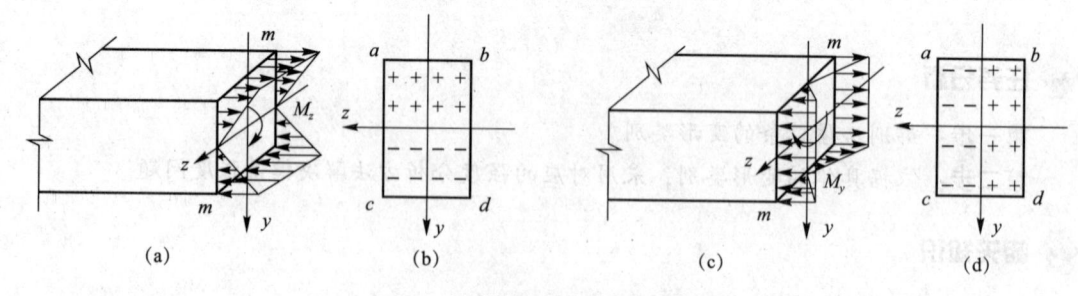

图 7-2-3 横截面上分力产生弯矩
(a)、(b) F_y 产生弯矩；(c)、(d) F_z 产生弯矩

【提示】 M_y 和 M_z 也可看作总弯矩 M 沿两形心轴 z、y 上的分量。

(3)应力分析。

【提示】 分别计算各基本变形的应力,运用叠加原理计算总应力。

运用平面弯曲时的正应力计算公式,可求得横截面 m—m 上任意点 k 的应力。

M_z 产生的应力为

$$\sigma' = -\frac{M_z y}{I_z} = -\frac{M\cos\varphi \cdot y}{I_z}$$

M_y 产生的应力为

$$\sigma'' = -\frac{M_y z}{I_y} = -\frac{M\sin\varphi \cdot z}{I_y}$$

式中,负号表示 k 点的应力均为压应力。**根据叠加原理**,k 点的弯曲正应力为

$$\sigma = \sigma' + \sigma'' = -\frac{M_z y}{I_z} - \frac{M_y z}{I_y} = -M\left(\frac{\cos\varphi}{I_z}y + \frac{\sin\varphi}{I_y}z\right) \tag{7-2-1}$$

式(7-2-1)为斜弯曲时梁内任意一点 k 处正应力计算公式。

式中 I_y——梁的横截面对中性轴 y 的惯性矩;

        I_z——梁的横截面对中性轴 z 的惯性矩。

【注意】 应力的正负号,可以直接观察梁的变形,判定出弯矩 M_y 和 M_z 在所求点处的正应力是拉应力还是压应力,拉应力为正号,压应力为负号。

图 7-2-2 中 k 点处由弯矩 M_y 和 M_z 产生的应力均为压应力,因此,σ' 和 σ'' 均为负号。

(4)强度分析。

【提示】 进行强度分析时,应先判断危险截面,再计算危险截面上的最大正应力,最后建立强度条件进行计算与分析。

图 7-2-2 所示的悬臂梁,固定端截面上的弯矩最大,因此,固定端截面是危险截面。由应力分布规律,各点处正应力值大小与各点距中性轴的距离成正比,因此,危险点在距中性轴最远的上、下边缘处,正应力 σ' 和 σ'' 具有相同符号的角点 b 和 c 为危险点。其中,b 点处有最大拉应力,c 点处有最大压应力,且 $|\sigma_{max}^+| = |\sigma_{max}^-|$。故最大正应力为

$$|\sigma_{max}| = \frac{M_{z\max} y_{\max}}{I_z} + \frac{M_{y\max} z_{\max}}{I_y} = \frac{M_{z\max}}{W_z} + \frac{M_{y\max}}{W_y} \tag{7-2-2}$$

式中,$W_z = \dfrac{I_z}{y_{\max}}$,$W_y = \dfrac{I_y}{z_{\max}}$。

若材料的许用拉应力与许用压应力相等,则强度条件为

$$|\sigma_{max}| = \frac{M_{z\max}}{W_z} + \frac{M_{y\max}}{W_y} \leq [\sigma] \tag{7-2-3}$$

或写为

$$|\sigma_{max}| = M_{\max}\left(\frac{\cos\varphi}{W_z} + \frac{\sin\varphi}{W_y}\right) = \frac{M_{\max}}{W_z}\left(\cos\varphi + \frac{W_z}{W_y}\sin\varphi\right) \leq [\sigma] \tag{7-2-4}$$

运用上述强度条件,就能对斜弯曲梁进行强度校核、选择截面尺寸和确定许可荷载 3 类强度问题进行计算与分析。

任务实施

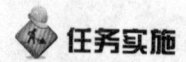

第一步：辨别房屋檩条的变形类别

房屋檩条上作用的外力通过截面形心，但没有作用在檩条的纵向对称平面内，因此，房屋檩条的变形类别为斜弯曲。

第二步：运用斜弯曲梁强度分析步骤解决檩条强度问题

校核檩条的强度先进行外力分析，把檩条所受外力转化为仅产生基本变形的分力；再进行内力及应力分析，分别计算各基本变形的内力、应力；然后运用叠加原理计算危险截面处的最大正应力；最后建立正应力强度条件，即檩条所受最大正应力不大于木材的许用应力，从而进行强度校核。

巩固拓展

【案例描述】

图 7-2-4 所示为一工字钢桥式起重吊车梁，工字钢型号为 32a。受力简图如图 7-2-5 所示，已知：跨中起吊荷载 $F=20$ kN，行进时由于惯性使 F 偏离纵向对称面一个角度 φ，$\varphi=20°$，梁长 $l=5$ m，钢的许用应力 $[\sigma]=170$ MPa。请按正应力强度条件校核此梁的强度。

图 7-2-4 工字钢桥式起重吊车梁

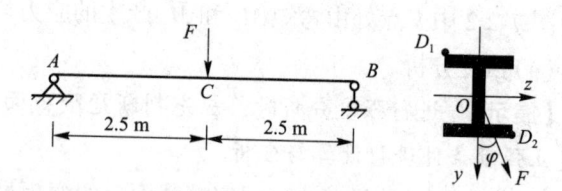

图 7-2-5 受力简图

【分析及实施】

第一步：分析外力。荷载 F 在 y 轴和 z 轴上的分量为

$$F_y = F \cdot \cos\varphi = 18.79 \text{ kN}$$

$$F_z = F \cdot \sin\varphi = 6.84 \text{ kN}$$

第二步：分析内力。该梁跨中截面为危险截面，其弯矩值为

$$M_{z\max} = \frac{1}{4}F_y l = \frac{1}{4} \times 18.79 \times 5 = 23.49 (\text{kN} \cdot \text{m})$$

$$M_{y\max} = \frac{1}{4}F_z l = \frac{1}{4} \times 6.84 \times 5 = 8.55 (\text{kN} \cdot \text{m})$$

第三步：分析应力并建立强度条件。根据梁的变形情况可知，最大应力发生在跨中危险截面的 D_1、D_2 两点，如图 7-2-5 所示。其中 D_1 为最大压应力点，D_2 为最大拉应力点，其绝对值相等，即

$$\sigma_{\max} = \frac{M_{z\max}}{W_z} + \frac{M_{y\max}}{W_y}$$

由型钢表查得

$$W_z = 692 \text{ cm}^3 = 692 \times 10^{-6} \text{ m}^3, \quad W_y = 70.8 \text{ cm}^3 = 70.8 \times 10^{-6} \text{ m}^3$$

代入上式,得危险点 D_1、D_2 处的正应力为

$$\sigma_{max} = \frac{23.49 \times 10^3}{692 \times 10^{-6}} + \frac{8.55 \times 10^3}{70.8 \times 10^{-6}} = 154.7 \times 10^6 \text{ Pa} = 154.7 \text{ MPa} < [\sigma]$$

可见,此工字钢桥式起重吊车梁满足正应力强度条件要求。

巩固练习

任务要求	1. 斜弯曲与平面弯曲两者有什么异同? 2. 用叠加法计算组合变形杆件的内力和应力时,其限制的条件是什么? 微课:巩固练习
分析思路	
实施过程	
考核评价	配分:共100分(其中分析思路50分,实施过程50分) 得分:_____

能力训练

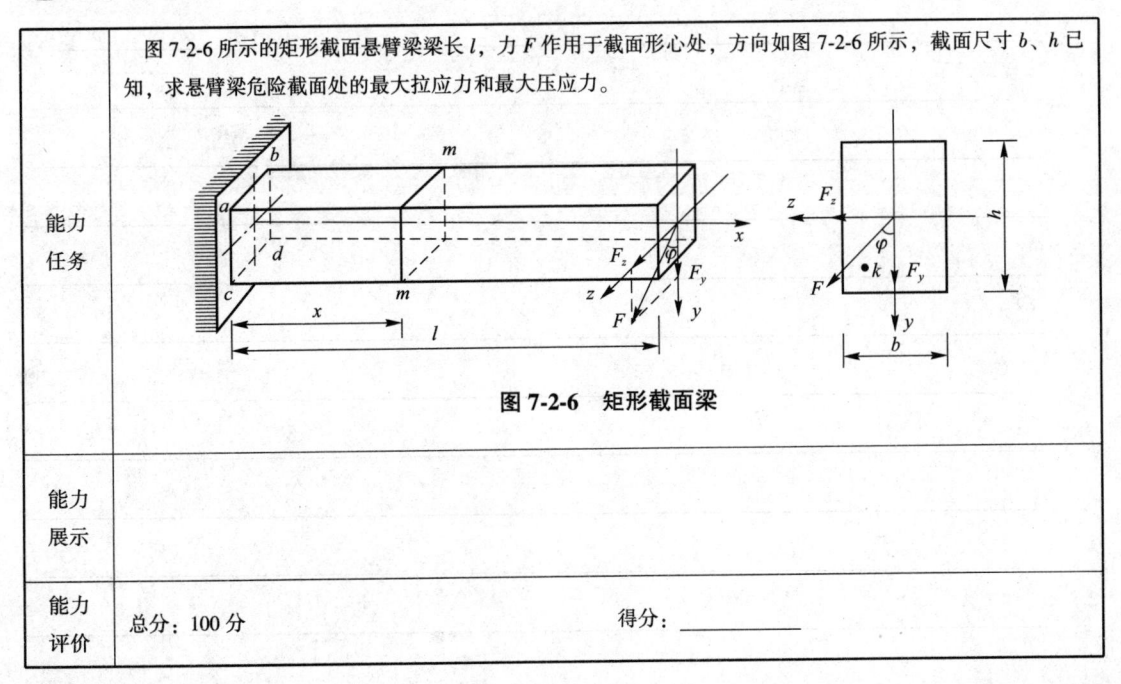

能力任务	图7-2-6所示的矩形截面悬臂梁梁长 l,力 F 作用于截面形心处,方向如图7-2-6所示,截面尺寸 b、h 已知,求悬臂梁危险截面处的最大拉应力和最大压应力。 图 7-2-6 矩形截面梁
能力展示	
能力评价	总分:100分　　　　　　　　　　得分:_____

测评与改进

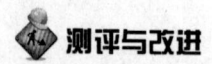

评价项目	评分标准	配分	主体评价/分				诊断改进
			自评	互评	教师评	综合评	
素质	培养积极思考、开拓创新的思维	30					
知识	能完全掌握斜弯曲外力分解、内力和应力计算、强度条件建立方法	30					
能力	能正确运用叠加法分析斜弯曲强度问题	40					

总结与反思

任务3 分析偏心压缩(拉伸)杆件强度计算

任务目标

素质目标

培养积极思考、探索创新的思维。

知识目标

理解偏心压缩(拉伸)杆件外力分解、内力和应力计算、强度条件建立方法。

能力目标

能运用叠加法分析偏心压缩(拉伸)杆件强度问题。

任务描述

图 7-3-1 所示为某一结构中支撑梁的牛腿柱。

图 7-3-1 支撑梁的牛腿柱

任务思考

思考1：分析并辨别此牛腿柱的变形类型。

思考2：怎样对牛腿柱进行强度分析呢？

任务分析

第一步：通过分析牛腿柱实际受荷载情况及变形情况确定变形类型。

第二步：依据叠加法步骤计算其应力，从而建立强度条件，进行强度分析。

相关知识

1. 偏心拉伸(压缩)的概念

作用在杆件上的外力，当其作用线与杆件的轴线平行但不重合时，杆件受到的变形称为**偏心拉伸(压缩)**。图 7-3-2 所示的柱子受到上部结构传来的荷载 F，其作用线与柱轴线间

的距离为 e，柱子在荷载 F 的作用下产生偏心压缩变形。荷载 F 称为**偏心力**，e 称为**偏心距**。

图 7-3-2(a)所示的柱子，偏心力 F 作用线通过横截面某一根对称轴时，称为**单向偏心压缩**。图 7-3-2(b)所示的柱子，偏心力 F 作用线不通过横截面任一根对称轴，称为**双向偏心压缩**。本书只分析单向偏心压缩(拉伸)杆件强度计算。

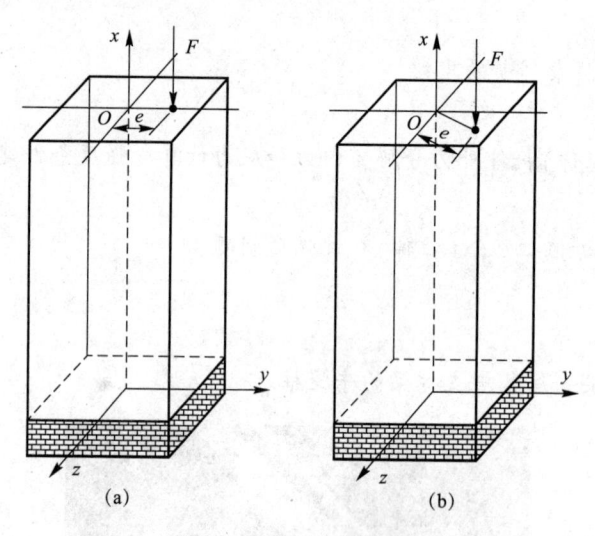

图 7-3-2 偏心压缩柱子
(a)单向偏心压缩；(b)双向偏心压缩

2. 偏心拉伸(压缩)的强度分析

(1)荷载简化。图 7-3-3(a)所示的柱子，受到偏心力 F 作用，依据力的平移定理，可将偏心力 F 向截面形心平移，把荷载转换为通过形心的轴向压力 F 和一个大小为 $m=Fe$ 的力偶，如图 7-3-3(b)所示。由此可知，偏心压缩实际上是由轴向压缩和平面弯曲构成的组合变形。

(2)内力计算。运用截面法可求得柱子任意横截面 n—n 上的内力，如图 7-3-3(c)所示。柱子任意横截面上存在两种内力，即轴力 $N=-F$，弯矩 $M_z=Fe$。

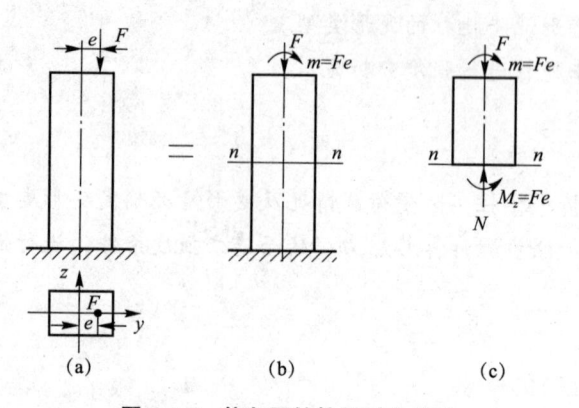

图 7-3-3 偏向压缩柱子受力分析

(3)应力计算。偏心受压杆横截面上任意一点 k 处的应力，是轴向压缩的轴力 N 产生的正应力 σ_N 和平面弯曲的弯矩 M_z 产生的正应力 σ_{M_z} 的叠加。

由图7-3-4所示，偏心受压杆横截面面积为 A，在 k 点处由轴力 N 产生的正应力为

$$\sigma_N = -\frac{N}{A}$$

在 k 点处由弯矩 M_z 产生的正应力为

$$\sigma_{M_z} = \frac{M_z y}{I_z}$$

k 点的总应力为

$$\sigma = -\frac{N}{A} \pm \frac{M_z y}{I_z} \tag{7-3-1}$$

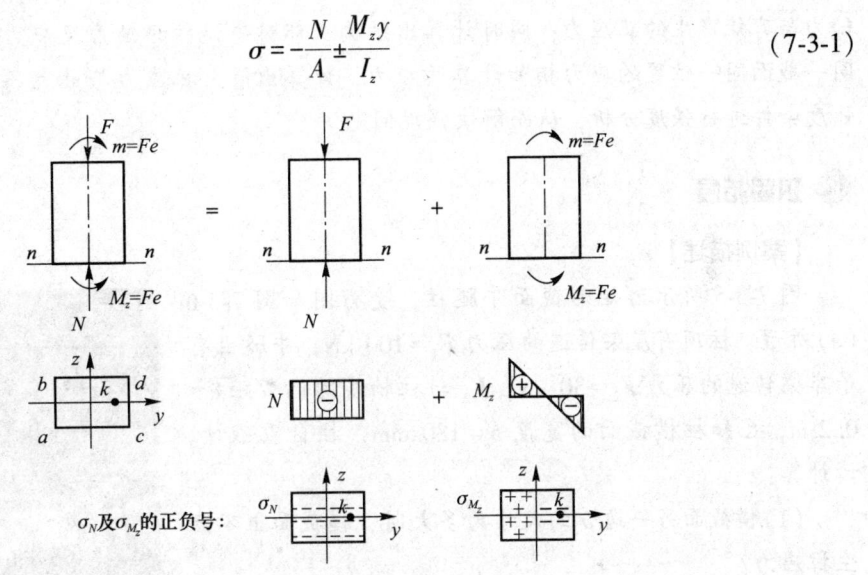

图7-3-4 偏心受压杆的受力分析

【提示】 运用式(7-3-1)计算正应力时，弯曲正应力的正负号可由观察变形情况来判定，当 k 点处于弯曲变形的受压区时取负号，处于受拉区时取正号。

因此，如果柱子受到的正应力既有拉应力也有压应力，则最大拉应力 σ_{max}^+ 发生在 n—n 截面的 ab 边缘线上，最大压应力 σ_{max}^- 发生在 n—n 截面的 cd 边缘线上，其值分别为

$$\sigma_{max}^+ = -\frac{N}{A} + \frac{M_z}{W_z} \tag{7-3-2}$$

$$\sigma_{max}^- = -\frac{N}{A} - \frac{M_z}{W_z} \tag{7-3-3}$$

(4)强度条件。若材料的许用拉应力为 $[\sigma_l]$，许用压应力为 $[\sigma_y]$，则强度条件为

$$\sigma_{max}^+ = -\frac{N}{A} + \frac{M_z}{W_z} \leqslant [\sigma_l] \tag{7-3-4}$$

$$\sigma_{max}^- = \left| -\frac{N}{A} - \frac{M_z}{W_z} \right| \leqslant [\sigma_y] \tag{7-3-5}$$

任务实施

第一步：确定变形类型

根据实际受力情况，牛腿柱主要受到梁及结构上部传递的两种竖直向下的荷载作用。牛腿上的梁传递给牛腿柱的荷载作用线与牛腿柱轴线平行，但不重合；结构上部传递给牛腿柱的荷载作用线与牛腿柱轴线重合。可见，这种情况属于偏心压缩，牛腿柱受到的变形为压缩变形和平面弯曲变形的组合。

第二步：运用叠加法对组合变形进行强度分析

把梁对牛腿柱的荷载分解为轴向压缩与平面弯曲两种作用，分别计算出轴力与弯矩及轴力与弯矩产生的正应力；同时计算出结构上部对牛腿柱的轴力及应力；运用叠加原理把同一截面同一位置的应力相加计算总应力，计算出最大拉应力与最大压应力；建立具体的强度条件进行强度分析，从而解决强度问题。

巩固拓展

【案例描述】

图7-3-5所示为矩形截面牛腿柱，受力图如图7-3-6(a)所示。柱顶有屋架传递的压力 $F_1 = 100$ kN，牛腿上有吊车梁传递的压力 $F_2 = 30$ kN，F_2 与柱轴线的偏心距 $e = 0.2$ m，已知柱横截面的宽度 $b = 180$ mm，柱自重不计。请计算：

(1) 横截面另一边 a 的尺寸为多大时，横截面上不产生拉应力？

(2) 当横截面另一边尺寸选定了 a 值后，横截面上的最大压应力是多少？

图7-3-5 支撑吊车梁的牛腿柱

【分析及实施】

针对问题(1)：

第一步：荷载简化。运用力的平移定理将 F_2 平移到柱的轴线上进行简化，转化为沿轴线作用的力 F_2 和一个附加力偶 m，如图7-3-6(b)所示。

轴向压力：$F = F_1 + F_2 = 100 + 30 = 130$ (kN)

附加力偶：$m = F_2 e = 30 \times 0.2 = 6$ (kN·m)

第二步：用截面法计算柱横截面上的内力。

轴力：$N = -F = -130$ kN

弯矩：$M_z = m = 6$ kN·m

第三步：建立强度条件。要使横截面上不产生拉应力，即横截面最大拉应力不大于零，则强度条件为

$$\sigma_{max}^+ = -\frac{N}{A} + \frac{M_z}{W_z} \leq 0$$

得 $$-\frac{130\times 10^3}{180a}+\frac{6\times 10^6}{\frac{180a^2}{6}}\leq 0$$

$$a\geq 277\text{ mm}$$

因此，横截面另一边 a 的尺寸不小于 277 mm 时，横截面上不产生拉应力，取 $a=280$ mm [图 7-3-6(c)]。

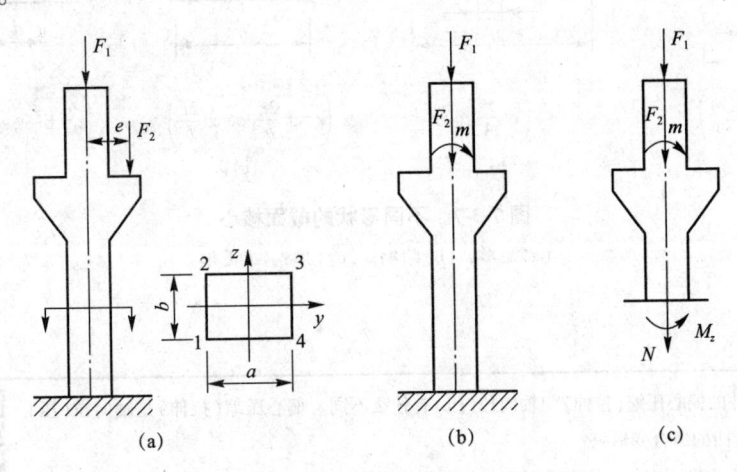

图 7-3-6 牛腿柱受力分析
(a)受力图；(b)F_2 平移简化；(c)强度条件图

针对问题(2)：

第一步：分析横截面最大压应力位置。依据内力分析情况，横截面上产生的最大压应力在横截面最右侧边缘上，即 3—4 边缘线上。

第二步：计算最大压应力。取 $a=280$ mm，3—4 边缘线上的最大压应力为

$$\sigma^-_{max}=-\frac{F}{A}-\frac{M_z}{W_z}=-\frac{130\times 10^3}{180\times 280}-\frac{6\times 10^6}{\frac{180\times 280^2}{6}}=-2.58-2.55=-5.13\text{(MPa)}$$

当 a 取 280 mm 时，横截面上的最大压应力为 5.13 MPa。

【提示】 通过本案例分析，我们发现：杆件在偏心受压情况下，可通过合理设计截面尺寸实现杆件横截面上只有压应力，没有拉应力。

知识加油站

截面核心

工程建设中使用大量混凝土、砖、石等材料制作承压构件，因为这些材料的抗压强度比抗拉强度高很多。这类构件在偏心压力作用时，其横截面上最好不出现拉应力，以避免开裂。

要达到如上要求，就需要偏心压力的作用点至截面形心的距离不可太大。当荷载作用在截面形心周围的一个区域内时，杆件整个横截面上只产生压应力，不产生拉应力，此时，这个荷载作用区域称为截面核心。常见的矩形、圆形、I 形等截面核心如图 7-3-7 所示。

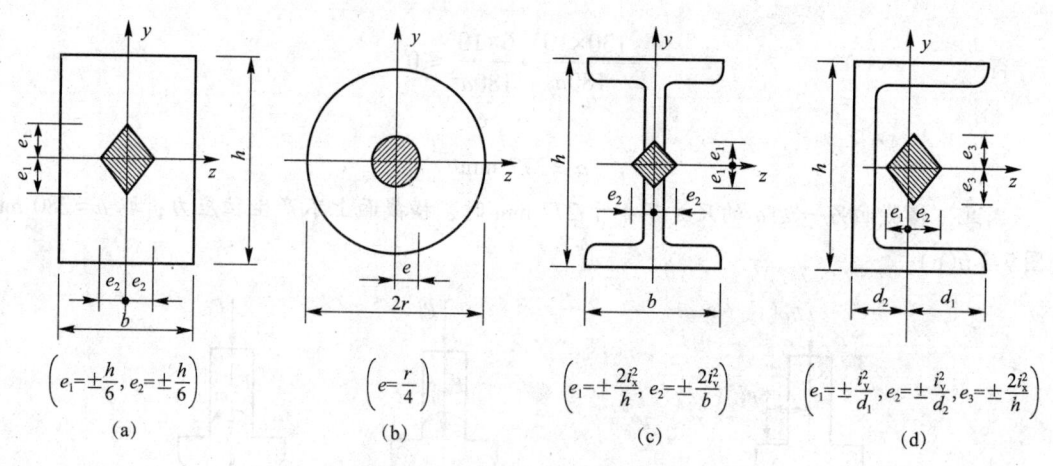

$$\left(e_1=\pm\frac{h}{6}, e_2=\pm\frac{h}{6}\right)$$
(a)

$$\left(e=\frac{r}{4}\right)$$
(b)

$$\left(e_1=\pm\frac{2i_x^2}{h}, e_2=\pm\frac{2i_y^2}{b}\right)$$
(c)

$$\left(e_1=\pm\frac{i_y^2}{d_1}, e_2=\pm\frac{i_y^2}{d_2}, e_3=\pm\frac{2i_x^2}{h}\right)$$
(d)

图 7-3-7　不同形状的截面核心
（a）矩形；（b）圆形；（c）I 形；（d）[形

巩固练习

任务要求	1. 杆件的偏心压缩（拉伸）与轴向拉（压）有什么不同？偏心压缩（拉伸）是轴向拉（压）与平面弯曲的组合变形吗？ 2. 什么是截面核心？寻找截面核心有什么意义？ 微课：巩固练习
分析思路	
实施过程	
考核评价	配分：共 100 分（其中分析思路 50 分，实施过程 50 分） 得分：_____

230

能力训练

能力任务	图 7-3-8 所示为一矩形截面短柱,承受偏心压力 F 的作用,F 的作用点位于截面的 y 轴上。短柱截面尺寸为 b、h,试求短柱的横截面不出现拉应力时,F 的作用点至 z 轴的最大偏心距 e。 图 7-3-8 矩形截面短柱
能力展示	
能力评价	总分:100 分　　　　　　　　　　　得分:_____

测评与改进

评价项目	评分标准	配分	主体评价/分				诊断改进
			自评	互评	教师评	综合评	
素质	具备积极思考、探索创新的思维	30					
知识	能理解偏心压缩(拉伸)杆件外力简化、内力和应力计算、强度条件建立方法	30					
能力	能正确运用叠加法分析偏心压缩(拉伸)杆件强度问题	40					

总结与反思

模块小结

一、组合变形概念及解决其强度问题的方法

1. 组合变形是由两种或两种以上的基本变形组成的。
2. 解决组合变形问题的基本原理是叠加原理。

二、组合变形构件的强度计算步骤

1. 外力分析：将作用于组合变形杆件上的外力分解或简化为基本变形的受力方式。
2. 内力分析：分别对这些基本变形进行内力计算，确定危险截面。
3. 应力分析：计算每种内力对应的应力，将各基本变形同一点处的应力进行叠加，确定组合变形时各点的应力。
4. 强度计算：分析确定组合变形时危险点的应力，建立危险点的强度条件进行强度计算。

三、斜弯曲的强度条件

若材料的抗拉、抗压强度相等，强度条件为

$$|\sigma_{max}| = \frac{M_{zmax}}{W_z} + \frac{M_{ymax}}{W_y} \leqslant [\sigma]$$

四、偏心压缩的强度条件

若材料的许用拉应力为 $[\sigma_l]$，许用压应力为 $[\sigma_y]$，构件实际产生的最大拉应力为 σ_{max}^+，最大压应力为 σ_{max}^-，则强度条件为

$$\sigma_{max}^+ = -\frac{N}{A} + \frac{M_z}{W_z} \leqslant [\sigma_l]$$

$$\sigma_{max}^- = \left| -\frac{N}{A} - \frac{M_z}{W_z} \right| \leqslant [\sigma_y]$$

五、截面核心

1. 当荷载作用在截面形心周围的一个区域内时，杆件整个横截面上只产生压应力，不产生拉应力，此时，这个荷载作用区域称为截面核心。
2. 工程中使用混凝土、砖、石等材料制作的承压构件，在偏心压力作用时，其横截面上最好不出现拉应力，以避免开裂。因此，确定其截面核心就很有意义。

模块检测

（总分 100 分）

一、填空题（每空 2 分，共 16 分）

1. 组合变形是由两种或两种以上的_____组成的。
2. 组合变形构件的应力计算是依据_____原理进行的。
3. 组合变形构件强度分析步骤依次为_____、_____、_____、_____。
4. 简化斜弯曲组合变形时，需要把荷载进行_____。
5. 简化偏心压缩(拉伸)构件受力荷载时，需要把荷载进行_____。

二、判断题（每题 2 分，共 10 分）

1. (   ) 组合变形构件荷载简化就是把荷载进行分解。
2. (   ) 组合变形构件荷载简化就是把荷载进行平移。
3. (   ) 偏心压缩是由轴向压缩和平面弯曲构成的组合变形。
4. (   ) 进行斜弯曲强度分析时，需要把斜弯曲简化为平面弯曲的组合。
5. (   ) 截面核心的主要意义是使承压构件不产生拉应力，有效防止构件开裂。

三、简答题（每题 5 分，共 10 分）

1. 在组合变形问题分析过程中，哪些情况下需将力向形心(或弯曲中心)平移？哪些情况下需将力分解？

2. 截面核心在工程中有什么意义？矩形截面杆和圆形截面杆受偏心压力作用时，不产生拉应力的极限偏心距各是多少？它们的截面核心各是什么形状？

四、综合题(第1题20分,第2题20分,第3题24分,共64分)

1. 一正方形横截面短柱,如图1所示,由于使用需求在短柱的中部开了一个槽,开槽处横截面积为原横截面面积的一半,试计算短柱开槽后的最大压应力比不开槽时增大了几倍。

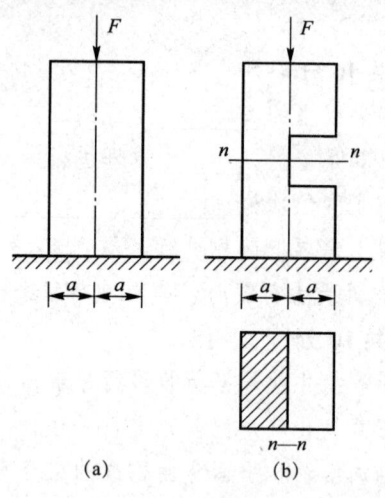

图1 题1图

2. 图2所示为一工字钢的简支梁。已知:工字钢型号为32a,其许用应力$[\sigma]=160$ MPa,梁长$l=4$ m,跨中荷载$F=30$ kN,F偏离纵向对称面角度$\theta=15°$,试校核该梁的强度。

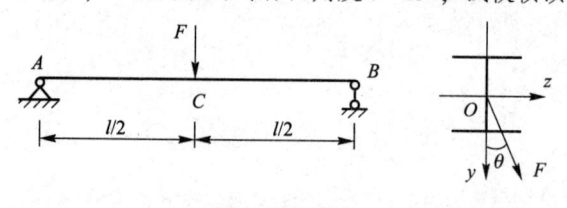

图2 题2图

3. 图3所示为挡土墙的计算简图。墙顶宽$b_1=1$ m,墙底宽$b_2=2$ m,墙高$h=3$ m,C点为其形心,距墙背距离为0.78 m。土对墙的侧压力每延米长为$F=30$ kN,作用在离底面$h/3$处,方向水平向右。挡土墙材料的密度$\rho=2.3\times10^3$ kg/m³。试计算基础底面m—n上的应力并绘制出应力分布图。

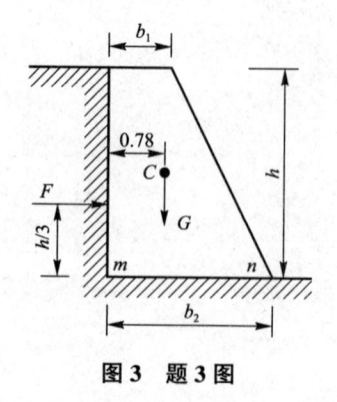

图3 题3图

模块 8　细长压杆稳定性分析

学习任务

在结构中，长杆的破坏有时不是强度不足引起的，当长杆轴向压力远未达到强度破坏极限而突然弯曲，产生很大变形甚至导致整体破坏的现象，需要引起关注。本模块通过认知压杆失稳现象，分析压杆的承载临界力，进而对压杆失稳进行预判，然后从材料和截面形态等方面进行稳定性设计。学习任务依据知识学习由简单到复杂，技能训练由单一到综合的逻辑与能力形成规律，分解为如下3个任务。

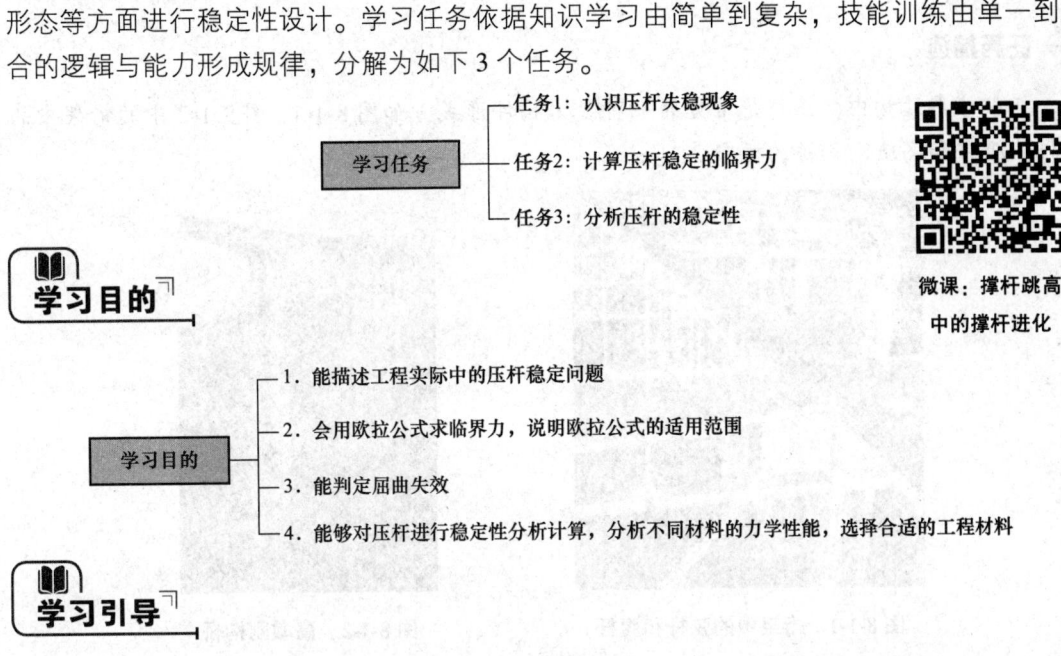

学习任务
- 任务1：认识压杆失稳现象
- 任务2：计算压杆稳定的临界力
- 任务3：分析压杆的稳定性

微课：撑杆跳高中的撑杆进化

学习目的

学习目的
1. 能描述工程实际中的压杆稳定问题
2. 会用欧拉公式求临界力，说明欧拉公式的适用范围
3. 能判定屈曲失效
4. 能够对压杆进行稳定性分析计算，分析不同材料的力学性能，选择合适的工程材料

学习引导

为培养学生透过压杆失稳现象，正确分析细长杆件受力与强度及变形的关系，从而获得解决细长杆件压曲实际问题的能力，本模块通过如下思维导图进行学习引导。

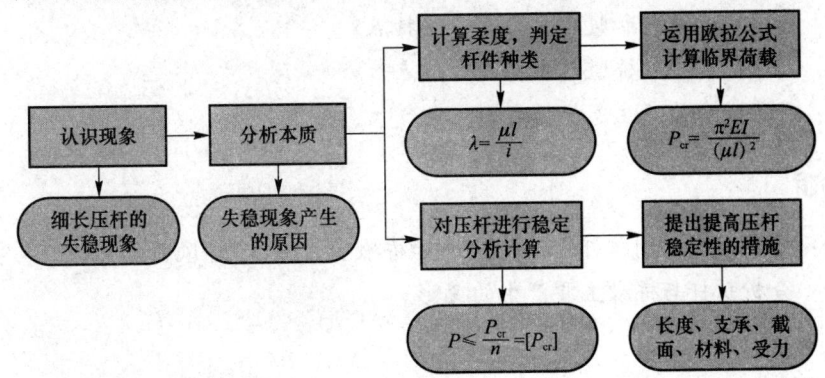

认识现象 → 分析本质 → 计算柔度，判定杆件种类 $\lambda = \dfrac{\mu l}{i}$ → 运用欧拉公式计算临界荷载 $P_{cr} = \dfrac{\pi^2 EI}{(\mu l)^2}$

细长压杆的失稳现象

失稳现象产生的原因

对压杆进行稳定分析计算 $P \leqslant \dfrac{P_{cr}}{n} = [P_{cr}]$ → 提出提高压杆稳定性的措施 → 长度、支承、截面、材料、受力

任务1 认识压杆失稳现象

学习目标

素质目标

能主动展开对杆件稳定性的全面思考。

知识目标

理解压杆、失稳、临界状态、压杆稳定性的概念。

能力目标

1. 能主动观察并辨别实际工程中有无细长压杆失稳的现象。
2. 能正确描述压杆失稳现象。

任务描述

在杆件系结构中，压杆是常见的一种受力构件形式，如图8-1-1、图8-1-2中的桁架中的弦杆、腹杆和高墩刚构桥的桥墩。

图 8-1-1　桁架中的弦杆和腹杆　　　图 8-1-2　高墩刚构桥

任务思考

思考1：桁架中的弦杆和腹杆受力有哪些特点？

思考2：高墩刚构桥的桥墩有哪些受力特点？

思考3：受力后主要产生怎样的变形？

任务分析

第一步：请同学们绘制弦杆(不计重力)和桥墩受力图(不计风荷载)。

第二步：分析弦杆与桥墩主要产生的变形。

相关知识

1. 压杆失稳现象

受轴向压力的直杆叫作**压杆**。从强度观点出发,压杆只要满足轴向压缩的强度条件就能正常工作。这种结论对于短粗杆来说是正确的,而对于细长的杆不然。

例如,取一根长度为 1 m 的松木直杆,其横截面面积为 $(5\times30)\,\text{mm}^2$,抗压强度极限为 $\sigma_b = 40\,\text{MPa}$。按照轴向受压杆件极限承载计算理论,此杆的极限承载能力应为

$$P_b = \sigma_b \times A = 40\times10^6 \times 5\times30\times10^{-6} = 6\,000(\text{N}) = 6\,\text{kN}$$

但是,如图 8-1-3 所示,当给两杆缓缓施加压力时会发现,长杆在加载到约 30 N 时,杆发生了弯曲,当力再增加时,弯曲迅速增大,杆随即折断。而短杆可受力达到接近 6 000 N,且在破坏前一直保持直线。由此可见,细长压杆的承载能力并不取决于轴向压缩的抗压强度,而是与该杆在一定压力作用下突然变弯、不能保持原有的直线形状有关,这种在一定轴向压力作用下,细长直杆突然丧失其原有平衡形态的现象叫作**压杆丧失稳定性,简称失稳,又称屈曲**。杆件失稳往往产生很大的变形甚至导致系统破坏。

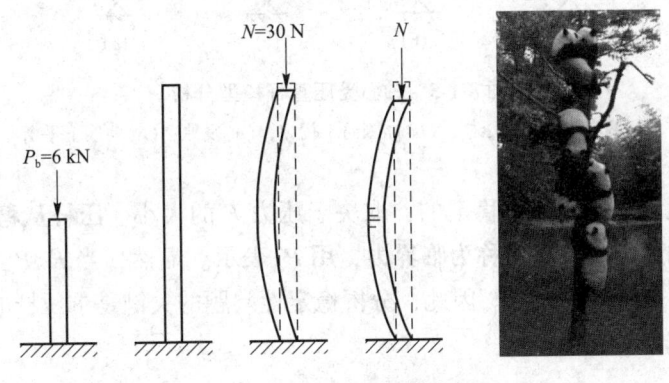

图 8-1-3 轴心受压的直杆

2. 压杆稳定的临界状态分析

图 8-1-4 中的撑杆,在未受力时呈直杆状态,受力后中间弯曲变形,力量撤销后回归直板,比赛中,撑杆也曾发生弯曲断裂。将其转换为力学模型,可用来分析压杆平衡稳定性。

图 8-1-4 撑杆跳运动中的撑杆

图 8-1-5(a)所示为一两端铰支的细长压杆。当轴向压力 F 较小时,杆在 F 作用下将保

持其原有的平衡模式，在侧向干扰力作用下使其弯曲，如图 8-1-5(b)所示。当干扰力撤除，杆在往复摆动几次后仍恢复到原来的直线平衡状态，如图 8-1-5(c)所示。这种平衡称为稳定平衡。但当压力增大至某一数值 F_a 时，作用一侧向干扰使压杆微弯，在干扰力撤除后，杆不能恢复到原来的直线形式，而在曲线形态下平衡，如图 8-1-5(d)所示。可见这时杆原有的直线平衡形式是不稳定的，称为不稳定平衡。

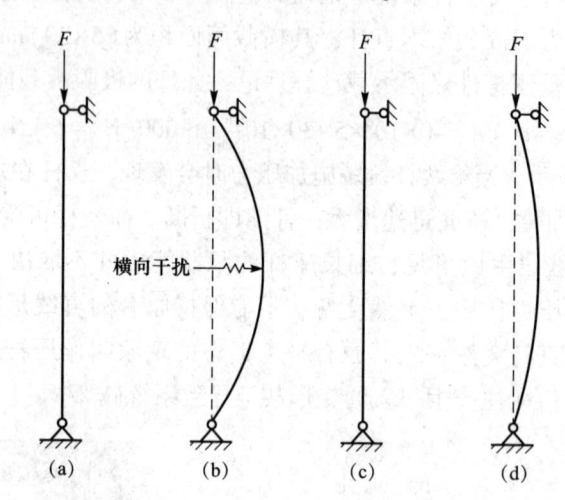

图 8-1-5 轴心受压直杆模型分析
(a)两端铰支细长压杆；(b)加侧向干扰力；(c)复原；(d)曲线下平衡

压杆的平衡是稳定的还是不稳定的，取决于压力 F 的大小。**压杆从稳定平衡过渡到不稳定平衡时，轴向压力的临界值称为临界力，用 P_{cr} 表示**。显然，当 $F<P_{cr}$ 时，压杆将保持稳定；当 $F>P_{cr}$ 时，压杆将失稳。因此，分析稳定性问题的关键是求压杆的临界力。

任务实施

第一步：分析现象

如图 8-1-6 所示，桁架弦杆和腹杆仅两端受力，所以均为二力杆。F_1、F_2 主要来自桁架节点对某一节弦杆的拉力，F_3、F_4 是来自桁架节点对某一节弦杆的压力。

高桥墩受力 F_5 主要来自桥梁上部结构对桥墩的压力，G 为桥墩自重，F_6 主要来自地基对桥墩的支持力。

第二步：推理结果

弦杆主要产生拉伸和压缩变形，桥墩主要产生压缩变形。除考虑轴向压力不超出强度极限外，受力不能超出压杆临界力，还应考虑是否会产生压曲。

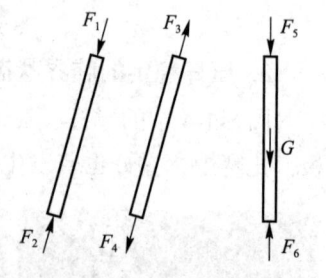

图 8-1-6 受力分析图

巩固拓展

【案例描述】

经常外出进行登山活动对人体有很大的好处，从医学角度来说，它对人的视力、心肺功能、四肢协调能力、体内多余脂肪的消耗、延缓人体衰老5个方面有直接的益处。登山杖，可以为户外登山穿越活动（图8-1-7）带来很多的好处。在凹凸不平的山路上前进的时候，登山杖可以保持身体平衡，避免一些摔倒或磕磕绊绊的发生；过河的时候，登山杖相当你的身体又增加了支点，有利于在湍急、湿滑的河流中保持平衡。上坡的时候，登山杖可以作为脚的助力，下坡时可以减少膝部的震动，减少对身体的伤害。登山杖最好是可以自由伸缩、携带方便、有防震功能的专业登山杖，但如果没有，当然也可以就地取材地用树枝、木棍代替。

请在周围寻找掉落的粗细树枝（图8-1-8），将其竖立在地上，代替登山杖，模仿登山动作，在其顶部施加轴向压力，观察它的变形情况。同等长度的树枝，是粗的容易压弯还是细的容易压弯？请将你操作的过程照片贴在这里。

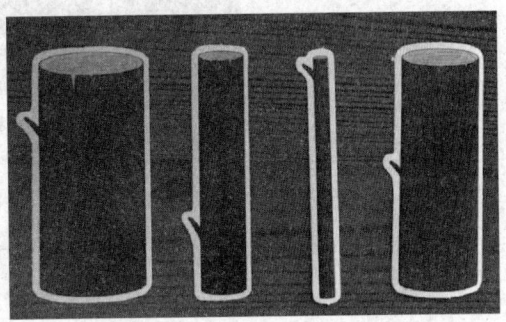

图 8-1-7　登山运动　　　　　　　图 8-1-8　不同截面的树枝

【分析及实施】

如图8-1-9所示，通过对比会发现，同等长度的树枝，较细的树枝容易侧向弯曲，而较粗的树枝不易侧向弯曲；同等截面尺寸的树枝和高强度金属登山杖，金属登山杖的稳定性要好得多。由此说明，截面尺寸及材料弹性对细长杆件稳定性影响较大。

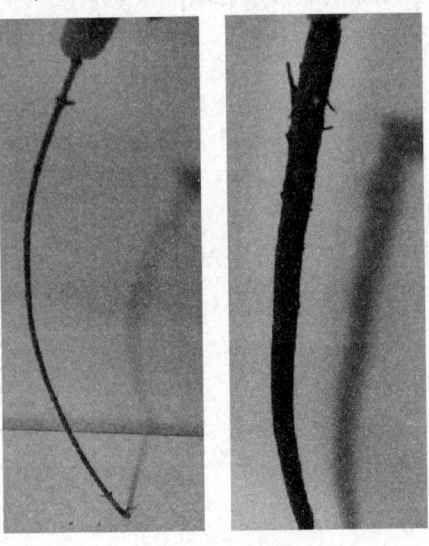

图 8-1-9　变形的树枝

巩固练习

任务要求	树木移栽时，浅栽利于成活，但浅栽之后，也就必须进行固定。对移栽树木进行固定，主要出于以下几个方面的考虑：首先是最基本的安全问题，防倒；其次是防止刮风时摇树伤根。对移栽树木进行固定，一般用小木棒进行，说小，也得 2~3 m 长。如何支撑才能达到真正固定的效果呢？木棒和树体呈 45°，是固定最合理的角度，如图 8-1-10 所示。图 8-1-11 所示为木棒模型图。请问木棒的受力形态是怎样的？若大风天气，木棒受力有什么变化趋势？会产生什么样的破坏？ 图 8-1-10　移栽树木木棒加固　　图 8-1-11　木棒模型图
分析思路	
实施过程	
考核评价	配分：共 100 分（其中分析思路 50 分，实施过程 50 分） 得分：

能力训练

能力任务	1. 请用自己的语言描述什么是压杆、失稳和临界力。	2. 2018 年 5 月 4 日，福建莆田在建三层钢结构房屋发生坍塌事故，如图 8-1-12 所示，请收集资料，描述其坍塌的原因。 图 8-1-12　坍塌的房屋
能力展示		
能力评价	配分：50 分　　得分：	配分：50 分　　得分：
	总分：100 分	得分：

测评与改进

评价项目	评分标准	配分	主体评价/分				诊断改进
			自评	互评	教师评	综合评	
素质	能主动展开对杆件稳定性的全面思考	30					
知识	1. 能完全理解压杆与失稳的概念。 2. 能理解临界状态和压杆稳定性的定义	30					
能力	能主动观察并辨别工程实际中有无细长压杆失稳的现象,能正确描述压杆失稳现象	40					

总结与反思

任务 2 计算压杆稳定的临界力

任务目标

素质目标

培养对工程问题主动展开思考的习惯。

知识目标

1. 掌握欧拉公式的定义，柔度的概念。
2. 掌握细长压杆的定义。

能力目标

会使用欧拉公式求压杆临界力，并据此展开杆件截面形状和尺寸的调节。

任务描述

吊脚楼也称"吊楼"，为苗族、布依族、侗族、土家族等族传统民居，在渝东南及桂北、湘西、鄂西、黔东南地区，吊脚楼特别多，如图 8-2-1 所示。吊脚楼多依山靠河就势而建，讲究朝向，或坐西向东，或坐东向西。最基本的特点是正屋建在实地上，厢房除一边靠在实地和正房相连，其余三边皆悬空，靠柱子支撑。吊脚楼有很多好处，高悬地面既通风干燥，又能防毒蛇、野兽，楼板下还可放杂物，是我们先辈生存的独特智慧。（资料来自百度百科）

图 8-2-1 吊脚楼

请同学们仔细观察吊脚楼下方支撑的木柱。

任务思考

思考 1：如何确定支承房子的柱子的材质和尺寸呢？
思考 2：如何能让柱子更稳定呢？

任务分析

第一步：确定柱子的承载力。
第二步：分析柱子承载力的影响因素。
第三步：获取提高柱子承载力的方法。

相关知识

1. 压杆临界力的计算

瑞士科学家欧拉（L. Eular）等早在 18 世纪，就对理想细长压杆在弹性范围的稳定性进行了研究，前人们经过对不同长度（l）、不同截面（I）、不同材料（E）、不同支承情况的压杆，在内力不超过材料的比例极限时，发生失稳的临界力 P_{cr} 研究，得到了压杆稳定的临界力计算通式，即欧拉公式（Euler formula）：

$$P_{cr}=\frac{\pi^2 EI}{(\mu l)^2} \tag{8-2-1}$$

式中　π——圆周率；

　　　E——材料的弹性模量；

　　　l——杆件长度；

　　　I——杆件横截面对形心轴的惯性矩（当杆端在各方向的支承情况相同时，压杆总是在抗弯刚度最小的纵向平面内失稳，所以式（8-2-1）中的惯性矩应取截面的最小形心主惯性矩 I_{min}）；

　　　μ——长度系数，取值决定于杆端的支承情况，见表 8-2-1；μl 称为压杆的相当长度。

表 8-2-1　不同情况下的长度系数

杆端支承情况	两端固定	一端固定 一端铰支	两端铰支	一端固定 一端自由
简图	F	F	F	F
长度系数	$\mu=0.5$	$\mu=0.7$	$\mu=1$	$\mu=2$

由式（8-2-1）可知，细长压杆的临界力 P_{cr}，与杆的抗弯刚度 EI 成正比，与杆的长度平方成反比；同时，还与杆端的约束情况有关。显然，临界力越大，压杆的稳定性越好，即越不容易失稳。

【提示】　欧拉公式在应用中需注意以下两点：

(1)临界应力与长细比(柔度)。当压杆处于临界状态时,杆件可以维持其直线形状的不稳定平衡状态,此时杆内的应力仍是均匀分布的,即

$$\sigma_{cr} = \frac{P_{cr}}{A}$$

式中 σ_{cr}——压杆的临界应力;
A——压杆的横截面面积。

$$\sigma_{cr} = \frac{P_{cr}}{A} = \frac{\pi^2 EI}{A(\mu l)^2}$$

利用惯性半径 $i = \sqrt{\frac{I}{A}}$,则上式成为

$$\sigma_{cr} = \frac{\pi^2 EI}{A(\mu l)^2} = \frac{\pi^2 E}{\frac{(\mu l)^2}{i^2}} \tag{8-2-2}$$

式(8-2-2)中的 μl 和 i 都是反映压杆几何性质的量,**工程上取 μl 和 i 的比值来表示压杆的细长程度,叫作压杆的柔度或细长比,用 λ 表示,是无量纲的量。**

$$\lambda = \frac{\mu l}{i} \tag{8-2-3}$$

于是临界应力的计算公式可简化为

$$\sigma_{cr} = \frac{\pi^2 E}{\lambda^2} \tag{8-2-4}$$

式(8-2-4)是欧拉公式的另一种表达形式。式中,压杆的柔度 λ 综合反映了杆长、约束条件、截面尺寸和形状对临界应力的影响。λ 越大,表示压杆越细长,临界应力就越小,临界力也就越小,压杆就越容易失稳。因此,柔度 λ 是压杆稳定计算中的一个十分重要的几何参数。

(2)欧拉公式的适用范围。欧拉公式是在弹性条件下推导出来的,因此,临界力 P_{cr} 作用下的临界应力 σ_{cr} 不应超过材料的比例极限 σ_p(σ_p 详见轴向拉压杆的强度模块)。

即

$$\sigma_{cr} = \frac{\pi^2 E}{\lambda^2} \leqslant \sigma_p \tag{8-2-5}$$

由式(8-2-5)可得使临界应力公式成立的柔度条件为

$$\lambda \geqslant \pi \sqrt{\frac{E}{\sigma_p}} \tag{8-2-6}$$

若用 λ_p 表示对应于 $\sigma_{cr} = \sigma_p$ 时的柔度值,则有

$$\lambda_p = \pi \sqrt{\frac{E}{\sigma_p}} \tag{8-2-7}$$

显然,**当 $\lambda \geqslant \lambda_p$ 时,欧拉公式才成立。**通常将 $\lambda \geqslant \lambda_p$ 的杆件称为**细长压杆,或大柔度杆。**只有细长压杆才能用式(8-2-1)、式(8-2-4)来计算杆件的临界压力和临界应力。

举个例子

对于常用的 Q235A 钢，$E = 206$ GPa，$\sigma_p = 200$ MPa，代入式(8-2-6)得

$$\lambda_p = \pi\sqrt{\frac{E}{\sigma_p}} = \pi\sqrt{\frac{206\times 10^3}{200}} \approx 100$$

也就是说，由这种钢材制成的压杆，当 $\lambda \geq 100$ 时欧拉公式才适用。

常用材料的值 λ_p 见表 8-2-2。

表 8-2-2　常见材料的 λ_p 和 λ_s 值

材料	λ_p	λ_s	材料	λ_p	λ_s
Q235A 钢	100	61.4	铸铁	80	—
优质碳钢	100	60	硬铝	50	—
硅钢	100	60	松木	50	—

2. 压杆的临界应力总图

由上面讨论可知，对于 $\lambda \geq \lambda_p$ 的大柔度(细长)压杆，临界应力可按欧拉公式计算。那么其他柔度的杆件如何计算临界力呢？

(1) 对于 $\lambda < \lambda_p$ 的小柔度杆。工程中对这类压杆的临界应力的计算，一般采用建立在试验基础上的经验公式，主要有直线公式和抛物线公式两种。这里仅介绍直线公式，其形式为

$$\sigma_{cr} = a - b\lambda \tag{8-2-8}$$

式中，a 和 b 是与材料有关的常数，可以查阅有关手册获得(如 Q235A 钢制成的压杆，$a = 304$ MPa，$b = 1.12$ MPa)。

(2) 对于柔度很小的粗短杆。其破坏主要是应力达到屈服应力 σ_s 或强度极限 σ_b 所致(σ_s 和 σ_b 详见轴向拉压杆的强度模块)，其本质是强度问题。因此，对于塑性材料制成的压杆，按经验公式求出的临界应力最高值只能等于 σ_s，设相应的柔度为 λ_s，则

$$\sigma_{cr} = \sigma_s = a - b\lambda_s$$

$$\lambda_s = \frac{a - \sigma_s}{b} \tag{8-2-9}$$

λ_s 是应用直线公式的最小柔度值。常见材料的最小柔度值见表 8-2-2。

归纳起来，不同压杆分类临界压力计算见表 8-2-3，通常利用柔度定义杆件名称，并利用不同方法计算临界应力。

表 8-2-3　不同压杆分类临界应力计算表

柔度值	压杆分类	示意图	临界应力计算公式
$\lambda < \lambda_s$	小柔度杆 (也称短粗杆)		按强度条件 $\sigma_{cr} = \sigma_s = a - b\lambda_s$

续表

柔度值	压杆分类	示意图	临界应力计算公式
$\lambda_s \leq \lambda < \lambda_p$	中柔度杆（也称中长杆）		用经验公式 $\sigma_{cr}=a-b\lambda$
$\lambda \geq \lambda_p$	大柔度杆（也称细长压杆）		用欧拉公式 $\sigma_{cr}=\dfrac{P_{cr}}{A}=\dfrac{\pi^2 EI}{A(\mu l)^2}=\dfrac{\pi^2 E}{\lambda^2}\leq\sigma_p$

通常将临界应力 σ_{cr} 随压杆柔度 λ 变化的图线（图8-2-2），称为临界应力总图。各类杆件对应的临界力即可用临界应力计算而获得。

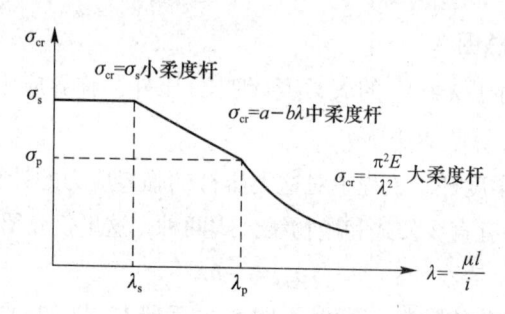

图 8-2-2　临界应力总图

任务实施

第一步：确定柱子的承载力

计算吊脚楼上部结构的重量、柱子的数量和间距，确定每根柱子分摊的压力。

第二步：分析柱子承载力的影响因素

根据本任务知识部分的学习，柱子承载力的影响因素包含柱子的材料物理力学系数、截面形状与尺寸，以及柱子两端的约束情况。

第三步：获取提高柱子承载力的方法

提高柱子的临界力，可以改变材质以提高弹性模量和耐久性，如该木柱为砖柱或混凝土柱；降低柔度，合理设计截面尺寸、调节长度等；调节柱子两端约束情况，降低长度系数等。

巩固拓展

【案例描述1】

某砌体结构受压柱，高12 m，下端与基础固结，上端与其他梁铰接，如图8-2-3所示。柱的截面尺寸 $b\times h=250\times600(\text{mm}^2)$，弹性模量 $E=27$ GPa，试计算该柱的临界力。若截面尺寸换成 300×500(mm²)，其临界力是多少？

图 8-2-3 砌体结构受压柱

【分析及实施】

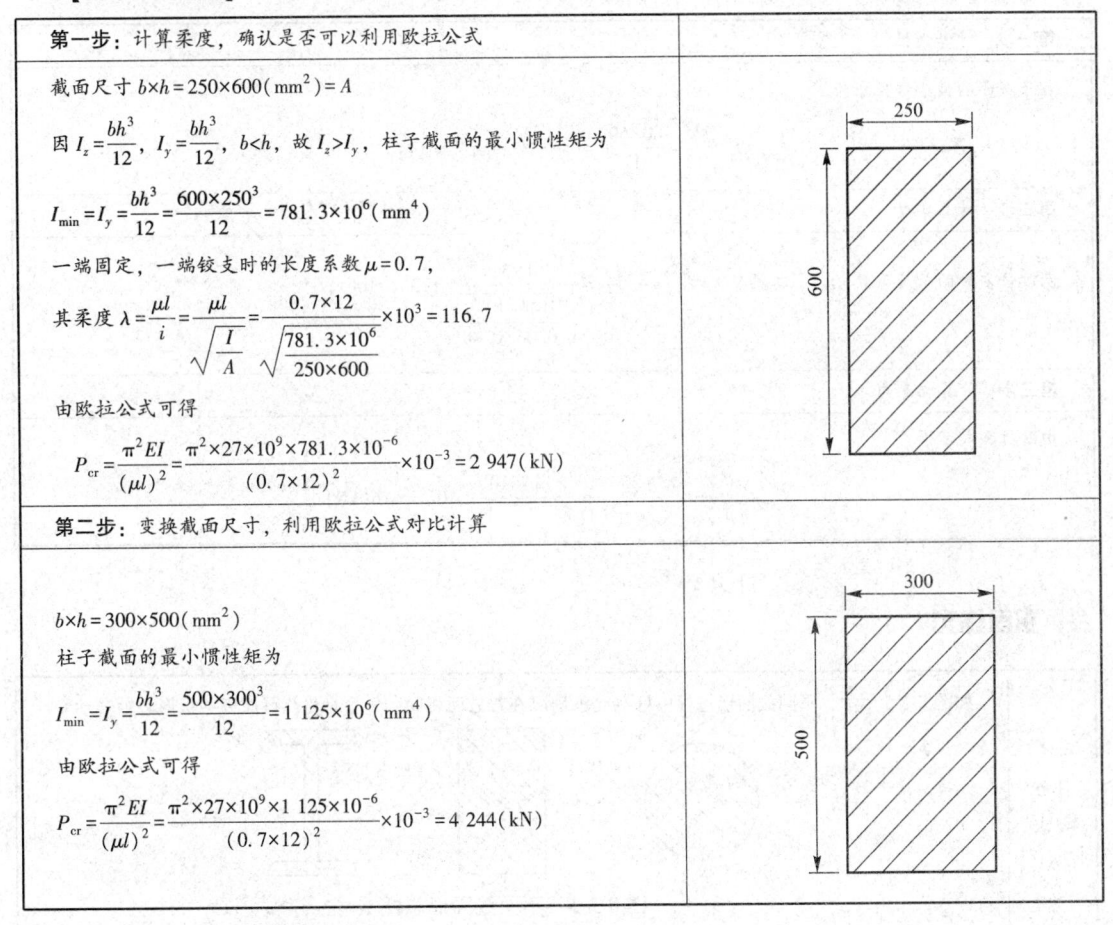

第一步：计算柔度，确认是否可以利用欧拉公式	
截面尺寸 $b×h=250×600(mm^2)=A$ 因 $I_z=\dfrac{bh^3}{12}$，$I_y=\dfrac{b h^3}{12}$，$b<h$，故 $I_z>I_y$，柱子截面的最小惯性矩为 $I_{min}=I_y=\dfrac{bh^3}{12}=\dfrac{600×250^3}{12}=781.3×10^6(mm^4)$ 一端固定，一端铰支时的长度系数 $\mu=0.7$， 其柔度 $\lambda=\dfrac{\mu l}{i}=\dfrac{\mu l}{\sqrt{\dfrac{I}{A}}}=\dfrac{0.7×12}{\sqrt{\dfrac{781.3×10^6}{250×600}}}×10^3=116.7$ 由欧拉公式可得 $P_{cr}=\dfrac{\pi^2 EI}{(\mu l)^2}=\dfrac{\pi^2×27×10^9×781.3×10^{-6}}{(0.7×12)^2}×10^{-3}=2\,947(kN)$	250 600
第二步：变换截面尺寸，利用欧拉公式对比计算	
$b×h=300×500(mm^2)$ 柱子截面的最小惯性矩为 $I_{min}=I_y=\dfrac{bh^3}{12}=\dfrac{500×300^3}{12}=1\,125×10^6(mm^4)$ 由欧拉公式可得 $P_{cr}=\dfrac{\pi^2 EI}{(\mu l)^2}=\dfrac{\pi^2×27×10^9×1\,125×10^{-6}}{(0.7×12)^2}×10^{-3}=4\,244(kN)$	300 500

结论：上题中，截面面积相同，其他条件不变，但截面尺寸不同的情况下，柱子的临界力并不同。为提高柱子临界力，在柱体截面面积不变的前提下，可通过调节形状和长宽比等，来增大截面惯性矩和承载力。

【案例描述 2】

一两端铰支的碳钢受压柱如图 8-2-4 所示，截面尺寸为 60 mm×80 mm，长为 3 m，材料弹性模量 $E=200$ GPa。试确定其临界力。

微课：巩固练习拓展

图 8-2-4 碳钢受压柱

【分析及实施】

第一步：计算惯性矩
柱子截面的最小惯性矩为 $$I_{\min}=I_y=\frac{bh^3}{12}=\frac{80\times60^3}{12}=144\times10^4(\text{mm}^4)=144\times10^{-8}\text{ m}^4$$
第二步：计算柔度
两端铰支时的长度系数 $\mu=1$，其柔度 $\lambda=\dfrac{\mu l}{i}=\dfrac{\mu l}{\sqrt{\dfrac{I}{A}}}=\dfrac{1\times3}{\sqrt{\dfrac{144\times10^{-8}}{0.06\times0.08}}}=173.2>100$
第三步：计算临界力
由欧拉公式可得 $$P_{\text{cr}}=\frac{\pi^2 EI}{(\mu l)^2}=\frac{\pi^2\times200\times10^9\times144\times10^{-8}}{(1\times3)^2}\times10^{-3}=316(\text{kN})$$

巩固练习

任务要求	如图 8-2-5 所示，不同截面形态杆中杆端支承情况在各方面相同，失稳时将绕截面哪一根形心轴转动？ 图 8-2-5 不同截面形态杆
分析思路	【提示】 当杆端在各方向的支承情况相同时，压杆总是在抗弯刚度最小的纵向平面内失稳，所以式(8-1-1)中的惯性矩应取截面的最小形心主惯性矩 $I_{\min}$
实施过程	
考核评价	配分：共100分(其中分析思路50分，实施过程50分) 得分：_____

能力训练

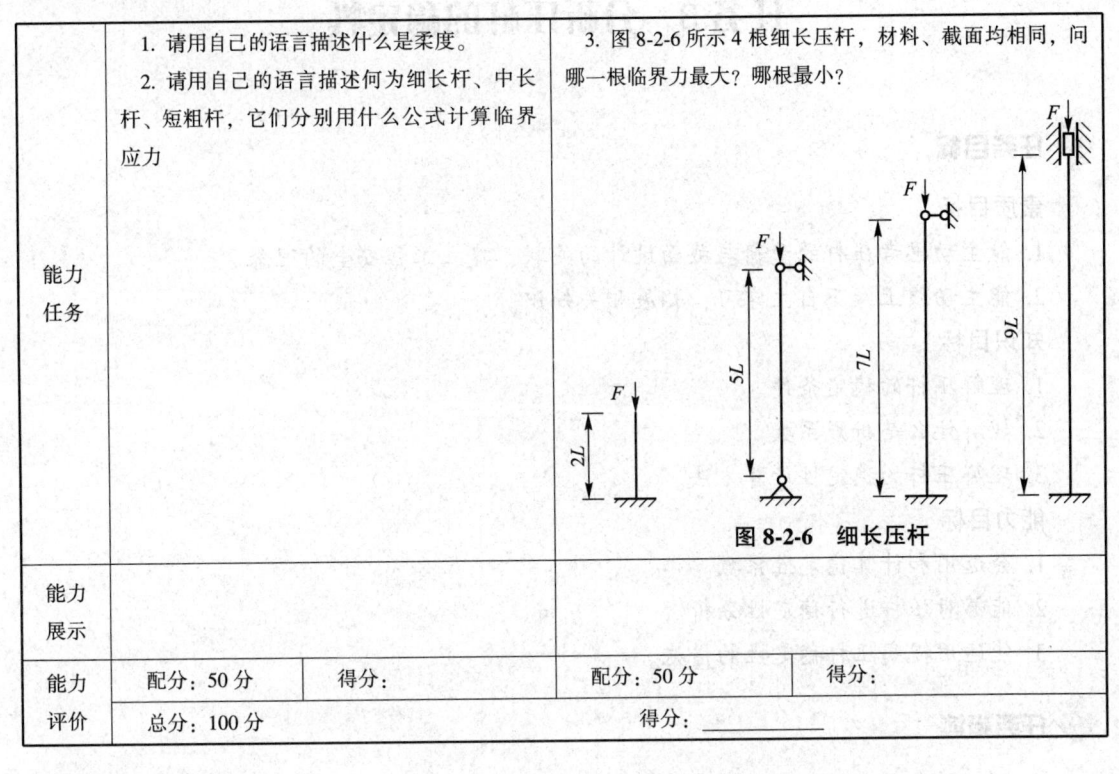

能力任务	1. 请用自己的语言描述什么是柔度。 2. 请用自己的语言描述何为细长杆、中长杆、短粗杆，它们分别用什么公式计算临界应力	3. 图 8-2-6 所示 4 根细长压杆，材料、截面均相同，问哪一根临界力最大？哪根最小？ **图 8-2-6　细长压杆**
能力展示		
能力评价	配分：50 分　　　得分：	配分：50 分　　　得分： 总分：100 分　　　　　　　　　得分：_____

测评与改进

评价项目	评分标准	配分	主体评价/分				诊断改进
			自评	互评	教师评	综合评	
素质	1. 能主动展开对杆件稳定性的全面思考。 2. 培养对工程问题主动展开思考的习惯	30					
知识	1. 能理解欧拉公式的定义和柔度的概念。 2. 能理解细长压杆的定义	30					
能力	使用欧拉公式求临界力，并展开截面形状和尺寸的调节	40					

总结与反思

任务3 分析压杆的稳定性

任务目标

素质目标

1. 能主动思考压杆的受荷与截面设计的关联，建立工程安全的理念。
2. 能主动线上线下自主学习，拓展相关知识。

知识目标

1. 理解压杆的稳定条件。
2. 理解什么是折减系数。
3. 理解压杆的稳定性计算方法。

能力目标

1. 会选用和计算稳定性系数。
2. 能够对压杆进行稳定性分析。
3. 能运用提高压杆稳定性的措施。

任务描述

北盘江第一桥如图 8-3-1 所示，原称尼珠河大桥或北盘江大桥，是中国一座连接云南省曲靖市宣威市普立乡与贵州省六盘水市水城区都格镇的特大桥，位于中国云南省与贵州省交界处的泥珠河上，为杭瑞高速公路的组成部分。项目建成通车后，有效改善云、贵、川、渝等地区与外界的交通状况，提高区域路网服务水平，充分发挥高速公路的辐射带动效应，促进地方社会经济发展，为国家"一带一路"倡议添上浓墨重彩的一笔。

图 8-3-1 北盘江第一桥

北盘江第一桥主桥采用双塔双索面钢桁梁斜拉桥，桥面主梁采用由钢桁架和正交异性钢桥面板结合的钢桁梁结构体系，主桁架采用普拉特式结构（图 8-3-2）。结构所有对角杆件受轴向拉力，较短的垂直杆件承受轴向压力。（资料来自百度百科）

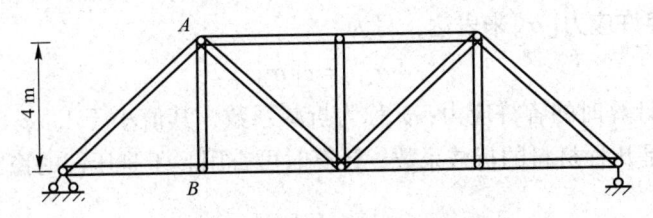

图 8-3-2 普拉特式结构桁架模型

请同学们观察图 8-3-2 所示的普拉特桁架模型中的竖直杆 AB 杆。

任务思考

思考 1：AB 杆是什么样的受力构件？

思考 2：若竖直杆 AB 受 240 kN 的轴向压力的作用，拟采用 Q235 工字钢，材料的容许应力 $[\sigma]$ = 160 MPa，试选择合适的工字钢型号。

任务分析

第一步：AB 杆受荷后，确定产生的变形形式。
第二步：确定 AB 杆的受荷极限。
第三步：确定 AB 杆的截面尺寸选择。

相关知识

1. 压杆的稳定条件

要使压杆不丧失稳定性，应使作用在压杆上的压力 F 不超过压杆的临界力 P_{cr}，再考虑到压杆应具有一定的安全储备，则杆的稳定条件为

$$F \leqslant \frac{P_{cr}}{n_{st}} \tag{8-3-1}$$

式中　F——实际作用在压杆上的压力；

　　　P_{cr}——压杆的临界力；

　　　n_{st}——稳定安全因数。随 λ 而变化，λ 越大，杆越细长，所取安全因数 n_{st} 也越大，一般稳定安全因数比强度安全系数大。

将杆的稳定条件式(8-3-1)两边除以压杆横截面面积 A，则可改写为压应力计算式，杆件截面实际工作的压应力为

$$\sigma = \frac{F}{A} \leqslant \frac{P_{cr}}{An_{st}} = \frac{\sigma_{cr}}{n_{st}} = [\sigma_{cr}] \tag{8-3-2}$$

式中，$[\sigma_{cr}] = \dfrac{\sigma_{cr}}{n_{st}}$ 可看作压杆的稳定容许应力。由于临界应力 σ_{cr} 和稳定安全因数 n_{st} 都是随压杆的柔度 λ 而变化的，所以 $[\sigma_{cr}]$ 也是随 λ 变化的一个量。这与强度计算时材料的容许应力 $[\sigma]$ 不同。

2. 强度与稳定容许应力的折减系数

城市轨道交通、路桥、建筑等实际工程的压杆稳定计算中，常将变化的**稳定容许应力**

$[\sigma_{cr}]$ 改为用**强度容许应力**$[\sigma]$来表达，写为

$$[\sigma_{cr}] = \varphi[\sigma]$$

式中，$[\sigma]$为强度计算时的容许应力；φ称为折减系数，其值小于1。φ也是一个随λ而变化的量。表8-3-1是几种材料的折减系数，计算时可查用。于是压杆的稳定条件可写为

$$\sigma = \frac{F}{A} \leq \varphi[\sigma] \tag{8-3-3}$$

从形式上可理解为压杆在强度破坏之前便可能丧失稳定，故由降低强度容许应力$[\sigma]$来保证压杆的安全。

表8-3-1 压杆的折减系数 φ

λ	φ Q235钢	φ 16锰钢	φ 木材	λ	φ Q235钢	φ 16锰钢	φ 木材
0	1	1	1	110	0.536	0.386	0.248
10	0.995	0.993	0.971	120	0.446	0.325	0.208
20	0.981	0.973	0.932	130	0.401	0.279	0.178
30	0.958	0.94	0.883	140	0.349	0.242	0.53
40	0.927	0.895	0.822	150	0.306	0.213	0.133
50	0.888	0.84	0.751	160	0.272	0.188	0.117
60	0.842	0.776	0.668	170	0.243	0.168	0.104
70	0.789	0.705	0.575	180	0.218	0.151	0.093
80	0.731	0.627	0.47	190	0.197	0.136	0.083
90	0.669	0.546	0.37	200	0.180	0.124	0.075
100	0.604	0.462	0.3				

3. 压杆的稳定计算

如上所述，压杆的稳定条件可表达为

$$\sigma = \frac{F}{A} \leq \varphi[\sigma] \tag{8-3-4}$$

也可改写为

$$\frac{F}{\varphi A} \leq [\sigma] \tag{8-3-5}$$

式中　F——压杆实际承受的轴向压力；
　　　φ——压杆的折减系数；
　　　A——压杆的横截面面积。

应用稳定条件，可解决3个方面的压杆计算问题，见表8-3-2。

表8-3-2 利用压杆稳定性公式可解决的3类问题

稳定性校核问题	若已知压杆的材料、杆长、截面尺寸、杆端的约束条件和作用力，校核杆件是否满足稳定条件。首先计算$\lambda = \mu l / i$，其次根据折减系数表或有关公式得到φ，最后，可代入式(8-3-4)或式(8-3-5)进行稳定性校核

续表

截面尺寸拟订问题	若已知压杆的材料、杆长和杆端的约束条件,而需要进行压杆截面尺寸选择时,由于压杆的柔度 λ(或折减系数 φ)受到截面的大小和形状的影响,通常需采用试算法
确定容许压力问题	若已知压杆的材料、杆长、杆端的约束条件及截面的形状与尺寸,求压杆所能承受的许用压力值,可根据式(8-3-4)计算容许压力: $$[F] \leq \varphi A[\sigma]$$

4. 提高压杆稳定性的措施

提高压杆稳定性的中心问题是提高杆件的临界力(或临界应力),可以从影响临界力或临界应力的诸种因素出发,采取表 8-3-3 所示的措施。

表 8-3-3　提高压杆稳定性的措施

改进措施	具体操作方法及原因
减小压杆的长度	压杆的临界力与杆长的平方成反比,所以减小压杆长是提高压杆稳定性的有效措施之一
改善杆端支承	改变约束类型,可减小长度系数 μ,从而使临界应力增大,即提高了压杆的稳定性
选择合理的截面形状	压杆的临界应力与柔度 λ 的平方成反比,柔度越小,临界应力越大。柔度与惯性半径成反比,因此,要提高压杆的稳定性,应尽量增大惯性半径。由于 $i = \sqrt{I/A}$,所以要选择合理的截面形状,应尽量增大惯性矩。如图 8-3-3、图 8-3-4 中房屋下方的圆形截面柱和矩形截面柱。 图 8-3-3　圆形截面柱　　图 8-3-4　矩形截面柱
选择适当的材料	在其他条件相同的情况下,可以选择弹性模量 E 值高的材料来提高压杆的稳定性,如将图 8-3-5 中房屋下方的木柱改为砖柱(图 8-3-6)。 图 8-3-5　木柱　　图 8-3-6　砖柱

续表

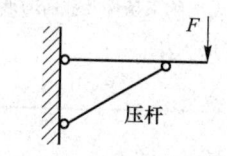

改善结构受力情况	在可能的条件下，也可以从结构形式方面采取措施，改压杆为拉杆，从而避免失稳问题的出现。如图8-3-4所示的结构，斜杆从受压杆变为了受拉杆，如图8-3-7、图8-3-8中的压杆和拉杆。 图8-3-7 结构中的压杆　　图8-3-8 结构中的拉杆

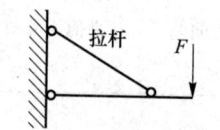

任务实施

第一步：AB杆受荷后，确定产生的变形形式

AB杆在轴向压力作用下，极有可能会产生压缩变形和压曲。

第二步：确定AB杆的受荷极限

(1) 根据轴心受压杆件的强度条件，杆件所受轴向力应满足 $N \leq [\sigma]A$。

(2) 根据压杆的稳定性条件，杆件所受轴向压力应满足 $P \leq \dfrac{P_{cr}}{n_{st}} = [\sigma]\varphi A$，只有同时满足强度、刚度和稳定性要求，AB杆才是安全的。

第三步：确定AB杆的截面尺寸

基于强度和稳定性要求展开计算，确定最小截面尺寸。

巩固拓展

【案例描述1——截面拟定类问题】

在图8-3-2所示的桁架模型中，竖直杆AB受220 kN的轴向压力的作用，拟采用Q235工字钢，材料的容许应力$[\sigma] = 160$ MPa，试选择合适的工字钢型号。

【分析及实施】

第一步：选用和计算折减系数。在已知条件中给出了$[\sigma]$值，但对n_{st}没有明确要求，所以应按折减因数法来进行截面设计。其φ尚未知，φ取决于λ，而λ又与截面尺寸有关，因此，需用试算法。

先假设$\varphi = 0.5$，得

$$A \geq \frac{F}{\varphi[\sigma]} = \frac{220 \times 10^3}{0.5 \times 160 \times 10^6} = 27.5 (\text{cm}^2)$$

根据截面面积选18号工字钢，$A = 30.74 \text{ cm}^2$，$I_{min} = 122 \text{ cm}^4$。

杆件两端铰支，故$\mu = 1$，

柔度

$$\lambda = \frac{\mu l}{i} = \frac{\mu l}{\sqrt{I/A}} = \frac{1 \times 4 \times 10^2}{\sqrt{122/30.74}} = 200$$

查表得$\varphi = 0.180$，需做第二次试算。

令$\varphi = (0.5 + 0.180)/2 = 0.34$，

则 $$A \geqslant \frac{F}{\varphi[\sigma]} = \frac{220 \times 10^3}{0.34 \times 160 \times 10^6} = 40.44(\text{cm}^2)$$

根据截面面积选 22b 号工字钢，$A=46.50\ \text{cm}^2$，$I_{\min}=239\ \text{cm}^4$。

柔度 $$\lambda = \frac{\mu l}{i} = \frac{\mu l}{\sqrt{I/A}} = \frac{1 \times 4 \times 10^2}{\sqrt{239/46.50}} = 176$$

查表得 $\varphi = 0.228$，还需试算。

令 $$\varphi = (0.228 + 0.340)/2 = 0.284$$

则 $$A \geqslant \frac{F}{\varphi[\sigma]} = \frac{220 \times 10^3}{0.284 \times 160 \times 10^6} = 48.42(\text{cm}^2)$$

根据截面面积选 27a 号工字钢，$A=54.52\ \text{cm}^2$，$I_{\min}=345\ \text{cm}^4$。

柔度 $$\lambda = \frac{\mu l}{i} = \frac{\mu l}{\sqrt{I/A}} = \frac{1 \times 4 \times 10^2}{\sqrt{345/54.52}} = 159$$

查表得 $\varphi = 0.275$，可结束。

【提示】 假定的折减系数与拟定截面计算出来的折减系数相差较大时，拟定的截面尺寸不可用，需进一步试算。

第二步：校核其稳定性。
$$\sigma = \frac{F}{A} = \frac{220 \times 10^3}{54.52 \times 10^2} = 40.35(\text{MPa}) \leqslant \varphi[\sigma] = 0.275 \times 160 = 44.0(\text{MPa})$$

【案例描述2——稳定性校核类问题】

如图 8-3-9 所示，某 Q235 钢管支柱高 $l=2.1\ \text{m}$，支柱的两端铰支，其外径 $D=102\ \text{mm}$，内径 $d=88\ \text{mm}$，承受的轴向压力 $P=250\ \text{kN}$，容许应力 $[\sigma]=160\ \text{MPa}$，试校核支柱的稳定性。

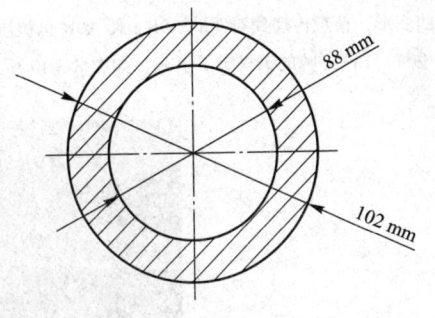

图 8-3-9 空心钢管柱

【分析及实施】

第一步：计算柔度。

钢管截面惯性矩：
$$I = \frac{\pi}{64}(D^4 - d^4) = \frac{\pi}{64} \times (102^4 - 88^4) = 237 \times 10^4(\text{mm}^4)$$

钢管截面面积：
$$A = \frac{\pi}{4}(D^2 - d^2) = \frac{\pi}{4} \times (102^2 - 88^2) = 2.1 \times 10^3(\text{mm}^2)$$

惯性半径：

$$i=\sqrt{\frac{I}{A}}=\sqrt{\frac{237\times10^4}{2.1\times10^3}}=33.6(\text{mm})$$

钢管支柱两端铰支，故 $\mu=1$。

柔度：

$$\lambda=\frac{\mu l}{i}=\frac{1\times2\,100}{33.6}=62.5$$

第二步：计算折减系数。

查表8-3-1：当 $\lambda=60$ 时，$\varphi=0.842$；当 $\lambda=70$ 时，$\varphi=0.789$。

当 $\lambda=62.5$ 时，采用穿比例内插法计算：

$$\varphi=0.842-\frac{62.5-60}{70-60}\times(0.842-0.789)$$
$$=0.842-0.013=0.829$$

【提示】 此处折减系数需利用直线内插法进行换算。

微课：巩固练习拓展

第三步：校核稳定性。

$$\sigma=\frac{P}{A}=\frac{250\times10^3}{2.1\times10^3}=119.05(\text{MPa})\leqslant\varphi[\sigma]=0.829\times160=132.64(\text{MPa})$$

因 $\sigma<\varphi[\sigma]$，所以支柱满足稳定性条件。

巩固练习

任务要求	在工程中，杆件失稳在远低于强度许可承载能力的情况下真实发生过。1907年8月29日加拿大的魁北克大桥，收工时工人们正在桁架上向岸边走去，突然间，15秒的时间内，南端锚跨的下弦杆A9L首先在重压下弯曲变形，荷载传递到对面的A9R，使A9R也被压曲，并牵动了整个南端的结构及悬臂跨，以及部分中间悬吊跨，1.9万吨的钢材垮了下来，如图8-3-10所示。试查找资料，了解型钢类材料的截面形态和承载能力。 图8-3-10　垮塌的魁北克大桥
分析思路	
实施过程	
考核评价	配分：共100分(其中分析思路50分，实施过程50分) 得分：_____

能力训练

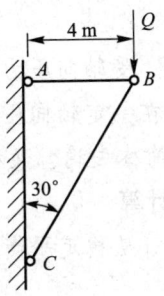

能力任务	图 8-3-11 所示为三角支架,已知其压杆 BC 为 16 号工字钢,材料的许用应力 $[\sigma]$ = 160 MPa。在结点 B 处作用一竖向荷载 Q,试从 BC 杆的稳定条件考虑,结合之前内容,计算该三角支架的容许荷载 $[Q]$。 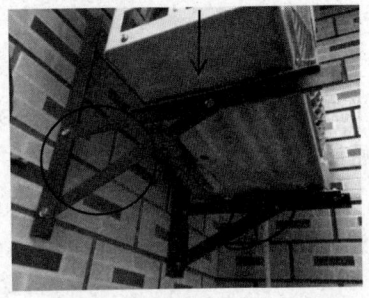 图 8-3-11 三角支架
能力展示	【提示】 此题考核的关键点是细长压杆稳定性承载的确定。与轴心受压构件强度承载必然不同,猜猜哪个大,试算验证你的想法
能力评价	总分:100 分　　　　　　　　　　　　　　　　得分:_____

测评与改进

评价项目	评分标准	配分	主体评价/分				诊断改进
			自评	互评	教师评	综合评	
素质	1. 能主动思考压杆的受荷与截面设计的关联,建立工程安全的理念。 2. 能主动线上线下自主学习,拓展相关知识	30					
知识	1. 理解压杆的稳定条件。 2. 理解什么是折减系数。 3. 理解压杆的稳定性计算方法	30					
能力	1. 会选用和计算稳定性系数。 2. 能够对压杆进行稳定性分析。 3. 能运用提高压杆稳定性的措施	40					

总结与反思

模块小结

一、压杆失稳

1. 压杆的概念。受轴向压力的直杆叫作压杆。

2. 压杆失稳。在一定轴向压力作用下,细长直杆突然丧失其原有平衡形态的现象叫作压杆丧失稳定性,简称失稳,又称屈曲。

二、临界力的计算

1. 临界力。压杆从稳定平衡过渡到不稳定平衡时,轴向压力的临界值称为临界力,用 P_{cr} 表示。

2. 临界力的计算。压杆稳定的临界力计算通式,即欧拉公式(Euler formula):

$$P_{cr}=\frac{\pi^2 EI}{(\mu l)^2}$$

式中 I——杆件横截面对形心轴的惯性矩(当杆端在各方向的支承情况相同时,压杆总是在抗弯刚度最小的纵向平面内失稳,所以,式中的惯性矩应取截面的最小形心主惯性矩 I_{min});

μ——长度系数,取值取决于杆端的支承情况,见表 8-2-1。

3. 欧拉公式应用中的注意事项。

(1) 柔度和细长压杆。工程上取 μl 和 i 的比值来表示压杆的细长程度,叫作压杆的柔度或细长比,用 λ 表示,是无量纲的量。

$$\lambda=\frac{\mu l}{i}$$

此时直杆所受的临界压力转换的临界压应力:

$$\frac{P_{cr}}{A}=\sigma_{cr}=\frac{\pi^2 EI}{A(\mu l)^2}=\frac{\pi^2 E}{(\mu l)^2}\cdot\frac{I}{A}=\frac{\pi^2 E}{(\mu l)^2}\cdot i^2=\pi^2 E\cdot\left(\frac{i}{\mu l}\right)^2=\pi^2 E\cdot\left(\frac{1}{\lambda}\right)^2=\frac{\pi^2 E}{\lambda^2}$$

材料承载有极限,若应力达到最大,$\sigma_{cr}=\sigma_p$,此时的柔度也为最小,$\lambda_p=\pi\sqrt{\dfrac{E}{\sigma_p}}$。

(2) 欧拉公式适用范围及细长压杆。仅当 $\lambda\geqslant\lambda_p$ 时,欧拉公式才可应用。通常将 $\lambda\geqslant\lambda_p$ 的杆件称为**细长压杆,或大柔度杆**。

三、压杆稳定分析

1. 压杆的稳定条件。要使压杆不丧失稳定性,应使作用在压杆上的压力 F 不超过压杆的临界力 P_{cr},再考虑到压杆应具有一定的安全储备,则压杆的稳定条件为

$$F\leqslant\frac{P_{cr}}{n_{st}}$$

也可写为

$$\sigma=\frac{F}{A}\leqslant\frac{P_{cr}}{An_{st}}=\frac{\sigma_{cr}}{n_{st}}=[\sigma_{cr}]$$

2. 强度与稳定容许应力的折减系数。城市轨道交通、路桥、建筑等实际工程的压杆稳定计算中，常将变化的**稳定容许应力**$[\sigma_{cr}]$改为用**强度容许应力**$[\sigma]$来表达，写为
$$[\sigma_{cr}] = \varphi[\sigma]$$
φ 也是一个随 λ 而变化的量。表 8-3-1 是几种材料的折减系数，计算时可查用。

3. 压杆的稳定计算。利用压杆稳定性公式可解决的 3 类问题：稳定性校核问题、截面尺寸拟订问题、确定容许承载力问题。

模块检测

（总分 100 分）

一、选择题（每题 3 分，共 21 分）

1. 理想均匀直杆在轴向压力 $P=P_{cr}$ 时处于直线平衡状态。当其受到一微小横向干扰力后发生微小弯曲变形，若此时解除干扰力，则压杆（　　）。

   A. 弯曲变形消失，恢复直线形状

   B. 弯曲变形减小，不能恢复直线形状

   C. 微弯变形状态不变

   D. 弯曲变形继续增大

2. 两端铰支圆截面细长压杆，在某一截面上开有一小孔。关于这一小孔对杆承载能力的影响，以下论述中正确的是（　　）。

   A. 对强度和稳定承载能力都有较大削弱

   B. 对强度和稳定承载能力都不会削弱

   C. 对强度无削弱，对稳定承载能力有较大削弱

   D. 对强度有较大削弱，对稳定承载能力削弱极微

3. 两根细长压杆的长度、横截面面积、约束状态及材料均相同，若 a、b 杆的横截面形状分别为正方形和圆形，则二压杆的临界压力 P_a 和 P_b 的关系为（　　）。

   A. $P_a<P_b$　　　B. $P_a>P_b$　　　C. $P_a=P_b$　　　D. 无法确定

4. 细长杆承受轴向压力 P 的作用，其临界压力与（　　）无关。

   A. 杆的材质　　　　　　　　　　B. 杆的长度

   C. 杆承受压力的大小　　　　　　D. 杆的横截面形状和尺寸

5. 两根材料和柔度都相同的压杆，（　　）。

   A. 临界应力一定相等，临界压力不一定相等

   B. 临界应力不一定相等，临界压力一定相等

   C. 临界应力和临界压力一定相等

   D. 临界应力和临界压力不一定相等

6. 在下列有关压杆临界应力 σ_{cr} 的结论中，（　　）是正确的。

   A. 细长杆的 σ_{cr} 值与杆的材料无关　　　B. 中长杆的 σ_{cr} 值与杆的柔度无关

   C. 中长杆的 σ_{cr} 值与杆的材料无关　　　D. 粗短杆的 σ_{cr} 值与杆的柔度无关

7. 在横截面面积等其他条件均相同的条件下，压杆采用图（　　）所示的截面形状，其稳定性最好。

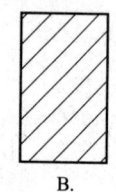

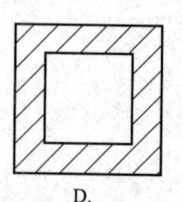

二、简答题(每题 5 分，共 40 分)

1. 什么是临界力？什么是临界应力？

2. 细长杆、中长杆、短粗杆分别用什么公式计算临界应力？

3. 简述欧拉公式的适用范围。

4. 何谓压杆的柔度？其物理意义是什么？

5. 压杆的稳定平衡与不稳定平衡指的是什么状态？如何区别压杆的稳定平衡和不稳定平衡？

6. 压杆失稳发生的弯曲与梁的弯曲有什么区别？

7. 何谓折减系数？如何用折减系数法计算压杆的稳定性问题？

8. 何谓折减系数 φ？它随什么因素而变化？用折减系数法对压杆进行稳定计算时，是否分细长杆和中长杆？为什么？

三、综合题(第 1 小题 19 分，第 2 小题 20 分，共 39 分)

1. 两端铰支的压杆的长度 $l=3$ m，材料为 Q235 钢，其弹性模量 $E=200$ GPa，$\sigma_p=200$ MPa，$\sigma_s=235$ MPa。已知截面面积 $A=900$ mm²，若截面的形状分别为正方形的直杆和 $d/D=0.7$ 的空心圆直管，试计算两杆的临界力。

2. 一矩形截面木柱，柱高 $l=4$ m，两端铰支，其弹性模量 $E=12$ GPa，已知柱截面尺寸为 $b=160$ mm，$h=240$ mm，材料的容许应力 $[\sigma]=12$ MPa，若承受轴向压力 $p=135$ kN。试校核该柱的稳定性。

力学小故事

千年不倒山西悬空寺

悬空寺,国家4A级旅游区,位于山西省大同市浑源县恒山金龙峡西侧翠屏峰峭壁间,原叫"玄空阁","玄"取自中国道教教理,"空"则源于佛教的教理,后改名为"悬空寺",是因为整座寺院就像悬挂在悬崖上,在汉语中,"悬"与"玄"同音,因此得名。

悬空寺始建于北魏后期(公元491年),距今已有1 500多年,是佛、道、儒三教合一的独特寺庙。悬空寺建筑极具特色,以如临深渊的险峻而著称,素有"悬空寺,半天高,三根马尾空中吊"的俚语。

悬空寺呈"一院两楼"般布局,总长约32 m,楼阁殿宇40间。南北两座雄伟的三檐歇山顶高楼好似凌空相望,悬挂在刀劈般的悬崖峭壁上,三面的环廊合抱,6座殿阁相互交叉,栈道飞架,各个相连,高低错落。全寺初看只有十几根大约碗口粗的木柱支撑,最高处距地面50多米,据说建寺时,这些木柱也是没有的,后来为了让人们有安全感而加上去的。寺庙"千年不倒"的力学原理是半插横梁为基础,借助岩石的托扶,回廊栏杆、上下梁柱左右紧密相连形成了一整个木质框架式结构,也增加了抗震度。

悬空寺的选址之险,建筑之奇,结构之巧,丰富的内涵,堪称世界一绝。它不但是中华民族的国宝,也是人类的珍贵文化遗产。英国的一位建筑学家写道:"中国的悬空寺把力学、美学和宗教融合为一体,做到尽善尽美,这样奇特的艺术,在世界上是罕见的,通过这次参观游览,才真正看到这个古老民族的灿烂文化艺术和文明历史。悬空寺不仅是中国人民的骄傲,也是世界人民的骄傲"(图1)。(资料来自百度百科)

图1 悬空寺

附 录

附表 1 等边角钢截面尺寸、截面面积、理论质量及截面特性（GB/T 706—2016）

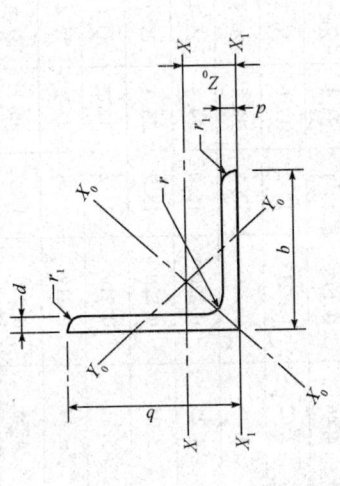

b——边宽度；
d——边厚度；
r——内圆弧半径；
r_1——边端圆弧半径；
Z_0——重心距离。

等边角钢截面图

型号	截面尺寸/mm b	d	r	截面面积 /cm²	理论质量 /(kg·m⁻¹)	外表面积 /(m²·m⁻¹)	惯性矩/cm⁴ I_x	I_{x1}	I_{x0}	I_{y0}	惯性半径/cm i_x	i_{x0}	i_{y0}	截面模数/cm³ W_x	W_{x0}	W_{y0}	重心距离 /cm Z_0
2	20	3	3.5	1.132	0.89	0.078	0.40	0.81	0.63	0.17	0.59	0.75	0.39	0.29	0.45	0.20	0.60
		4		1.459	1.15	0.077	0.50	1.09	0.78	0.22	0.58	0.73	0.38	0.36	0.55	0.24	0.64
2.5	25	3	3.5	1.432	1.12	0.098	0.82	1.57	1.29	0.34	0.76	0.95	0.49	0.46	0.73	0.33	0.73
		4		1.859	1.46	0.097	1.03	2.11	1.62	0.43	0.74	0.93	0.48	0.59	0.92	0.40	0.76
3.0	30	3	4.5	1.749	1.37	0.117	1.46	2.71	2.31	0.61	0.91	1.15	0.59	0.68	1.09	0.51	0.85
		4		2.276	1.79	0.117	1.84	3.63	2.92	0.77	0.90	1.13	0.58	0.87	1.37	0.62	0.89
3.6	36	3	4.5	2.109	1.66	0.141	2.58	4.68	4.09	1.07	1.11	1.39	0.71	0.99	1.61	0.76	1.00
		4		2.756	2.16	0.141	3.29	6.25	5.22	1.37	1.09	1.38	0.70	1.28	2.05	0.93	1.04
		5		3.382	2.65	0.141	3.95	7.84	6.24	1.65	1.08	1.36	0.70	1.56	2.45	1.00	1.07

263

续表

型号	截面尺寸/mm b	d	r	截面面积/cm²	理论质量/(kg·m⁻¹)	外表面面积/(m²·m⁻¹)	惯性矩/cm⁴ I_x	I_{x1}	I_{x0}	I_{y0}	惯性半径/cm i_x	i_{x0}	i_{y0}	截面模数/cm³ W_x	W_{x0}	W_{y0}	重心距离/cm Z_0
4	40	3	5	2.359	1.85	0.157	3.59	6.41	5.69	1.49	1.23	1.55	0.79	1.23	2.01	0.96	1.09
		4		3.086	2.42	0.157	4.60	8.56	7.29	1.91	1.22	1.54	0.79	1.60	2.58	1.19	1.13
		5		3.792	2.98	0.156	5.53	10.7	8.76	2.30	1.21	1.52	0.78	1.96	3.10	1.39	1.17
4.5	45	3	5	2.659	2.09	0.177	5.17	9.12	8.20	2.14	1.40	1.76	0.89	1.58	2.58	1.24	1.22
		4		3.486	2.74	0.177	6.65	12.2	10.6	2.75	1.38	1.74	0.89	2.05	3.32	1.54	1.26
		5		4.292	3.37	0.176	8.04	15.2	12.7	3.33	1.37	1.72	0.88	2.51	4.00	1.81	1.30
		6		5.077	3.99	0.176	9.33	18.4	14.8	3.89	1.36	1.70	0.80	2.95	4.64	2.06	1.33
5	50	3	5.5	2.971	2.33	0.197	7.18	12.5	11.4	2.98	1.55	1.96	1.00	1.96	3.22	1.57	1.34
		4		3.897	3.06	0.197	9.26	16.7	14.7	3.82	1.54	1.94	0.99	2.56	4.16	1.96	1.38
		5		4.803	3.77	0.196	11.2	20.9	17.8	4.64	1.53	1.92	0.98	3.13	5.03	2.31	1.42
		6		5.688	4.46	0.196	13.1	25.1	20.7	5.42	1.52	1.91	0.98	3.68	5.85	2.63	1.46
5.6	56	3	6	3.343	2.62	0.221	10.2	17.6	16.1	4.24	1.75	2.20	1.13	2.48	4.08	2.02	1.48
		4		4.39	3.45	0.220	13.2	23.4	20.9	5.46	1.73	2.18	1.11	3.24	5.28	2.52	1.53
		5		5.415	4.25	0.220	16.0	29.3	25.4	6.61	1.72	2.17	1.10	3.97	6.42	2.98	1.57
		6		6.42	5.04	0.220	18.7	35.3	29.7	7.73	1.71	2.15	1.10	4.68	7.49	3.40	1.61
		7		7.404	5.81	0.219	21.2	41.2	33.6	8.82	1.69	2.13	1.09	5.36	8.49	3.80	1.64
		8		8.367	6.57	0.219	23.6	47.2	37.4	9.89	1.68	2.11	1.09	6.03	9.44	4.16	1.68
6	60	5	6.5	5.829	4.58	0.236	19.9	36.1	31.6	8.21	1.85	2.33	1.19	4.59	7.44	3.48	1.67
		6		6.914	5.43	0.235	23.4	43.3	36.9	9.60	1.83	2.31	1.18	5.41	8.70	3.98	1.70
		7		7.977	6.26	0.235	26.4	50.1	41.9	11.0	1.82	2.29	1.17	6.21	9.88	4.45	1.74
		8		9.02	7.08	0.235	29.5	58.0	46.7	12.3	1.81	2.27	1.17	6.98	11.0	4.88	1.78

续表

型号	截面尺寸/mm b	d	r	截面面积/cm²	理论质量/(kg·m⁻¹)	外表面面积/(m²·m⁻¹)	I_x	I_{x1}	I_{x0}	I_{y0}	i_x	i_{x0}	i_{y0}	W_x	W_{x0}	W_{y0}	Z_0/cm
6.3	63	4	7	4.978	3.91	0.248	19.0	33.4	30.2	7.89	1.96	2.46	1.26	4.13	6.78	3.29	1.70
		5		6.143	4.82	0.248	23.2	41.7	36.8	9.57	1.94	2.45	1.25	5.08	8.25	3.90	1.74
		6		7.288	5.72	0.247	27.1	50.1	43.0	11.2	1.93	2.43	1.24	6.00	9.66	4.46	1.78
		7		8.412	6.60	0.247	30.9	58.6	49.0	12.8	1.92	2.41	1.23	6.88	11.0	4.98	1.82
		8		9.515	7.47	0.247	34.5	67.1	54.6	14.3	1.90	2.40	1.23	7.75	12.3	5.47	1.85
		10		11.66	9.15	0.246	41.1	84.3	64.9	17.3	1.88	2.36	1.22	9.39	14.6	6.36	1.93
7	70	4	8	5.570	4.37	0.275	26.4	45.7	41.8	11.0	2.18	2.74	1.40	5.14	8.44	4.17	1.86
		5		6.876	5.40	0.275	32.2	57.2	51.1	13.3	2.16	2.73	1.39	6.32	10.3	4.95	1.91
		6		8.160	6.41	0.275	37.8	68.7	59.9	15.6	2.15	2.71	1.38	7.48	12.1	5.67	1.95
		7		9.424	7.40	0.275	43.1	80.3	68.4	17.8	2.14	2.69	1.38	8.59	13.8	6.34	1.99
		8		10.67	8.37	0.274	48.2	91.9	76.4	20.0	2.12	2.68	1.37	9.68	15.4	6.98	2.03
7.5	75	5	9	7.412	5.82	0.295	40.0	70.6	63.3	16.6	2.33	2.92	1.50	7.32	11.9	5.77	2.04
		6		8.797	6.91	0.294	47.0	84.6	74.4	19.5	2.31	2.90	1.49	8.64	14.0	6.67	2.07
		7		10.16	7.98	0.294	53.6	98.7	85.0	22.2	2.30	2.89	1.48	9.93	16.0	7.44	2.11
		8		11.50	9.03	0.294	60.0	113	95.1	24.9	2.28	2.88	1.47	11.2	17.9	8.19	2.15
		9		12.83	10.1	0.294	66.1	127	105	27.5	2.27	2.86	1.46	12.4	19.8	8.89	2.18
		10		14.13	11.1	0.293	72.0	142	114	30.1	2.26	2.84	1.46	13.6	21.5	9.56	2.22
8	80	5	9	7.912	6.21	0.315	48.8	85.4	77.3	20.3	2.48	3.13	1.60	8.34	13.7	6.66	2.15
		6		9.397	7.38	0.314	57.4	103	91.0	23.7	2.47	3.11	1.59	9.87	16.1	7.65	2.19
		7		10.86	8.53	0.314	65.6	120	104	27.1	2.46	3.10	1.58	11.4	18.4	8.58	2.23
		8		12.30	9.66	0.314	73.5	137	117	30.4	2.44	3.08	1.57	12.8	20.6	9.46	2.27
		9		13.73	10.8	0.314	81.1	154	129	33.6	2.43	3.06	1.56	14.3	22.7	10.3	2.31
		10		15.13	11.9	0.313	88.4	172	140	36.8	2.42	3.04	1.56	15.6	24.8	11.1	2.35

续表

型号	截面尺寸/mm			截面面积/cm²	理论质量/(kg·m⁻¹)	外表面面积/(m²·m⁻¹)	惯性矩/cm⁴					惯性半径/cm			截面模数/cm³			重心距离/cm
	b	d	r				I_x	I_{x1}	I_{x0}	I_{y0}	i_x	i_{x0}	i_{y0}	W_x	W_{x0}	W_{y0}	Z_0
9	90	6	10	10.64	8.35	0.354	82.8	146	131	34.3	2.79	3.51	1.80	12.6	20.6	9.95	2.44
		7		12.30	9.66	0.354	94.8	170	150	39.2	2.78	3.50	1.78	14.5	23.6	11.2	2.48
		8		13.94	10.9	0.353	106	195	169	44.0	2.76	3.48	1.78	16.4	26.6	12.4	2.52
		9		15.57	12.2	0.353	118	219	187	48.7	2.75	3.46	1.77	18.3	29.4	13.5	2.56
		10		17.17	13.5	0.353	129	244	204	53.3	2.74	3.45	1.76	20.1	32.0	14.5	2.59
		12		20.31	15.9	0.352	149	294	236	62.2	2.71	3.41	1.75	23.6	37.1	16.5	2.67
10	100	6	12	11.93	9.37	0.393	115	200	182	47.9	3.10	3.90	2.00	15.7	25.7	12.7	2.67
		7		13.80	10.8	0.393	132	234	209	54.7	3.09	3.89	1.99	18.1	29.6	14.3	2.71
		8		15.64	12.3	0.393	148	267	235	61.4	3.08	3.88	1.98	20.5	33.2	15.8	2.76
		9		17.46	13.7	0.392	164	300	260	68.0	3.07	3.86	1.97	22.8	36.8	17.2	2.80
		10		19.26	15.1	0.392	180	334	285	74.4	3.05	3.84	1.96	25.1	40.3	18.5	2.84
		12		22.80	17.9	0.391	209	402	331	86.8	3.03	3.81	1.95	29.5	46.8	21.1	2.91
		14		26.26	20.6	0.391	237	471	374	99.0	3.00	3.77	1.94	33.7	52.9	23.4	2.99
		16		29.63	23.3	0.390	263	540	414	111	2.98	3.74	1.94	37.8	58.6	25.6	3.06
11	110	7	12	15.20	11.9	0.433	177	311	281	73.4	3.41	4.30	2.20	22.1	36.1	17.5	2.96
		8		17.24	13.5	0.433	199	355	316	82.4	3.40	4.28	2.19	25.0	40.7	19.4	3.01
		10		21.26	16.7	0.432	242	445	384	100	3.38	4.25	2.17	30.6	49.4	22.9	3.09
		12		25.20	19.8	0.431	283	535	448	117	3.35	4.22	2.15	36.1	57.6	26.2	3.16
		14		29.06	22.8	0.431	321	625	508	133	3.32	4.18	2.14	41.3	65.3	29.1	3.24

266

续表

型号	截面尺寸/mm b	d	r	截面面积/cm²	理论质量/(kg·m⁻¹)	外表面积/(m²·m⁻¹)	惯性矩/cm⁴ I_x	I_{x1}	I_{x0}	I_{y0}	惯性半径/cm i_x	i_{x0}	i_{y0}	截面模数/cm³ W_x	W_{x0}	W_{y0}	重心距离/cm Z_0
12.5	125	8		19.75	15.5	0.492	297	521	471	123	3.88	4.88	2.50	32.5	53.3	25.9	3.37
		10		24.37	19.1	0.491	362	652	574	149	3.85	4.85	2.48	40.0	64.9	30.6	3.45
		12		28.91	22.7	0.491	423	783	671	175	3.83	4.82	2.46	41.2	76.0	35.0	3.53
		14		33.37	26.2	0.490	482	916	764	200	3.80	4.78	2.45	54.2	86.4	39.1	3.61
		16		37.74	29.6	0.489	537	1 050	851	224	3.77	4.75	2.43	60.9	96.3	43.0	3.68
14	140	10	14	27.37	21.5	0.551	515	915	817	212	4.34	5.46	2.78	50.6	82.6	39.2	3.82
		12		32.51	25.5	0.551	604	1 100	959	249	4.31	5.43	2.76	59.8	96.9	45.0	3.90
		14		37.57	29.5	0.550	689	1 280	1 090	284	4.28	5.40	2.75	68.8	110	50.5	3.98
		16		42.54	33.4	0.549	770	1 470	1 220	319	4.26	5.36	2.74	77.5	123	55.6	4.06
15	150	8		23.75	18.6	0.592	521	900	827	215	4.69	5.90	3.01	47.4	78.0	38.1	3.99
		10		29.37	23.1	0.591	638	1 130	1 010	262	4.66	5.87	2.99	58.4	95.5	45.5	4.08
		12		34.91	27.4	0.591	749	1 350	1 190	308	4.63	5.84	2.97	69.0	112	52.4	4.15
		14		40.37	31.7	0.590	856	1 580	1 360	352	4.60	5.80	2.95	79.5	128	58.8	4.23
		15		43.06	33.8	0.590	907	1 690	1 440	374	4.59	5.78	2.95	84.6	136	61.9	4.27
		16		45.74	35.9	0.589	958	1 810	1 520	395	4.58	5.77	2.94	89.6	143	64.9	4.31
16	160	10	16	31.50	24.7	0.630	780	1 370	1 240	322	4.98	6.27	3.20	66.7	109	52.8	4.31
		12		37.44	29.4	0.630	917	1 640	1 460	377	4.95	6.24	3.18	79.0	129	60.7	4.39
		14		43.30	34.0	0.629	1 050	1 910	1 670	432	4.92	6.20	3.16	91.0	147	68.2	4.47
		16		49.07	38.5	0.629	1 180	2 190	1 870	485	4.89	6.17	3.14	103	165	75.3	4.55
18	180	12		42.24	33.2	0.710	1 320	2 330	2 100	543	5.59	7.05	3.58	101	165	78.4	4.89
		14		48.90	38.4	0.709	1 510	2 720	2 410	622	5.56	7.02	3.56	116	189	88.4	4.97
		16		55.47	43.5	0.709	1 700	3 120	2 700	699	5.54	6.98	3.55	131	212	97.8	5.05
		18		61.96	48.6	0.708	1 880	3 500	2 990	762	5.50	6.94	3.51	146	235	105	5.13

续表

型号	截面尺寸/mm b	d	r	截面面积/cm²	理论质量/(kg·m⁻¹)	外表面积/(m²·m⁻¹)	惯性矩/cm⁴ I_x	I_{x1}	I_{x0}	I_{y0}	惯性半径/cm i_x	i_{x0}	i_{y0}	截面模数/cm³ W_x	W_{x0}	W_{y0}	重心距离/cm Z_0
20	200	14	18	54.64	42.9	0.788	2 100	3 730	3 340	864	6.20	7.82	3.98	145	236	112	5.46
		16		62.01	48.7	0.788	2 370	4 270	3 760	971	6.18	7.79	3.96	164	266	124	5.54
		18		69.30	54.4	0.787	2 620	4 810	4 160	1 080	6.15	7.75	3.94	182	294	136	5.62
		20		76.51	60.1	0.787	2 870	5 350	4 550	1 180	6.12	7.72	3.93	200	322	147	5.69
		24		90.66	71.2	0.785	3 340	6 460	5 290	1 380	6.07	7.64	3.90	236	374	167	5.87
22	220	16	21	68.67	53.9	0.866	3 190	5 680	5 060	1 310	6.81	8.59	4.37	200	326	154	6.03
		18		76.75	60.3	0.866	3 540	6 400	5 620	1 450	6.79	8.55	4.35	223	361	168	6.11
		20		84.76	66.5	0.865	3 870	7 110	6 150	1 590	6.76	8.52	4.34	245	395	182	6.18
		22		92.68	72.8	0.865	4 200	7 830	6 670	1 730	6.73	8.48	4.32	267	429	195	6.26
		24		100.5	78.9	0.864	4 520	8 550	7 170	1 870	6.71	8.45	4.31	289	461	208	6.33
		26		108.3	85.0	0.864	4 830	9 280	7 690	2 000	6.68	8.41	4.30	310	492	221	6.41
25	250	18	24	87.84	69.0	0.985	5 270	9 380	8 370	2 170	7.75	9.76	4.97	290	473	224	6.84
		20		97.05	76.2	0.984	5 780	10 400	9 180	2 380	7.72	9.73	4.95	320	519	243	6.92
		22		106.2	83.3	0.983	6 280	11 500	9 970	2 580	7.69	9.69	4.93	349	564	261	7.00
		24		115.2	90.4	0.983	6 770	12 500	10 700	2 790	7.67	9.66	4.92	378	608	278	7.07
		26		124.2	97.5	0.982	7 240	13 600	11 500	2 980	7.64	9.62	4.90	406	650	295	7.15
		28		133.0	104	0.982	7 700	14 600	12 200	3 180	7.61	9.58	4.89	433	691	311	7.22
		30		141.8	111	0.981	8 160	15 700	12 900	3 380	7.58	9.55	4.88	461	731	327	7.30
		32		150.5	118	0.981	8 600	16 800	13 600	3 570	7.56	9.51	4.87	488	770	342	7.37
		35		163.4	128	0.980	9 240	18 400	14 600	3 850	7.52	9.46	4.86	527	827	364	7.48

注：截面图中的 $r_1 = 1/3d$ 及表中 r 的数据用于孔型设计，不作为交货条件

附表 2 不等边角钢截面尺寸、截面面积、理论质量及截面特性（GB/T 706—2016）

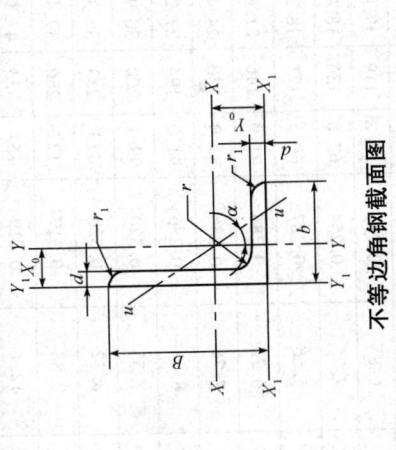

B——长边宽度；
b——短边宽度；
d——边厚度；
r——内圆弧半径；
r_1——边端圆弧半径；
X_0——重心距离；
Y_0——重心距离

不等边角钢截面图

型号	截面尺寸/mm B	b	d	r	截面面积/cm²	理论质量/(kg·m⁻¹)	外表面积/(m²·m⁻¹)	惯性矩/cm⁴ I_x	I_{x1}	I_y	I_{y1}	I_u	惯性半径/cm i_x	i_y	i_u	截面模数/cm³ W_x	W_y	W_u	$\tan\alpha$	重心距离/cm X_0	Y_0
2.5/1.6	25	16	3	3.5	1.162	0.91	0.080	0.70	1.56	0.22	0.43	0.14	0.78	0.44	0.34	0.43	0.19	0.16	0.392	0.42	0.86
			4		1.499	1.18	0.079	0.88	2.09	0.27	0.59	0.17	0.77	0.43	0.34	0.55	0.24	0.20	0.381	0.46	0.90
3.2/2	32	20	3	4	1.492	1.17	0.102	1.53	3.27	0.46	0.82	0.28	1.01	0.55	0.43	0.72	0.30	0.25	0.382	0.49	1.08
			4		1.939	1.52	0.101	1.93	4.37	0.57	1.12	0.35	1.00	0.54	0.42	0.93	0.39	0.32	0.374	0.53	1.12
4/2.5	40	25	3	4	1.890	1.48	0.127	3.08	5.39	0.93	1.59	0.56	1.28	0.70	0.54	1.15	0.49	0.40	0.385	0.59	1.32
			4		2.467	1.94	0.127	3.93	8.53	1.18	2.14	0.71	1.36	0.69	0.54	1.49	0.63	0.52	0.381	0.63	1.37
4.5/2.8	45	28	3	5	2.149	1.69	0.143	4.45	9.10	1.34	2.23	0.80	1.44	0.79	0.61	1.47	0.62	0.51	0.383	0.64	1.47
			4		2.806	2.20	0.143	5.69	12.1	1.70	3.00	1.02	1.42	0.78	0.60	1.91	0.80	0.66	0.380	0.68	1.51
5/3.2	50	32	3	5.5	2.431	1.91	0.161	6.24	12.5	2.02	3.31	1.20	1.60	0.91	0.70	1.84	0.82	0.68	0.404	0.73	1.60
			4		3.177	2.49	0.160	8.02	16.7	2.58	4.45	1.53	1.59	0.90	0.69	2.39	1.06	0.87	0.402	0.77	1.65
5.6/3.6	56	36	3	6	2.743	2.15	0.181	8.88	17.5	2.92	4.7	1.73	1.80	1.03	0.79	2.32	1.05	0.87	0.408	0.80	1.78
			4		3.590	2.82	0.180	11.5	23.4	3.76	6.33	2.23	1.79	1.02	0.79	3.03	1.37	1.13	0.408	0.85	1.82
			5		4.415	3.47	0.180	13.9	29.3	4.49	7.94	2.67	1.77	1.01	0.78	3.71	1.65	1.36	0.404	0.88	1.87

269

续表

型号	截面尺寸/mm B	b	d	r	截面面积/cm²	理论质量/(kg·m⁻¹)	外表面面积/(m²·m⁻¹)	惯性矩/cm⁴ I_x	I_{x1}	I_y	I_{y1}	I_u	惯性半径/cm i_x	i_y	i_u	截面模数/cm³ W_x	W_y	W_u	tanα	重心距离/cm X_0	Y_0
6.3/4	63	40	4	7	4.058	3.19	0.202	16.5	33.3	5.23	8.63	3.12	2.02	1.14	0.88	3.87	1.70	1.40	0.398	0.92	2.04
			5		4.993	3.92	0.202	20.0	41.6	6.31	10.9	3.76	2.00	1.12	0.87	4.74	2.07	1.71	0.396	0.95	2.08
			6		5.908	4.64	0.201	23.4	50.0	7.29	13.1	4.34	1.96	1.11	0.86	5.59	2.43	1.99	0.393	0.99	2.12
			7		6.802	5.34	0.201	26.5	58.1	8.24	15.5	4.97	1.98	1.10	0.86	6.40	2.78	2.29	0.389	1.03	2.15
7/4.5	70	45	4	7.5	4.553	3.57	0.226	23.2	45.9	7.55	12.3	4.40	2.26	1.29	0.98	4.86	2.17	1.77	0.410	1.02	2.24
			5		5.609	4.40	0.225	28.0	57.1	9.13	15.4	5.40	2.23	1.28	0.98	5.92	2.65	2.19	0.407	1.06	2.28
			6		6.644	5.22	0.225	32.5	68.4	10.6	18.6	6.35	2.21	1.26	0.98	6.95	3.12	2.59	0.404	1.09	2.32
			7		7.658	6.01	0.225	37.2	80.0	12.0	21.8	7.16	2.20	1.25	0.97	8.03	3.57	2.94	0.402	1.13	2.36
7.5/5	75	50	5	8	6.126	4.81	0.245	34.9	70.0	12.6	21.0	7.41	2.39	1.44	1.10	6.83	3.3	2.74	0.435	1.17	2.40
			6		7.260	5.70	0.245	41.1	84.3	14.7	25.4	8.54	2.38	1.42	1.08	8.12	3.88	3.19	0.435	1.21	2.44
			8		9.467	7.43	0.244	52.4	113	18.5	34.2	10.9	2.35	1.40	1.07	10.5	4.99	4.10	0.429	1.29	2.52
			10		11.59	9.10	0.244	62.7	141	22.0	43.4	13.1	2.33	1.38	1.06	12.8	6.04	4.99	0.423	1.36	2.60
8/5	80	50	5	8	6.376	5.00	0.255	42.0	85.2	12.8	21.1	7.66	2.56	1.42	1.10	7.78	3.32	2.74	0.388	1.14	2.60
			6		7.560	5.93	0.255	49.5	103	15.0	25.4	8.85	2.56	1.41	1.08	9.25	3.91	3.20	0.387	1.18	2.65
			7		8.724	6.85	0.255	56.2	119	17.0	29.8	10.2	2.54	1.39	1.08	10.6	4.48	3.70	0.384	1.21	2.69
			8		9.867	7.75	0.254	62.8	136	18.9	34.3	11.4	2.52	1.38	1.07	11.9	5.03	4.16	0.381	1.25	2.73
9/5.6	90	56	5	9	7.212	5.66	0.287	60.5	121	18.3	29.5	11.0	2.90	1.59	1.23	9.92	4.21	3.49	0.385	1.25	2.91
			6		8.557	6.72	0.286	71.0	146	21.4	35.6	12.9	2.88	1.58	1.23	11.7	4.96	4.13	0.384	1.29	2.95
			7		9.881	7.76	0.286	81.0	170	24.4	41.7	14.7	2.86	1.57	1.22	13.5	5.70	4.72	0.382	1.33	3.00
			8		11.18	8.78	0.286	91.0	194	27.2	47.9	16.3	2.85	1.56	1.21	15.3	6.41	5.29	0.380	1.36	3.04
10/6.3	100	63	6	10	9.618	7.55	0.320	99.1	200	30.9	50.5	18.4	3.21	1.79	1.38	14.6	6.35	5.25	0.394	1.43	3.24
			7		11.11	8.72	0.320	113	233	35.3	59.1	21.0	3.20	1.78	1.38	16.9	7.29	6.02	0.394	1.47	3.28
			8		12.58	9.88	0.319	127	266	39.4	67.9	23.5	3.18	1.77	1.37	19.1	8.21	6.78	0.391	1.50	3.32
			10		15.47	12.1	0.319	154	333	47.1	85.7	28.3	3.15	1.74	1.35	23.3	9.98	8.24	0.387	1.58	3.40

270

续表

型号	截面尺寸/mm B	b	d	r	截面面积/cm²	理论质量/(kg·m⁻¹)	外表面积/(m²·m⁻¹)	惯性矩/cm⁴ I_x	I_{x1}	I_y	I_{y1}	I_u	惯性半径/cm i_x	i_y	i_u	截面模数/cm³ W_x	W_y	W_u	tanα	重心距离/cm X_0	Y_0
10/8	100	80	6	10	10.64	8.35	0.354	107	200	61.2	103	31.7	3.17	2.40	1.72	15.2	10.2	8.37	0.627	1.97	2.95
			7		12.30	9.66	0.354	123	233	70.1	120	36.2	3.16	2.39	1.72	17.5	11.7	9.60	0.626	2.01	3.00
			8		13.94	10.9	0.353	138	267	78.6	137	40.6	3.14	2.37	1.71	19.8	13.2	10.8	0.625	2.05	3.04
			10		17.17	13.5	0.353	167	334	94.7	172	49.1	3.12	2.35	1.69	24.2	16.1	13.1	0.622	2.13	3.12
11/7	110	70	6	10	10.64	8.35	0.354	133	266	42.9	69.1	25.4	3.54	2.01	1.54	17.9	7.90	6.53	0.403	1.57	3.53
			7		12.30	9.66	0.354	153	310	49.0	80.8	29.0	3.53	2.00	1.53	20.6	9.09	7.50	0.402	1.61	3.57
			8		13.94	10.9	0.353	172	354	54.9	92.7	32.5	3.51	1.98	1.53	23.3	10.3	8.45	0.401	1.65	3.62
			10		17.17	13.5	0.353	208	443	65.9	117	39.2	3.48	1.96	1.51	28.5	12.5	10.3	0.397	1.72	3.70
12.5/8	125	80	7	11	14.10	11.1	0.403	228	455	74.4	120	43.8	4.02	2.30	1.76	26.9	12.0	9.92	0.408	1.80	4.01
			8		15.99	12.6	0.403	257	520	83.5	138	49.2	4.01	2.28	1.75	30.4	13.6	11.2	0.407	1.84	4.06
			10		19.71	15.5	0.402	312	650	101	173	59.5	3.98	2.26	1.74	37.3	16.6	13.6	0.404	1.92	4.14
			12		23.35	18.3	0.402	364	780	117	210	69.4	3.95	2.24	1.72	44.0	19.4	16.0	0.400	2.00	4.22
14/9	140	90	8	12	18.04	14.2	0.453	366	731	121	196	70.8	4.50	2.59	1.98	38.5	17.3	14.3	0.411	2.04	4.50
			10		22.26	17.5	0.452	446	913	140	246	85.8	4.47	2.56	1.96	47.3	21.2	17.5	0.409	2.12	4.58
			12		26.40	20.7	0.451	522	1100	170	297	100	4.44	2.54	1.95	55.9	25.0	20.5	0.406	2.19	4.66
			14		30.46	23.9	0.451	594	1280	192	349	114	4.42	2.51	1.94	64.2	28.5	23.5	0.403	2.27	4.74
15/9	150	90	8	12	18.84	14.8	0.473	442	898	123	196	74.1	4.84	2.55	1.98	43.9	17.5	14.5	0.364	1.97	4.92
			10		23.26	18.3	0.472	539	1120	149	246	89.9	4.81	2.53	1.97	54.0	21.4	17.7	0.362	2.05	5.01
			12		27.60	21.7	0.471	632	1350	173	297	105	4.79	2.50	1.95	63.8	25.1	20.8	0.359	2.12	5.09
			14		31.86	25.0	0.471	721	1570	196	350	120	4.76	2.48	1.94	73.3	28.8	23.8	0.356	2.20	5.17
			15		33.95	26.7	0.471	764	1680	207	376	127	4.74	2.47	1.93	78.0	30.5	25.3	0.354	2.24	5.21
			16		36.03	28.3	0.470	806	1800	217	403	134	4.73	2.45	1.93	82.6	32.3	26.8	0.352	2.27	5.25

续表

型号	截面尺寸/mm B	b	d	r	截面面积 /cm^2	理论质量 /(kg·m^{-1})	外表面面积 /(m^2·m^{-1})	惯性矩/cm^4 I_x	I_{x1}	I_y	I_{y1}	I_u	惯性半径/cm i_x	i_y	i_u	截面模数/cm^3 W_x	W_y	W_u	tanα	重心距离/cm X_0	Y_0
16/10	160	100	10	13	25.32	19.9	0.512	669	1 360	205	337	122	5.14	2.85	2.19	62.1	26.6	21.9	0.390	2.28	5.24
			12		30.05	23.6	0.511	785	1 640	239	406	142	5.11	2.82	2.17	73.5	31.3	25.8	0.388	2.36	5.32
			14		34.71	27.2	0.510	896	1 910	271	476	162	5.08	2.80	2.16	84.6	35.8	29.6	0.385	2.43	5.40
			16		39.28	30.8	0.510	1 000	2 180	302	548	183	5.05	2.77	2.16	95.3	40.2	33.4	0.382	2.51	5.48
18/11	180	110	10	14	28.37	22.3	0.571	956	1 940	278	447	167	5.80	3.13	2.42	79.0	32.5	26.9	0.376	2.44	5.89
			12		33.71	26.5	0.571	1 120	2 330	325	539	195	5.78	3.10	2.40	93.5	38.3	31.7	0.374	2.52	5.98
			14		38.97	30.6	0.570	1 290	2 720	370	632	222	5.75	3.08	2.39	108	44.0	36.3	0.372	2.59	6.06
			16		44.14	34.6	0.569	1 440	3 110	412	726	249	5.72	3.06	2.38	122	49.4	40.9	0.369	2.67	6.14
20/12.5	200	125	12	14	37.91	29.8	0.641	1 570	3 190	483	788	286	6.44	3.57	2.74	117	50.0	41.2	0.392	2.83	6.54
			14		43.87	34.4	0.640	1 800	3 730	551	922	327	6.41	3.54	2.73	135	57.4	47.3	0.390	2.91	6.62
			16		49.74	39.0	0.639	2 020	4 260	615	1 060	366	6.38	3.52	2.71	152	64.9	53.3	0.388	2.99	6.70
			18		55.53	43.6	0.639	2 240	4 790	677	1 200	405	6.35	3.49	2.70	169	71.7	59.2	0.385	3.06	6.78

注：截面图中的 $r_1=1/3d$ 及表中 r 的数据用于孔型设计，不作为交货条件

附表 3 工字钢截面尺寸、截面面积、理论质量及截面特性（GB/T 706—2016）

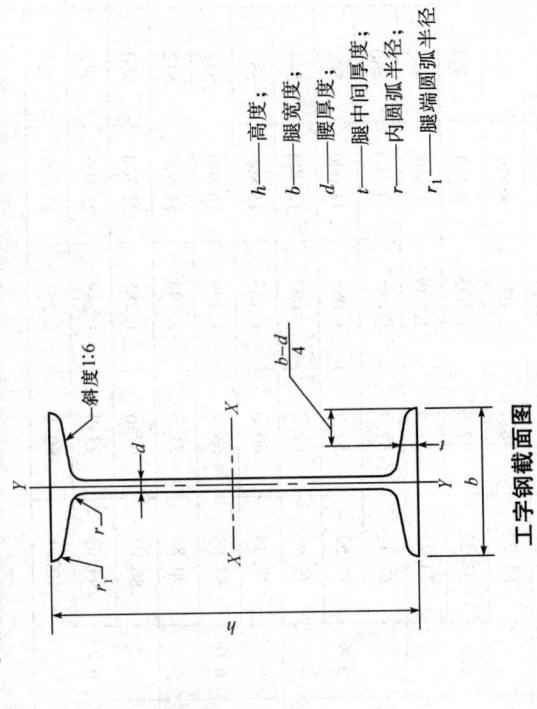

h——高度；
b——腿宽度；
d——腰厚度；
t——腿中间厚度；
r——内圆弧半径；
r_1——腿端圆弧半径

工字钢截面图

型号	截面尺寸/mm						截面面积/cm²	理论质量/(kg·m⁻¹)	外表面面积/(m²·m⁻¹)	惯性矩/cm⁴		惯性半径/cm		截面模数/cm³	
	h	b	d	t	r	r_1				I_x	I_y	i_x	i_y	W_x	W_y
10	100	68	4.5	7.6	6.5	3.3	14.33	11.3	0.432	245	33.0	4.14	1.52	49.0	9.72
12	120	74	5.0	8.4	7.0	3.5	17.80	14.0	0.493	436	46.9	4.95	1.62	72.7	12.7
12.6	126	74	5.0	8.4	7.0	3.5	18.10	14.2	0.505	488	46.9	5.20	1.61	77.5	12.7
14	140	80	5.5	9.1	7.5	3.8	21.50	16.9	0.553	712	64.4	5.76	1.73	102	16.1
16	160	88	6.0	9.9	8.0	4.0	26.11	20.5	0.621	1 130	93.1	6.58	1.89	141	21.2
18	180	94	6.5	10.7	8.5	4.3	30.74	24.1	0.681	1 660	122	7.36	2.00	185	26.0
20a	200	100	7.0	11.4	9.0	4.5	35.55	27.9	0.742	2 370	158	8.15	2.12	237	31.5
20b	200	102	9.0	11.4	9.0	4.5	39.55	31.1	0.746	2 500	169	7.96	2.06	250	33.1

续表

型号	截面尺寸/mm						截面面积/cm²	理论质量/(kg·m⁻¹)	外表面面积/(m²·m⁻¹)	惯性矩/cm⁴		惯性半径/cm		截面模数/cm³	
	h	b	d	t	r	r₁				I_x	I_y	i_x	i_y	W_x	W_y
22a	220	110	7.5	12.3	9.5	4.8	42.10	33.1	0.817	3 400	225	8.99	2.31	309	40.9
22b	220	112	9.5	12.3	9.5	4.8	46.50	36.5	0.821	3 570	239	8.78	2.27	325	42.7
24a	240	116	8.0	13.0	10.0	5.0	47.71	37.5	0.878	4 570	280	9.77	2.42	381	48.4
24b	240	118	10.0	13.0	10.0	5.0	52.51	41.2	0.882	4 800	297	9.57	2.38	400	50.4
25a	250	116	8.0	13.0	10.0	5.0	48.51	38.1	0.898	5 020	280	10.2	2.40	402	48.3
25b	250	118	10.0	13.0	10.0	5.0	53.51	42.0	0.902	5 280	309	9.94	2.40	423	52.4
27a	270	122	8.5	13.7	10.5	5.3	54.52	42.8	0.958	6 550	345	10.9	2.51	485	56.6
27b	270	124	10.5	13.7	10.5	5.3	59.92	47.0	0.962	6 870	366	10.7	2.47	509	58.9
28a	280	122	8.5	13.7	10.5	5.3	55.37	43.5	0.978	7 110	345	11.3	2.50	508	56.6
28b	280	124	10.5	13.7	10.5	5.3	60.97	47.9	0.982	7 480	379	11.1	2.49	534	61.2
30a	300	126	9.0	14.4	11.0	5.5	61.22	48.1	1.031	8 950	400	12.1	2.55	597	63.5
30b	300	128	11.0	14.4	11.0	5.5	67.22	52.8	1.035	9 400	422	11.8	2.50	627	65.9
30c	300	130	13.0	14.4	11.0	5.5	73.22	57.5	1.039	9 850	445	11.6	2.46	657	68.5
32a	320	130	9.5	15.0	11.5	5.8	67.12	52.7	1.084	11 100	460	12.8	2.62	692	70.8
32b	320	132	11.5	15.0	11.5	5.8	73.52	57.7	1.088	11 600	502	12.6	2.61	726	76.0
32c	320	134	13.5	15.0	11.5	5.8	79.92	62.7	1.092	12 200	544	12.3	2.61	760	81.2
36a	360	136	10.0	15.8	12.0	6.0	76.44	60.0	1.185	15 800	552	14.4	2.69	875	81.2
36b	360	138	12.0	15.8	12.0	6.0	83.64	65.7	1.189	16 500	582	14.1	2.64	919	84.3
36c	360	140	14.0	15.8	12.0	6.0	90.84	71.3	1.193	17 300	612	13.8	2.60	962	87.4
40a	400	142	10.5	16.5	12.5	6.3	86.07	67.6	1.285	21 700	660	15.9	2.77	1 090	93.2
40b	400	144	12.5	16.5	12.5	6.3	94.07	73.8	1.289	22 800	692	15.6	2.71	1 140	96.2
40c	400	146	14.5	16.5	12.5	6.3	102.1	80.1	1.293	23 900	727	15.2	2.65	1 190	99.6

续表

型号	截面尺寸/mm							截面面积/cm²	理论质量/(kg·m⁻¹)	外表面积/(m²·m⁻¹)	惯性矩/cm⁴		惯性半径/cm		截面模数/cm³	
	h	b	d	t	r	r_1					I_x	I_y	i_x	i_y	W_x	W_y
45a	450	150	11.5	18.0	13.5	6.8	102.4	80.4	1.411	32 200	855	17.7	2.89	1 430	114
45b	450	152	13.5	18.0	13.5	6.8	111.4	87.4	1.415	33 800	894	17.4	2.84	1 500	118
45c	450	154	15.5	18.0	13.5	6.8	120.4	94.5	1.419	35 300	938	17.1	2.79	1 570	122
50a	500	158	12.0	20.0	14.0	7.0	119.2	93.6	1.539	46 500	1 120	19.7	3.07	1 860	142
50b	500	160	14.0	20.0	14.0	7.0	129.2	101	1.543	48 600	1 170	19.4	3.01	1 940	146
50c	500	162	16.0	20.0	14.0	7.0	139.2	109	1.547	50 600	1 220	19.0	2.96	2 080	151
55a	550	166	12.5	21.0	14.5	7.3	134.1	105	1.667	62 900	1 370	21.6	3.19	2 290	164
55b	550	168	14.5	21.0	14.5	7.3	145.1	114	1.671	65 600	1 420	21.2	3.14	2 390	170
55c	550	170	16.5	21.0	14.5	7.3	156.1	123	1.675	68 400	1 480	20.9	3.08	2 490	175
56a	560	166	12.5	21.0	14.5	7.3	135.4	106	1.687	65 600	1 370	22.0	3.18	2 340	165
56b	560	168	14.5	21.0	14.5	7.3	146.6	115	1.691	68 500	1 490	21.6	3.16	2 450	174
56c	560	170	16.5	21.0	14.5	7.3	157.8	124	1.695	71 400	1 560	21.3	3.16	2 550	183
63a	630	176	13.0	22.0	15.0	7.5	154.6	121	1.862	93 900	1 700	24.5	3.31	2 980	193
63b	630	178	15.0	22.0	15.0	7.5	167.2	131	1.866	98 100	1 810	24.2	3.29	3 160	204
63c	630	180	17.0	22.0	15.0	7.5	179.8	141	1.870	102 000	1 920	23.8	3.27	3 300	214

注：表中 r、r_1 的数据用于孔型设计，不作为交货条件

附表 4 槽钢截面尺寸、截面积、理论质量及截面特性（GB/T 706—2016）

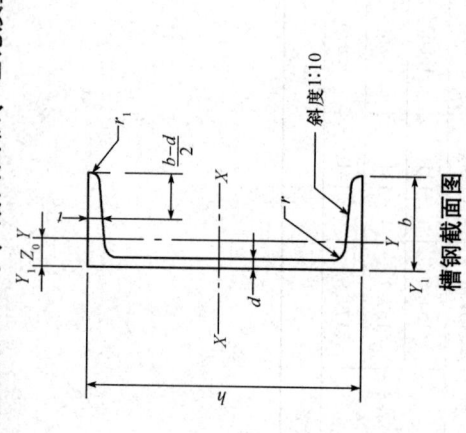

h ——高度；
b ——腿宽度；
d ——腰厚度；
t ——腿中间厚度；
r ——内圆弧半径；
r_1 ——腿端圆弧半径；
Z_0 ——重心距离

槽钢截面图

型号	截面尺寸/mm						截面面积/cm²	理论质量/(kg·m⁻¹)	外表面积/(m²·m⁻¹)	惯性矩/cm⁴			惯性半径/cm		截面模数/cm³		重心距离/cm
	h	b	d	t	r	r_1				I_x	I_y	I_{y1}	i_x	i_y	W_x	W_y	Z_0
5	50	37	4.5	7.0	7.0	3.5	6.925	5.44	0.226	26.0	8.30	20.9	1.94	1.10	10.4	3.55	1.35
6.3	63	40	4.8	7.5	7.5	3.8	8.446	6.63	0.262	50.8	11.9	28.4	2.45	1.19	16.1	4.50	1.36
6.5	65	40	4.3	7.5	7.5	3.8	8.292	6.51	0.267	55.2	12.0	28.3	2.54	1.19	17.0	4.59	1.38
8	80	43	5.0	8.0	8.0	4.0	10.24	8.04	0.307	101	16.6	37.4	3.15	1.27	25.3	5.79	1.43
10	100	48	5.3	8.5	8.5	4.2	12.74	10.0	0.365	198	25.6	54.9	3.95	1.41	39.7	7.80	1.52
12	120	53	5.5	9.0	9.0	4.5	15.36	12.1	0.423	346	37.4	77.7	4.75	1.56	57.7	10.2	1.62
12.6	126	53	5.5	9.0	9.0	4.5	15.69	12.3	0.435	391	38.0	77.1	4.95	1.57	62.1	10.2	1.59
14a	140	58	6.0	9.5	9.5	4.8	18.51	14.5	0.480	564	53.2	107	5.52	1.70	80.5	13.0	1.71
14b	140	60	8.0	9.5	9.5	4.8	21.31	16.7	0.484	609	61.1	121	5.35	1.69	87.1	14.1	1.67
16a	160	63	6.5	10.0	10.0	5.0	21.95	17.2	0.538	866	73.3	144	6.28	1.83	108	16.3	1.80
16b	160	65	8.5	10.0	10.0	5.0	25.15	19.8	0.542	935	83.4	161	6.10	1.82	117	17.6	1.75
18a	180	68	7.0	10.5	10.5	5.2	25.69	20.2	0.596	1 270	98.6	190	7.04	1.96	141	20.0	1.88
18b	180	70	9.0	10.5	10.5	5.2	29.29	23.0	0.600	1 370	111	210	6.84	1.95	152	21.5	1.84

续表

型号	h	b	d	t	r	r₁	截面面积/cm²	理论质量/(kg·m⁻¹)	外表面积/(m²·m⁻¹)	I_x	I_y	I_{y1}	i_x	i_y	W_x	W_y	Z_0
20a	200	73	7.0	11.0	11.0	5.5	28.83	22.6	0.654	1 780	128	244	7.86	2.11	178	24.2	2.01
20b		75	9.0	11.0	11.0	5.5	32.83	25.8	0.658	1 910	144	268	7.64	2.09	191	25.9	1.95
22a	220	77	7.0	11.5	11.5	5.8	31.83	25.0	0.709	2 390	158	298	8.67	2.23	218	28.2	2.10
22b		79	9.0	11.5	11.5	5.8	36.23	28.5	0.713	2 570	176	326	8.42	2.21	234	30.1	2.03
24a	240	78	7.0	12.0	12.0	6.0	34.21	26.9	0.752	3 050	174	325	9.45	2.25	254	30.5	2.10
24b		80	9.0	12.0	12.0	6.0	39.01	30.6	0.756	3 280	194	355	9.17	2.23	274	32.5	2.03
24c		82	11.0	12.0	12.0	6.0	43.81	34.4	0.760	3 510	213	388	8.96	2.21	293	34.4	2.00
25a	250	78	7.0	12.0	12.0	6.0	34.91	27.4	0.722	3 370	176	322	9.82	2.24	270	30.6	2.07
25b		80	9.0	12.0	12.0	6.0	39.91	31.3	0.776	3 530	196	353	9.41	2.22	282	32.7	1.98
25c		82	11.0	12.0	12.0	6.0	44.91	35.3	0.780	3 690	218	384	9.07	2.21	295	35.9	1.92
27a	270	82	7.5	12.5	12.5	6.2	39.27	30.8	0.826	4 360	216	393	10.5	2.34	323	35.5	2.13
27b		84	9.5	12.5	12.5	6.2	44.67	35.1	0.830	4 690	239	428	10.3	2.31	347	37.7	2.06
27c		86	11.5	12.5	12.5	6.2	50.07	39.3	0.834	5 020	261	467	10.1	2.28	372	39.8	2.03
28a	280	82	7.5	12.5	12.5	6.2	40.02	31.4	0.846	4 760	218	388	10.9	2.33	340	35.7	2.10
28b		84	9.5	12.5	12.5	6.2	45.62	35.8	0.850	5 130	242	428	10.6	2.30	366	37.9	2.02
28c		86	11.5	12.5	12.5	6.2	51.22	40.2	0.854	5 500	268	463	10.4	2.29	393	40.3	1.95
30a	300	85	7.5	13.5	13.5	6.8	43.89	34.5	0.897	6 050	260	467	11.7	2.43	403	41.1	2.17
30b		87	9.5	13.5	13.5	6.8	49.89	39.2	0.901	6 500	289	515	11.4	2.41	433	44.0	2.13
30c		89	11.5	13.5	13.5	6.8	55.89	43.9	0.905	6 950	316	560	11.2	2.38	463	46.4	2.09
32a	320	88	8.0	14.0	14.0	7.0	48.50	38.1	0.947	7 600	305	552	12.5	2.50	475	46.5	2.24
32b		90	10.0	14.0	14.0	7.0	54.90	43.1	0.951	8 140	336	593	12.2	2.47	509	49.2	2.16
32c		92	12.0	14.0	14.0	7.0	61.30	48.1	0.955	8 690	374	643	11.9	2.47	543	52.6	2.09
36a	360	96	9.0	16.0	16.0	8.0	60.89	47.8	1.053	11 900	455	818	14.0	2.73	660	63.5	2.44
36b		98	11.0	16.0	16.0	8.0	68.09	53.5	1.057	12 700	497	880	13.6	2.70	703	66.9	2.37
36c		100	13.0	16.0	16.0	8.0	75.29	59.1	1.061	13 400	536	948	13.4	2.67	746	70.0	2.34
40a	400	100	10.5	18.0	18.0	9.0	75.04	58.9	1.144	17 600	592	1 070	15.3	2.81	879	78.8	2.49
40b		102	12.5	18.0	18.0	9.0	83.04	65.2	1.148	18 600	640	1 140	15.0	2.78	932	82.5	2.44
40c		104	14.5	18.0	18.0	9.0	91.04	71.5	1.152	19 700	688	1 220	14.7	2.75	986	86.2	2.42

注：表中 r、r_1 的数据用于孔型设计，不作为交货条件

参 考 文 献

[1] 孔七一. 应用力学[M]. 3版. 北京：人民交通出版社股份有限公司，2020.
[2] 蒋英礼，戴洁. 工程力学[M]. 重庆：重庆大学出版社，2017.
[3] 魏媛，周立明. 工程力学[M]. 北京：机械工业出版社，2020.
[4] 纪炳炎，周康年. 工程力学(材料力学)学习指导及习题全解[M]. 北京：高等教育出版社，2016.
[5] 骆毅，刘可定. 土木工程力学基础[M]. 北京：人民交通出版社，2010.
[6] 孔七一. 工程力学学习指导[M]. 3版. 北京：人民交通出版社股份有限公司，2020.